新视界文库

NEW HORIZON LIBRARY

THE ARTIST IN THE MACHINE

THE WORLD OF AI-POWERED CREATIVITY

AI艺术家

人工智能的创意与未来

[英] 阿瑟·I. 米勒 著
林文杰 译

世界图书出版公司
北京·广州·上海·西安

图书在版编目（CIP）数据

AI 艺术家：人工智能的创意与未来 /（英）阿瑟·I. 米勒著；林文杰译.
—北京：世界图书出版有限公司北京分公司，2023.9
ISBN 978-7-5192-6179-5

Ⅰ.① A… Ⅱ.①阿… ②林… Ⅲ.①人工智能—应用—艺术创作—研究 Ⅳ.
① J04

中国国家版本馆 CIP 数据核字（2023）第 055921 号

书　　名	AI 艺术家：人工智能的创意与未来 AI YISHUJIA
著　　者	［英］阿瑟·I. 米勒
译　　者	林文杰
责任编辑	刘天天
责任校对	王　鑫
出版发行	世界图书出版有限公司北京分公司
地　　址	北京市东城区朝内大街 137 号
邮　　编	100010
电　　话	010-64038355（发行）　64033507（总编室）
网　　址	http://www.wpcbj.com.cn
邮　　箱	wpcbjst@vip.163.com
销　　售	新华书店
印　　刷	中煤（北京）印务有限公司
开　　本	880mm × 1230mm　1/32
印　　张	11.25
字　　数	250 千字
版　　次	2023 年 9 月第 1 版
印　　次	2023 年 9 月第 1 次印刷
版权登记	01-2023-1418
国际书号	ISBN 978-7-5192-6179-5
定　　价	59.00 元

序

我一直对创造力着迷，一直在思考创造力是什么，它是如何工作的，在灵感出现时发生了什么。我们听到了许多关于人工智能的故事，这些激动人心的成果将创造力带入了全新的领域。我觉得是时候把我的想法写下来了，把创造力和机器融合在一起，这是我多年来思考出来的最终结果。

很久以前我便对创造力充满兴趣，那时我还是一个生活在纽约布朗克斯区的男孩。我曾是受纽约教育体系管理的一名学生，在一个并不健全的家庭中长大。我八九岁时的智商测试成绩很差，甚至在整个公立学校教育阶段中都是如此，老师和同学也对我有偏见。对我而言，该阶段唯一的好处是，课堂上的学习内容非常琐碎，以至于我有很多时间进行其他工作。

我变成了一个贪婪的读者，并经常光顾当地的公共图书馆。除了丰富的图书，馆内还有大量的唱片。我一直对绘画感兴趣，有一天，我被一张唱片的封面震惊了，上面是一幅有趣的素描，画的是一个陷入沉思的人。我虽然从未听说过那个作曲家，但还是借走了它。那是柴可夫斯基（Tchaikovsky）的《e小调第五交响曲》（*Symphony No.5 in e Minor*），它令我震惊，我此前从未听过类似的乐曲。我开始痴迷于这类音乐，在这条道路上走得越远，对听到的声音就越感到惊讶。然后我发现了巴赫（Bach）。我的第一个想法是：这些人是如何创作出这些音乐的？之后我便开始沉迷于创造力。

但在那时，如果你很聪明，或者认为自己是聪明的人，那么你很可能会去研究物理学。我就这样做了，享受着智力上的挑战。我在纽约市立学院和麻省理工学院学习，并开始我的研究。但是我的心从来没有真正沉浸其中，我的激情全都给了创造力：它是什么？它来自哪里？我一直拒绝相信这是一个谜。

因此，我将注意力转向了科学史和科学哲学。阅读有关相对论和量子物理学的德语原始论文，让我发现了一件事，即视觉图像在科学创造力中的重要性。一路走来，我逐渐明白美学也是创作过程中的关键要素。当然，这些都是艺术创造力的一部分。这进一步促使我研究艺术创造力和科学创造力之间的关系。我得出的结论是：在创造力的萌芽时刻、灵感产生的时刻，艺术家与科学家之间的界限是模糊的。两者都沿着相同的思路思考。

对视觉图像在创造性思维中所发挥的作用的研究，使我开始了解认知科学，研究图像是如何形成并存储在大脑中的。当时，认知科学家正在讨论所谓的“图像争议”，即图像是否真能影响思维。我曾经相信图像确实会影响思维，现在依然如此。对与我持相同观点的人来说，一个至关重要的论据是：如果图像确实在思维中发挥作用，那么大脑是如何存储和操纵图像的呢？对大脑与计算机进行比较，将大脑想象成一个信息处理系统是有帮助的。这个想法让我着迷，也让我潜心思考计算机是否可以帮助我们理解创造力。

在接下来的几年中，我写了很多关于人类创造力的文章，同时也涉及机器创造力。在本书中，我将同时探讨这两种创造力，并提出以下问题：什么是创造力？计算机可以展示出创造力吗？计算机可以进行绘画、文学和音乐创作吗？计算机的创造力是怎样的？而且，在此基础上，有创造力的计算机会是什么样的？

我不想详细讨论的一个主题是围绕人工智能产生的许多反乌托邦情境，即人工智能的缺点。我所参与或目睹的每个人工智能小组都倾向于关注反乌托邦情境。它是许多电影的主题，并在报纸上占有重要地位。书店的书架上也摆满了悲观的末日图书，但这不过是因为公众喜欢。

在这本书中，我将着重探讨人工智能的优点：它在文化方面的影响，以及它的创造力所蕴藏的能量。我希望这本书能展现创造力是如何令人惊叹、给人启发和开拓新的远景的，就像那天我在纽约公共图书馆所感受到的那样。

——阿瑟·I.米勒

在这里可以观看和聆赏书本中讨论的绘画和音乐作品：

http://www.artistinthemachine.net

或者请访问我的个人网站：

http://www.arthurimiller.com；http://www.collidingworlds.org

目录

CONTENTS

前言

原则上，由于大脑遵循物理定律，因此计算机也可以完成大脑能做的任何事情。

——默里·沙纳汉（Murray Shanahan）

大脑就像计算机一样……以前被认为是人类所固有的特质，如想象力、创造力，甚至意识，都可能等同于软件程序。

——戴密斯·哈萨比斯（Demis Hassabis）

人类与人工智能进行有意义的对话的时刻似乎遥遥无期，仅在科幻小说中出现。但是对于围棋选手来说，这一天已经到来。

——安迪·奥昆（Andy Okun）

计算机会像我们一样思考吗？它们会像我们一样闪现出灵感或者疯狂的想法吗？它们能发明一些人类从未想过的东西吗？它们能创作出莎士比亚（Shakespeare）的戏剧吗？或者它们需要这样做吗？也许它们将以不同于人类的其他方式发挥作用，提出与我们的想法一样伟大的想法，或同样有效但又不同的解决方案。

本书致力于研究这些问题，这项研究关乎机器时代的创造力——我们的创造力与它们的创造力。

当我们谈论创造力时，我们指的是什么？是当我们突然想到之前从未有人想过的新事物（一个旋律、一首诗）时的灵感闪现吗？是当我们突然为令人费解的难题想出解决方案时的尤里卡时刻[1]吗？是小说家构思故事情节时或某些出人意料的科幻小说场景中表现出的从无到有的能力吗？这是人类所说的创造力吗？

今天，我们正在迅速开发越来越复杂的机器，以及可以自主思考的计算机。也许在不久的将来，机器能像我们一样思考。它们会朝着完全不同的方向发展吗？它们会有不同的想法，具有与我们的大脑不同的功能吗？计算机也将具有创造力吗？在当今时代，我们不得不重新思考这些内容：思考的意义和创造力的意义。

想象一下这样一个世界：在这个世界中，机器能创作出大胆的新绘画和音乐作品、发现科学理论、撰写故事、做出商业决策、讲笑话，或充当机器人的大脑。想象一下人工智能将成为下一个詹姆斯·戴森（James Dyson）——那个设计全新真空吸尘器的天才。这对我们未来的工作意味着什么？机器可能成为下一届特纳奖得主、下一届普利策奖得主，或下一个弗兰克·盖里（Frank Gehry）——他的创意项目已经在很大程度上依赖于计算机程序。想象一下这种情况：下一个约翰·济慈（John Keats）或贝多芬（Beethoven）是一台计算机，下一位传奇厨师或脱口秀演员是一台计算机。未来，你

1　传说阿基米德（Archimedes）洗澡时想出了测量皇冠体积的方法，因而惊喜地叫了一声：“Eureka!”因此后人把通过灵感得到重大发现的时刻称为“尤里卡时刻”。

的爱人、你新认识的好朋友或治疗师会是机器人吗？人类将在这个美丽的新世界中处于什么位置？

人类和机器人可以并存吗？机器人的智能会超越我们吗？这对于人类的未来意味着什么？为了找到这些问题以及其他许多问题的答案，我咨询了许多专家。我采访了研究计算机思维前沿问题的科学家，以了解最新的发展情况、未来可能发生的情况以及可能出现的问题。我关注的是那些能够开发创作绘画、文学和音乐作品的人工智能的关键人物。他们所有人都在做非凡的工作，不断开拓前沿。他们都有经验可以传授给我。

都柏林大学的托尼·维尔（Tony Veale）称："由于人们重视结果，计算机是否真正具有创造力的问题将逐渐消失。"突破性的生成对抗网络（GAN）的发明者、谷歌公司的伊恩·古德费洛（Ian Goodfellow）断言："机器已经具有创造力。"在奥地利林茨电子艺术节上，格弗里德·施托克尔（Gerfried Stocker）就提出建议："我们可能需要机器来创造艺术，以此来与它们进行交流，并理解它们。"但纽约大学的艾莉森·帕里什（Allison Parrish）持反对意见："我要强硬一点地说，计算机是不可能具有创造力的。"哥伦比亚大学的霍德·利普森（Hod Lipson）说："人工智能变得越智能，它的艺术就越复杂。"考文垂大学的凯文·沃里克（Kevin Warwick）专攻电子机器人，他说："无论人类是否了解，机器中的创造力总是存在的。如果我们能弄清楚人脑是如何工作的，那么芯片将超越人脑，并极大地提高我们的创造力。"谷歌公司的道格拉斯·埃克（Douglas Eck）告诉我："科技的特殊之处在于它为我们提供了人工智能，而人工智能可以创造出十分美丽的事物，以至于我们需要给予特殊对待。”伦敦帝国理工学院的默里·沙纳汉是电影《机械姬》（*Ex Machina*）的技术顾问，他强调说：“原则上，由于大脑遵循物理定律，因此计算机也可以完成大脑能做的任何事情。”谷歌公司的布莱斯·阿格拉–阿卡斯（Blaise Aguera-Arcas）挑衅地说：“当我们用机器创造艺术时，我不认为在人类与机器之间有非常严格的界限。”

很多时候，最伟大的发现是我们从未意识到自己需要的东西。与其解决一个已知的问题，不如发现一个没人知道的问题。这里举一个切斯特·卡尔森（Chester Carlson）的例子。

1938年，32岁的切斯特·卡尔森和蔼可亲，拥有物理学学位，并且富有想象力。他曾做过一系列低层次的科学研究工作，感觉很无聊。因此，他决定去读法学院。但是他身无分文，买不起书，只能坐在图书馆里抄书。他想：“应该有一些复制方法。”当时有复印机，但是要先制作一份母版，这是一个复杂且耗时的过程。于是，卡尔森在位于纽约市的小厨房里制造了一种设备，它无须中间步骤即可将文档复制到第二张纸上。该过程需要用到一种携带静电的粉末，并会散发出有毒烟雾。他的装置很原始，而且这个实验很危险，但他相信只要有足够的资金，自己的发明就会成功。但是到了这个时候，他已经花光了积蓄，衣服也破旧不堪。

在接下来的8年中，卡尔森试图将他的初代复印机出售给包括国际商业机器公司（IBM）在内的二十多家公司，但都遭到了拒绝，因为这些公司都看不出这个发明有何意义。此外，他向高管们推销的方式看上去更像是一个疯狂的科学家，而不是行业领袖。正如卡尔森后来回忆的那样，他们看不到传播信息、分发备忘录和报告内容的意义。

终于在1946年，位于纽约州罗切斯特市的哈洛依德公司研究主管约翰·德绍尔（John Dessauer）听说了卡尔森的发明，决定赌一把。到了1956年，哈洛依德公司和卡尔森一起生产出了著名的914型复印机。在获得数十亿美元后，该公司更名为施乐公司。在施乐公司生产出复印机之前，没有人需要复印机，甚至没有人如此幻想过。

十几年后，施乐公司建立了自己的实验室——施乐帕克研究中心，就像AT&T公司的贝尔实验室一样。其第一个发明就是激光打印机。但那时，施乐公司的目标已经远不止研发打印机了：计算机革命已经开始。

大约在这个时候，一个叫艾伦·C. 凯（Alan C. Kay）的年轻人前来面试。他对计算机的兴趣源于其在空军的任职经历，在那里他为巨大的IBM 1401计算机编程。随后，凯获得了计算机图形学的博士学位，并在这个过程中学习交互式计算机系统，该系统旨在让计算机和人类通过移动屏幕上的图标进行交流。

在施乐帕克研究中心的面试中，凯被问及他的梦想。他回答说：“一台个人计算机。”他的面试官表示非常怀疑。那是大型机占据整个房间的时代，一个人怎么可能获得一台计算机呢？于是面试官要求他画出来，凯画出的草图看起来很像今天的笔记本电脑。面试官说：“就这样是吗？”就像IBM对卡尔森的回答一样，这句话的言外之意是：谁需要这个？几年后，比尔·盖茨（Bill Gates）和史蒂夫·乔布斯（Steve Jobs）采纳了凯的想法。很快，每个人都需要个人计算机——属于他们自己的计算机。凯的发明确实改变了世界，并改变了我们对于需求的观念。

凯明智地意识到，试图猜测未来是在浪费时间。他说："预测未来的最佳方法是发明它。"到21世纪时，这句话已经改变了创造力的概念。

创造力是最后一个大谜团。创意从何而来？一个新的想法如何在我们脑海中浮现？我们如何培育它？我们如何培养和鼓励自己的创造力？我从事创造力研究已有数十年，得出的结论是：创造力的某些特性是不同领域的思想家所共有的。

你是否注意到电话的键盘采用了非常特殊的设计——三行数字，以1开头，以9结尾，而第四行的中间为0？（在今天的12个按钮的小键盘上，数字0的两侧是"*"号和"#"号键。）你是否想过，这种配置可能与阿尔伯特·爱因斯坦（Albert Einstein）提出的相对论有共通之处？

键盘设置是贝尔实验室的约翰·E.卡林（John E. Karlin）的创意，他将对行为科学的见解应用于电话设计。当时，没有人认为这两者之间有任何联系。对于卡林而言，使用电话所调动的远不只是说和听这两种功能。卡林是一个在多方面均有建树的人。他在南非的大学里研究哲学、心理学和音乐，还是开普敦交响乐团的小提琴手。然后，他在芝加哥大学获得了数学心理学博士学位，在麻省理工学院学习电气工程。他于1945年加入贝尔实验室，在那里对老式转盘电话进行了重要的设计改进。他的研究还有助于改进电话号码，使其仅包含数字而不包含字母。这项改进对电话的大量投入使用至关重要。

到20世纪50年代后期，旋转式拨号盘逐渐被按键式拨号盘所取代，因为按键式拨号速度要快得多。问题在于哪种键盘设计（即小键盘设计）在速度和准确性方面最合适。经过筛选，基于对人们如何使用电话的实证研究，卡林的设计最直观、最人性化，同时也是拨打电话最快的方式。从那以后，我们就一直在使用这种设计。

对于卡林来说，这是一次创造性的飞跃。同样，爱因斯坦在热力学和物体在时空中的运动之间建立了前所未有的联系，成果就是他的相对论。

这两次飞跃都源于有人意识到一些不同领域之间的联系，而这些领域乍一看似乎彼此之间毫无关系。

但是，计算机能否发现这些联系并提出更好的键盘设计方案，甚至提出新的相对论或新的艺术风格呢？计算机可以创新吗？它们如果开始思考，是否会像我们一样思考呢？也许它们会以与我们完全不同的方式发挥创造力。

计算机已经成功侵入传统意义上被认为只有高智商的或者相当古怪的人士才能从事的领域。在国际象棋和围棋等复杂游戏中，机器已经击败了人类冠军。它们不仅可以识别面孔，还能创造出人意料的新颖绘画和音乐形式。谷歌公司的“洋红”（Magenta）项目旨在让计算机创作引人入胜的绘画和音乐，而无须对其进行预先编程，这样最终可以将其视为富有创造力的艺术家。计算机已经被用于开发无人驾驶汽车，并且正在对法律和医学产生影响。今天，每个人都生活在设备的包围之中，包括电话、汽车、遥控烤箱、供暖系统，这些设备都通过所谓的物联网连入了网络。所有这一切都是由计算机系统来支撑的，这就是我们所说的AI，即人工智能。

那么，什么是机器的创造力？它会与人类的创造力不同吗？如果是这样，它以什么方式呈现呢？机器是否会具有意识（通常被认为与创造力并驾齐驱的特质）？计算机会有情感吗？驾驶飞机的计算机是否会在遇到紧急情况时感到恐惧，引起“肾上腺素激增”，并产生更多的动力去思考如何避免灾难？机器人会像阿诺德·施瓦辛格（Arnold Schwarzenegger）在《终结者》（*Terminator*）中所做的那样，对着镜子梳头吗？机器是否会像《银翼杀手》（*Blade Runner*）中的复制人一样感到痛苦，并且对自己和他人有区分意识呢？

我们人类正在以一种缓慢且不易察觉的方式与机器融合，想想你与手机之间的亲密关系，它实际上是一台小型计算机。电子植入不再是科幻小说的情节，尽管我们的大脑还没有被植入电子设备，但是我们已经有了人工耳蜗，用以代替受损的内耳。20年之后，我们可能已经在大脑中植入了芯片，这些芯片将使我们可以直接访问网络，从而直接访问所有已知的知识，并使我们能够利用这些知识来创造新知识。当芯片植入大脑成为现实时，我们将不再会忘记别人的名字或面孔。大脑中装有设备的科学家将能够在几秒内扫描数千页的研究资料，并将其用于提出和权衡猜想。

现在，至少有一台计算机可以做到这一点——IBM Watson，它是复杂问答游戏节目《危险边缘》（*Jeopardy*）的冠军！它的胜利如此令人印象深刻，以至于人们第一次开始认真地探讨它是否真的在思考。正如Watson项目小组负责人大卫·费鲁奇（David Ferrucci）所说：“潜水艇会游泳吗？”由此我们可以推断出他暗示的答案：“是的，虽不像鱼，但比鱼更好。”同样，当国际象棋大师加里·卡斯帕罗夫（Garry Kasparov）与计算机“深蓝”（Deep Blue）

对抗时，他说自己感觉到了 “一种新型的智慧”。也许不久之后，我们的创造力和机器的创造力都将不受限制地发展。

人们经常说计算机无法具有创造力，因为它们仅遵循人类创造者嵌入其算法中的指令。但是，这无疑就像在说莫扎特（Mozart）没有创造力，因为他的音乐是他的父亲教的，他的所有成就应该全部归功于他的父亲一样。当今的计算机经常超越其算法来创作新形式的绘画、文学和音乐作品，就像我们能够超越所学知识一样，这就是我们所说的创造力。

但是在掌握机器的创造力之前，我们首先需要确切地了解人类的创造力是什么，以及它意味着什么。

我会首先关注彻底改变我们对世界的看法的伟大思想家和创造者。这些人的非凡才能使他们与大多数人区分开来，而不是仅仅归功于辛勤的工作。我们更愿意称他们为天才。尽管我们可能永远无法达到他们的高度，但我们可以通过研究他们的工作方式来学习他们的思维过程，并从中汲取灵感。如果我们能理解具有很强创造力的人的共同点，那么我们也许可以提高自己的创造力。我花了数十年时间从事这项研究，并找到了创造力和天才的标志，我将在之后的内容中进行阐述。

一个很重要的问题是：计算机是否也可以发挥这些特质，或者它们是否会发展出自己的思维方式并开始自主操作和运行——不是作为复制者，而是作为一种完全不同且独立的智能形式。

这将涉及调查计算机的 “生活”，探索它们的创造力和内在思想，以及它们在多大程度上与我们相似或不同。为此，我将深入研究到目前为止计算机创作的非凡的绘画、文学和音乐作品。

最后，我们可能永远无法仅根据我们的理解方式来掌握机器的理解方式。描绘人工智能的作者经常提供一个反乌托邦的未来，即由仇恨人类的机器统治世界，但事实未必如此。人工智能很可能不是技术创新链条中的最后一环，这一链条会一直延续下去，直到人类消失，被机器取代。

我们的故事很可能会有一个更加美好的结局。

第 1 章

理解创造力

埃米尔·左拉（Emile Zola）的智慧是刻意的、有意识的、有条理的，貌似是为数学演绎而生的：它孕育了一个浪漫的世界。亨利·庞加莱（Henri Poincaré）的智慧是自发的，几乎是无意识的，与理性的方法相比更像是在做梦，而且似乎完全倾向于纯粹的想象，但又服从于现实：它在数学研究中取得了胜利。这是令人惊讶的事情，我们需要对其最深层次的机制进行直接研究。

——爱德华·图卢兹（Edouard Toulouse）

法国精神病学家爱德华·图卢兹指出了一个非同寻常的事实，即小说家左拉像科学家一样思考，却产生了艺术创作；而科学家庞加莱却像艺术家一样，将他的诗意想象力运用到了数学发现中。对创造力深感兴趣的图卢兹认为，这种明显的悖论要求我们“对事物最深层次的机制进行直接研究”。我将以类似的机制开始探索创造力，这些机制对于我们来说都是创造过程的核心，在某种程度上也适用于计算机。

是什么让我们富有创造力？

2000多年前，古希腊哲学家柏拉图（Plato）在《美诺篇》（*Meno*）中思考了知识的起源问题：新的想法如何从大脑已经建立的观念中产生？换言之，一个系统如何能够产生远远超出它现有素材的结果？这个问题涉及创造力。

多年来，我们在创造力研究方面得出了一个可行的定义：创造力是从已有的知识中产生新知识的能力，并通过解决问题的方式来实现。

对科学家而言，他们的工作就是解决问题。比如：为什么宇宙是现在这个样子？为什么我们生活在地球的表面？为什么我们没有飞入太空？我们来自哪儿？为什么我们看起来与猿非常相似？这些问题在过去数千年中一直困扰着我们人类。很长一段时间内，思想家们都依靠前辈们积累的知识来解决这些问题，并且拓展了我们的认知范围。

近年来，这些问题变得更加突出和复杂，比如：我们能否了解物种进化的过程？我们能否确定生命的基础？我们如何才能将量子物理学与引力统一起来？我们如何实现计算机之间的互相连通？

从工程师的角度看，他们解决了很多问题，比如：如何建造坚固且不易倒塌的桥梁和宏伟的大教堂？什么是电，以及如何利用它？

像科学家一样，艺术家、作家和音乐家也是在前人花费数百年才构建起来的知识体系上创作。尽管他们的研究成果可能会打破常规，但研究的起点都始于常规。以毕加索（Picasso）为例，他的思想和天赋要想以作品的形式呈现出来，就需要将自然界中的人和物简化为普通人能够理解的几何图形，因此他从后印象主义入手，最终打破常规，创造出能够同时展示所有视觉效果的图像，由此立体主义诞生。

身为作家，莎士比亚和华兹华斯（Wordsworth）等人也有相同的困扰，他们所面临的问题是如何在当时的语言和文学禁锢下讲述一个故事、一个场景和一种感觉。比如莎士比亚的十四行诗、英国传统诗歌中的五步抑扬格，这些形式上的约束都可以激发作家的创造力。他们在寻找韵脚时会将想象力带向新的方向。

实际上，约束是推动创造性活动的因素之一。作家不只需要写作，还需要一个主题，这本身就是要考虑的第一个问题。比如小说家常面临多个问题，包括需要采用哪种情节、设置哪些人物、何时将情节推向高潮等。作家也可能需要在一些特定规则的框架内创作，于是我们就看到了像阿波利奈尔（Apollinaire）、格特鲁德·斯坦（Gertrude Stein）和垮掉派诗人等作家群的兴起。

作曲家需要遵循作曲的规则，然后才谈得上打破规则，创作出新的作品。例如，贝多芬、埃里克·萨蒂（Eric Satie）、伊戈尔·斯特拉文斯基（Igor Stravinsky）、菲利普·格拉斯（Philip Glass）和斯蒂夫·莱奇（Steve Reich）等人，都打破了传统规则，并提出了新的规则。以一种规则取代另一种规则，正是艺术前进的方式。

创造力的定义是通过解决问题，从现有的知识中得出新知识的能力。这个定义适用于作为信息处理系统的大脑和计算机，它同时考虑了生产过程和终端产品。

对我们而言，思考即接收感知，并在大脑作用下将其用于创造新知识的过程。类似地，计算机被输入数据，它需要处理并使用这些数据生成各种终端产品，比如音乐、文学和绘画作品等。

但是，大脑和计算机处理信息的方式是怎样的呢？无论是大脑还是计算机，自诞生以来都不是空白的，它们至少具备创造知识的潜力，以及某些与生俱来的、固有的概念。

回到我们的定义上：每天我们都会遇到各种情况，并把它们当成问题来处理，从整理购物清单到研究国际形势，从探索物理学中的弦理论到绘画、作曲和写作等。首先，我们需要对日常的创造力进行区分——发现一条不寻常的工作捷径的小创造力，即“小c创造力”（little-c creativity）；能突破该领域传统规则禁锢的大创造力，即“大C创造力”（big-C Creativity）。

爱因斯坦、巴赫、毕加索：是什么让这些人与众不同？

不可否认，这些人天生具有非凡的创造力，他们掌握了普通人仅靠努力无法掌握的某一学科的知识，我们通常称他们为天才。尽管我们无法复制他们的创造力，但我们仍然可以从他们的思维方式中学到很多东西，从而提高我们自己的创造力。

智力的世界本身就不是一个公平的竞争环境。对大多数人而言，无论多么努力地去学习绘画技能、练习音乐、思考科学上的难题或者撰写文学作品，我们仍然永远不会成为毕加索、巴赫、爱因斯坦或者莎士比亚。有些人就是比其他人更加聪明，这是一个事实。但即便如此，这些天才是否能够茁壮成长，并且充分发挥他们的潜力，还取决于天时地利。

这些天才毫无征兆地出现，而且这通常和遗传关系不大，很少有具备非凡基因标签的天才家族。比如，爱因斯坦的父亲经营的一系列电器制造公司均以失败告终；毕加索的父亲是一位不出名的画家；巴赫来自一个有底蕴的音乐世家，但是这个家庭里的其他人并没有出名的作品。在智商测试中获得高分与天才之间也没有必然联系。比如，著名的物理学天才理查德·费曼（Richard fcynman），在研究电子与光的相互作用方面做出了突出的贡献，据说他的智商测试分数为125，并没有特别高；而另一位数学大师庞加莱的智商测试得分更低。

多年来，我非常详细地研究了许多天才的生活方式，比如爱因斯坦、庞加莱、毕加索、乔治·布拉克（Georges Braque）、埃里克·萨蒂、菲利普·格拉斯、苏布拉马尼扬·钱德拉塞卡

（Subrahmanyan Chandrasekhar）、亚瑟·斯坦利·爱丁顿（Arthur Stanley Eddington）、沃尔夫冈·泡利（Wolfgang Pauli）、沃纳·海森堡（Werner Heisenberg）、尼尔斯·玻尔（Niels Bohr）、卡尔·荣格（Carl Jung）、古斯塔夫·马勒（Gustav Mahler）和巴赫。到了21世纪，还出现了一种新的天才，他们为科技初创企业构思创意，极大地改变了我们对世界的看法及我们与世界的关系。他们中包括创建亚马逊公司的杰夫·贝索斯（Jeff Bezos），打造谷歌搜索引擎的谢尔盖·布林（Sergey Brin）和拉里·佩奇（Larry Page），使用MS-DOS对个人计算机进行标准化的比尔·盖茨和保罗·艾伦（Paul Allen），创立苹果公司的史蒂夫·乔布斯和史蒂夫·沃兹尼亚克（Steve Wozniak），创办DeepMind公司的戴密斯·哈萨比斯、谢恩·莱格（Shane Legg）和穆斯塔法·苏莱曼（Mustafa Suleyman），创办电子商务平台PayPal的彼得·蒂尔（Peter Thiel），创办特斯拉和SpaceX公司的埃隆·马斯克（Elon Musk），Facebook创始人马克·扎克伯格（Mark Zuckerberg）等。

通过对这些人的生活进行研究，我发现了大C创造力的七个标志：

- 时常自省；
- 了解自己的优势；
- 专注、坚持不懈，不害怕犯错；
- 对合作与竞争的渴求；
- 不惜乞求、借用或“窃取”好的主意；
- 在前途未卜时奋力前行；
- 阅历丰富和经历苦难。

我还发现了天才所拥有的两种能力：

· 发现关键问题的能力；

· 发现事物之间联系的能力。

在下一章中，我将详细介绍这些内容。

天才和大多数高水平的思想者一样，擅长自我激励，做事主动，总是致力于研究新事物，想出新的问题。他们的智力成就有时是在大多数人感到绝望的状况下完成的，比如在没有暖气的工作室工作，从事令人乏味的朝九晚五的工作，为了谋生而忙于繁重的生产计划，或者把在车库诞生的点子变成畅销品等。

爱因斯坦曾在一家专利局担任职员（这份工作是他通过朋友的父亲帮忙获得的），每周工作6天，每天工作8个小时，非常安稳。菲利普·格拉斯创作的歌剧因评论不佳而损失惨重，因此他不得不在继续作曲的同时还兼职搬运工、水管工和出租车司机。他写道："我有一个奇妙的基因，它使我不在乎别人怎么想。"毕加索年轻的时候还干过从邻居家门口偷牛奶的事。比尔·盖茨、保罗·艾伦、史蒂夫·乔布斯和史蒂夫·沃兹尼亚克给"车库"一词赋予了新的含义，这些人在车库里获得的成就是看清自己，并找到属于自己的创造力。正如毕加索所说："重要的是创造，别的都无所谓，创造就是一切。"

他们的故事非常鼓舞人心。

毕加索、巴赫、爱因斯坦或史蒂夫·乔布斯的大脑中发生了什么？这是本书要探讨的第一个问题。

创造力的七个标志和天才的两种能力

提出问题通常比解决问题更重要，因为解决问题可能仅仅是数学或实验技能而已。

——爱因斯坦

创造力解决问题的第一步就是要找到问题。下面让我们更详细地了解大C创造力的七个标志和天才的两种能力，看看它们是如何从伟大思想家们的生活中诞生的。

创造力的七个标志

1.时常自省

自省是一种自己独立思考的能力。通过窥视内心，你可以用自己的方式提高创造力，并增强智力。最好的方法是安静地坐着，不要分心。

诺贝尔物理学奖得主、物理学家路易斯·阿尔瓦雷斯（Luis Alvarez）就始终遵循他的父亲（一位著名的医学研究员）的建议：“他建议我每隔几个月就在阅读椅坐上整整一个晚上，闭上眼睛，然后尝试思考要解决的新问题。我非常认真地接受了他的建议，并为此感到高兴。”

正念和冥想的实践者会有非常深刻的体会，这种方法能使我们的头脑变得敏锐和清晰。

2.了解自己的优势

要想有所发现，提升创造力，我们就需要专注，这意味着要专注于我们自身的优势。

爱因斯坦小时候非常喜欢数学，但是到了大学，他发现自己对数学的基本问题一窍不通。意识到这一点之后，爱因斯坦选择专注于物理学。

另一位著名的物理学家沃纳·海森堡放弃了音乐会钢琴家的职业，开始专注于科学，成为量子力学的开创者之一。1939年，在剑桥大学的一次招待会上，一位大学老师质疑海森堡的履历，要求他演奏一曲。于是海森堡坐到钢琴前面，凭借超强的记忆力，完美地弹奏出贝多芬的极为复杂的《第三十二钢琴奏鸣曲》（*Piano Sonata No.32*）。

艺术家、哲学家马塞尔·杜尚（Marcel Duchamp）选择艺术作为自己的事业，而不是自己热爱的国际象棋，尽管他有时会后悔。1919年，杜尚已经钻研国际象棋长达10年之久，他声称这项竞赛激发了他的创造力，并写道："我已经做好准备成为国际象棋的疯狂爱好者了。"他一生都是一名坚定的国际象棋选手。

在苹果公司，史蒂夫·沃兹尼亚克专注于编程和硬件开发，而史蒂夫·乔布斯则坚持在设计和业务领域发展，因为这是他的强项。《史蒂夫·乔布斯传》（*Steve Jobs:A Biography*）的作者沃尔特·艾萨克森（Walter Isaacson）写道："乔布斯被沃兹尼亚克的工程天赋所折服，而沃兹尼亚克则钦佩乔布斯的商业魄力。"

PayPal的联合创始人、硅谷投资者彼得·蒂尔则认为，一个人要想在初创企业混战的世界中站稳脚跟，就要反对多元化的利益。他写道：“一个人应该决定追求最好的一件事，并将其做好，而不是追求多面的平庸。”

关键是要通过自我反省认识到我们的优势所在，并做到这一点，不要在无望的追求上浪费我们的才能。

3.专注、坚持不懈，不害怕犯错

极富创造力的思想家会自我隔离，并驱逐周围的所有人。任何一个创造性成果的诞生都需要一个过程。艺术家和科学家需要工作很长的时间，在这个过程中，他们会遇到死胡同，犯下许多错误，但关键是不要害怕失败。

正如丹麦物理学家尼尔斯·玻尔所说：“所谓专家，就是把一个狭小领域内所有可能犯的错误都犯了个遍的人。”在贝尔实验室中，犯错的数量被视为一位科学家的研究进展的标志数据。当然，前提是他最终提出了可行的应对措施。

在为SpaceX开发火箭时，埃隆·马斯克想到了美国和俄罗斯太空计划的许多失败。他说：“我非常尊敬那些坚持不懈地制造运载火箭的人，这些运载火箭是当今航天发射的支柱。”他建议尝试会很快失败的实验，这样就可以立即进行新的实验。

正如史蒂夫·乔布斯所说：“作为一名艺术家，如果你想以一种有创意的方式生活，你就不能总是回头看。不管你做过什么，不管你曾经是谁，你都要接受，然后将它们置之脑后。”

4.对合作与竞争的渴求

彼得·蒂尔写道：“真正的技术人员会穿着T恤和牛仔裤。”

当今的高科技天才引领了一股休闲风热潮。像史蒂夫·乔布斯和马克·扎克伯格这样的人，他们喜欢在专门设计的、具有较大空旷区域的工作场所中工作，因为这样便于团队合作。这里可以摆放工作中必不可少的咖啡机，让研究不同问题的团队进行沟通。人们在咖啡机周围闲逛，谈论他们正在做的事情。另一个团队的成员可能会无意中听到并插话，表示他们正在考虑一个类似的问题，并且已经接近一个解决方案，结果就是跨团队合作。

甚至像爱因斯坦和毕加索这样特立独行的天才，都有自己的智囊团，为他们提供艺术、文学、哲学和科学方面的消息。比如，爱因斯坦有一个非正式的研究小组，由对哲学和科学抱有浓厚兴趣的密友组成，他们自称“奥林匹亚科学院”；毕加索的团队中主要是一群年轻的文人，以“毕加索帮”的名字命名。

在爱因斯坦最有创造力的时期，即1902至1909年间他在专利局工作的时期，他坐在一个开放式办公室里，一边干着手上的工作，一边想着自己的研究。他说，无论身在何处，他都可以思考。

开放式环境的一个首创性例子是20世纪20年代德国魏玛共和国时期特奥·凡·杜斯伯格（Theo van Doesburg）的工作室，在那里几位艺术家共同致力于一个项目。

皮克斯动画工作室的巨大成功取决于其员工在开放式环境中的紧密合作。皮克斯的创始人之一埃德·卡特穆尔（Ed Catmull）在回顾传统的封闭式办公室时颇有微词：“简而言之，这种环境让我感到昏昏欲睡。”

关于开放式办公室是否有利于协作，其实也存在很大的争议。实际上，开放式办公室在隐私方面有所欠缺。哈佛大学最近的一项研究表明，在大型开放式办公室里工作的人说话较少，发电子邮件更多。但是，哈佛大学的报告似乎主要考虑的是比较极端的情况。那些提供一定程度的隐私空间的办公室似乎会更好一些，比如会议室、分组讨论空间、打电话的房间等。

在科学领域，协作思维方式从20世纪20年代开始流行起来，当时在哥廷根的德国原子物理学家马克斯·玻恩（Max Born）和在哥本哈根的丹麦物理学家尼尔斯·玻尔组成了小组来共同进行研究工作。但是真正在学术上获得突破的却是独自坐在办公桌前的沃纳·海森堡和埃尔温·薛定谔（Erwin Schrödinger）。海森堡发现了量子力学及不确定性原理，而薛定谔提出了著名的方程式和“又死又活”的猫，尽管后者的方程式是在一个出轨的周末想到的。

然后是位于新墨西哥州洛斯阿拉莫斯的曼哈顿计划，该计划的目标是研发原子弹，这是顶尖科学家合作项目的最高示范。参与其中的许多科学家都是哥廷根学派和哥本哈根学派的成员，定期的聚会已经成为传奇。负责项目不同部分的小组常常开会讨论各自的工作，并评价其他人的工作。这些会议完全是民主的，整体气氛也是无拘无束的。例如，傲慢的年轻物理学家理查德·费曼将伟大的尼尔斯·玻尔提出的一个建议称为“疯狂的想法”。

科学与艺术领域还有许多其他形式的合作，如居里夫妇（Marie and Pierre Curie）以及特德·休斯（Ted Hughes）和西尔维娅·普拉斯（Sylvia Plath）的“夫妻档”，阿娜伊斯·宁（Anaïs Nin）和亨利·米勒（Henry Miller）的“情人档”，毕加索和乔治·布拉克的艺术家组合，托马斯·斯特尔那斯·艾略特（Thomas Stearns Eliot）和埃兹拉·庞德（Ezra Pound）的作家组合，亚伦·科普兰（Aaron

Copeland）和伦纳德·伯恩斯坦（Leonard Bernstein）的音乐家组合，弦乐四重奏乐团，剧团，以及像欧洲核子研究组织（CERN）等现代高能物理项目的众多国际合作者。成功的协作会激发彼此的创造力。

除了协作之外，竞争通常也是至关重要的催化剂。比如，萨塞克斯大学的一个研究小组一直在寻找地球和星际气体中碳60（C60）的结构。这个团队的工作一直停滞不前，直到其成员听说德国的一个研究团队即将发现碳60结构。萨塞克斯大学研究小组的成员立刻活跃起来，重新查看了他们的数据，并意识到碳60的结构很像1967年蒙特利尔世界博览会上著名的巴克敏斯特·富勒（Buckminster Fuller）圆顶。于是他们将其称为“巴基球”（buckyball）。该小组的负责人哈里·克罗托（Harry Kroto）发挥了他作为平面艺术家的经验，从二维数据中推断出三维形状，以便“看到”深层含义。这种高度对称的分子的发现开辟了化学的新领域，从宇宙现象到地球上的物质都与之相关。

5.不惜乞求、借用或“窃取”好的主意

巴赫从意大利和法国的巴洛克音乐中获得了大量灵感，经常将它们的旋律融入自己的作品中，使科雷利（Corelli）和斯卡拉蒂（Scarlatti）等作曲家黯然失色长达3个世纪。有人认为，他出色的《G大调第一前奏曲》（*Prelude 1 in G Major*）和圣诞颂赞曲《有一婴孩为我们而生》（*Uns ist ein kind geboren, BWV 142*）中的旋律是从德国作曲家约翰·库瑙（Johann Kuhnau）那里借鉴来的，不过当时还没有著作权法。肖斯塔科维奇（Shostakovich）常常从其他作曲家那儿获得灵感，他将贝多芬的《A大调第七交响曲》（*Symphony No. 7 in A Major*）第四乐章的主题融入了自己的《d小调第五交响曲》（*Symphony No. 5 in d Minor*）中。

同样，在20世纪20年代，迭戈·里维拉（Diego Rivera）警告巴黎的年轻艺术家不要让毕加索进入他们的工作室，因为他会“窃取”他们的想法：毕加索可能真的干过这种事。

但是，这种“盗窃”绝非抄袭。像巴赫或毕加索这样的人利用他人的思想来激发自己丰富的想象力，将看到或听到的东西很快转变成自己的东西，编织成自己的思想模式，并提升到远远超出原作的状态。我们不断吸收别人的想法，存储在我们的记忆库中，并随着时间的流逝将其变成自己的。

当然，原则上没有人的作品是完全原创的。在他人的成就基础上进行积累式创作，本身也是创造性活动的一部分。但是也有一些人以全新的方式看待世界。伽利略（Galileo）认为自然规律应该是简洁的，他找到了一种方法来检验自由落体这个革命性理论。他让铜球沿一个斜面滚下，这比铜球竖直下落所需要的时间更长，也就更容易测量。由此，伽利略证实了他的理论，即自由下落的物体的速度与其重量无关，并且下落距离与其所花费的时间的平方成正比。

爱因斯坦以截然不同的方式看待1905年的物理学，认为这个学科充满了不对称性，而这在自然界中是不存在的。最引人注目的结果就是他提出了相对论。

巴赫经常“抄袭”自己的作品，重复使用部分乐谱。莫扎特也是如此，他的一些单簧管或长笛演奏作品的作曲几乎是相同的。

在20世纪70年代，也就是微软成立初期，比尔・盖茨提议找到一个程序来管理所有计算机的硬件和软件，换句话说，就是开发一种可以成为IBM计算机标准操作系统的程序。当时，IBM在大型机的生产上落后了，而且盖茨担心自己很快会在个人计算机这一羽翼未丰的业务上被超越。盖茨意识到，无论IBM选择什么操作系统，都将成为标准系统，并将主宰计算机行业。他开始与一家正在生产一种类似系统的公司进行初步谈判，但谈判很快就失败了，于是他决定自己寻找一种系统。

盖茨和他的合伙人保罗・艾伦将目光投向一家陷入困境的初创公司，这家公司开发了一款名为QDOS（Quick and Dirty Operating System）的操作系统。他们说服研发团队以5万美元的价格将该系统卖给了他们，以供自由使用。然而，他们并没有告诉对方他们的想法。他们做了一些改变，把这个系统变成了MS-DOS，它将主导软件行业长达30年。

微软现在是全球最大的软件公司之一。正如盖茨回忆时说："创新者可能是一个狂热者，热爱他们所做的事情，昼夜不停地工作，他们可能会在某种程度上无视正常的事情，因此可能被认为有点失衡。在20多岁时，我也是这样。"他最终做到了。实际上，仅凭这句话，盖茨就符合"大C创造力"的许多特征，例如专注、坚持不懈，不害怕犯错。

史蒂夫・乔布斯"借用"了施乐帕克研究中心开发的革命性图形界面，他说："我们一直无耻地窃取好的想法。"他喜欢引用毕加索的话："好艺术家复制他人作品，伟大的艺术家则窃取灵感。"也许他认为毕加索是像他一样的"海盗"。

乔布斯谈到施乐时说："他们都是复印机迷，对计算机的功能一无所知。"因此，乔布斯的行为不仅仅是"盗窃"。他看到了该界面的潜在用途，然后苹果公司极大地改进了最初的概念设计。

Facebook的起源也是一个传奇故事。它的创始人马克·扎克伯格小时候就很喜欢编程。正如采访者所写："有些孩子玩计算机游戏，而马克·扎克伯格则是创造游戏。"艺术界的朋友带着他们绘制的图片来到他家，他就会为这些图片设计游戏。扎克伯格长期以来都对通过连接计算机来传输消息非常感兴趣。在哈佛大学时，他开发了各种社交网站，这引起了迪夫亚·纳伦德拉（Divya Narendra）和双胞胎兄弟卡梅伦·温克莱沃斯（Cameron Winklevoss）与泰勒·温克莱沃斯（Tyler Winklevoss）的注意，他们请扎克伯格帮忙开发自己的网站。

至此，故事出现了两个版本。扎克伯格称自己厌倦了协助他们，于是创建了自己的网站——后来变成了Facebook。这个社交程序几乎立即就流行起来，扎克伯格也从哈佛大学退学去经营网站。他声称，纳伦德拉和温克莱沃斯兄弟的网站强调约会，而他的网站更注重社交。

但是，纳伦德拉和温克莱沃斯兄弟声称扎克伯格剽窃了他们的想法。他们最终达成和解，但诉讼仍在继续。在这件事上，双方可能都有一点道理。

关键在于，艺术和科学是达尔文式的：只有最合适的才能生存。思想是没有版权的，一个人必须为自己在阳光下的位置而奋斗。

6.在前途未卜时奋力前行

当事情前途未卜的时候，大多数人会意志消沉，而天才们会奋力前行。

在1925年中期，原子物理学中所有可行的理论都被摧毁了，这门学科似乎已成了一片废墟。玻尔试图重新研究其原始理论的基础，该理论假定原子像一个微型的太阳系，但这一假设不成立。然后，他和他的同事们试图将能量守恒定律——物理学的基石——视为不确定的。这一点也被实验驳斥了。另一位重要的物理学家——沃尔夫冈·泡利想要消失在汉堡市的咖啡公社中，甚至想去拍电影。其他人也尝试了各种方法，但都失败了，这些物理学家都濒临精神崩溃。原子物理学似乎已经走到了尽头，理论变得含糊不清。

泡利的同事沃纳·海森堡是一位谦逊执着的年轻物理学家，他在这种情况下取得了很大的研究进展。1925年6月，在多次失败的尝试之后，他找到了解决方案：新的原子物理学，即量子力学。

有时，具有里程碑意义的工作出现后，一些传统领域就会陷入混乱。譬如在立体主义出现之后，艺术界面临崩塌；而萨蒂和斯特拉文斯基的作品问世之后，音乐界就出现了“地震”。让斯特拉文斯基引以为傲的回忆是，1913年的《春之祭》（*Rite of Spring*）在巴黎引起了骚乱，其规模与萨蒂的《游行》（*Parade*）引起的骚乱相比有过之而无不及。

卡尔海因兹·斯托克豪森（Karlheinz Stockhausen）、斯蒂夫·莱奇和菲利普·格拉斯再次引起了轰动，并开创了音乐的全新阶段。受他们影响的21世纪的流行电子音乐通常将声音和图像混合在一起，两者都是由创造性算法产生的。人们不再吹着口哨离开音乐会，但这些音乐所提供的体验足以震撼一个人的大脑和心灵。

因此，如果你的想法似乎不合时宜，可能是因为其他人都朝着错误的方向前进。对自己和自己的直觉要有信心！

7.阅历丰富和经历苦难

走出去，以专业和个人的维度与世界相遇，对于激发思想在绘画、文学、音乐和科学方面取得创造性突破至关重要。能够取得突破的往往是具有全面知识背景的思想家，他们在成功之前就已经在阅读自己的领域以外的书籍，而且能够将这些知识运用到实践中，尽管可能是间接的。

爱因斯坦在1905年提出相对论时只有26岁，但他的阅历并不少。这个时候，他已经有了至少两段热恋，其中一段是与玛丽·温特勒（Marie Winteler）。他在瑞士阿劳市就读预科学校时寄宿在温特勒家里，补习自己在高中时不及格的科目，以便进入苏黎世联邦理工学院学习。在这之前，他因反抗普鲁士的高中制度而被勒令退学，并独自游览意大利北部。当他搬到苏黎世时，玛丽写道，她来参观了“我亲爱的人”住的地方。随后，爱因斯坦终止了这段恋爱关系。

玛丽后来结婚又离婚，最终死于精神病院。她的一位家庭成员断言，她与爱因斯坦的不愉快关系“迷惑了她”，摧毁了她的生活。但他们的情书显示，对爱因斯坦而言，玛丽是一个灵感来源。

让爱因斯坦抛弃玛丽的女人是米列娃·玛丽克（Mileva Marić），他物理系的同学。他们于1903年结婚，但到1905年，爱因斯坦也厌倦了她。米列娃对相对论的影响显然是消极的。尽管如此，爱因斯坦还是成功了。他本人可能并没有遭受太大的苦难，但他无疑将苦难带给了他人。

爱因斯坦发现相对论的关键在于他对其方程式的美观的坚持，他认为唯有如此才能反映自然界的对称性。他对大自然的审美感受可能源自他浪漫主义的态度。那时，26岁的爱因斯坦还精通哲学——特别是伊曼努尔·康德（Immanuel Kant）的理论，后者分析了大脑是如何构造时空概念的。没有这样的知识和社会成熟度，爱因斯坦可能无法形成对当时科学现状的深刻批判，进而发展出他的时空新理论。

在高强度工作时，天才倾向于集中注意力，以至于他们会将周围的人拒之门外。在工作过程中，他们往往会化身“吸血鬼”，从与他们共同生活的人那里吸取能量。

毕加索的一生伴随着一系列灾难性的情感，与爱因斯坦并没有什么不同。1907年，他在创作《亚威农少女》（*Les Demoiselles d'Avignon*）时，与费尔南德·奥利维耶（Fernande Olivier）住在一起。他们之间充满了剧烈的争吵，在这段关系中，他们经常分分合合。正如爱因斯坦与米列娃一样，毕加索学会了将费尔南德的情绪融入自己的作品中，他的激情为自己的伟大创作提供了动力，这种循环将贯穿他的一生。

埃尔温·薛定谔以享受开放式的婚姻而闻名，他经常与妻子和当时的女友一起旅行，有关他的风流韵事不绝于耳。这种心理压力刺激而不是阻碍了他的科学创造。

总体来说，沃纳·海森堡过着田园一般的家庭生活，但他在1927年经历了一段动荡的时期。当时他试图说服亦师亦父的尼尔斯·玻尔相信不确定性原理的正确性——这也许是他的最大发现。他们激烈的争论常常使海森堡流下眼泪，玻尔顽强的怀疑态度对于不确定性原理最终形式的确立起了关键作用。

阿尔玛（Alma）和古斯塔夫·马勒的婚姻生活也是混乱的，古斯塔夫禁止阿尔玛作曲——尽管他怀疑她仍在继续这样做，并且他从未要求看她的作品。“我再次弹奏了自己的作品，我的钢琴奏鸣曲，我的许多抒情曲，”阿尔玛在给朋友的信中写道，“我再次感到，这就是我想要的。我渴望创造力。我现在生活在幻想之中。我需要我的艺术！”结果，古斯塔夫不得不忍受他年轻貌美的妻子的风流韵事。

特德·休斯和西尔维娅·普拉斯经历了一段痛苦的婚姻，她的精神疾病和他的风流韵事交织在一起，最终导致普拉斯自杀。这段婚姻中的压力和紧张感将他们二人的创造力推向了新的高度。

史蒂夫·乔布斯经常表现出专横的态度，尤其是与那些他认为平庸且缺乏准备的人打交道时。皮克斯的创始人之一埃德·卡特穆尔记忆中的乔布斯说话很冲：“这些图表简直就是垃圾！这笔交易真是胡扯！”乔布斯在苹果公司的合伙人史蒂夫·沃兹尼亚克回忆说：“他对那些他认为不聪明的人的态度可能是粗鲁的。”这样，他就可以促使人们超越他们认为的极限。偶尔会有人反对他，如果他们说的话是正确的，乔布斯也会对他们表示尊重。

亿万富翁企业家埃隆·马斯克的成功包括推出特斯拉电动汽车和SpaceX星舰，他担心自己的孩子无法像他那样吃苦。他认为，无论如何，苦难都给了他成功的意志。他说：“他们在学校可能会遇到一点困难，但如今学校是如此安全。”马斯克的解决方案是在家里创造“人为逆境”，方法是让他的孩子花更多的时间在阅读上，而不是在玩电子游戏上，并限制他们玩游戏的时长。这是一次勇敢的尝试，虽然这听起来不像是最痛苦的磨炼。

尽管天才通常表示出对整个人类的关注，但他们通常并不关心与他们最亲近的人。甘地（Gandhi）是印度民众的代言人，但他和自己的家人却相处困难——他的大儿子反抗甘地的一切教义和信念。甘地最亲密的伙伴是他从未见过的人，比如高层政治人物，他们通过信件进行沟通。

印度天体物理学家苏布拉马尼扬·钱德拉塞卡是诺贝尔物理学奖的获得者，他与他的学生和同事们非常亲近，但是对妻子的关注却很少。他的妻子希望和他一起在物理学界发展。她告诉我，她的失望最终让他们两个人痛苦不堪。

这些名人的经历可以激发我们这些普通人像他们一样，建立我们的情感维度，不仅在社会层面上，而且在文学、音乐和哲学层面上。若要做出重要的科学发现，创作戏剧性的艺术品或写出突破性的小说，你必须有足够的阅历，而且你可能需要专注于自己的工作，不要让家人和朋友干扰你。

天才的两种能力

1.发现关键问题的能力

发现问题是一种非凡的能力，只有少数人拥有这种识别特定问题的能力。这个问题将开启一个大胆的新思路，通常与该领域其他所有人正在努力的方向大相径庭。企业家彼得·蒂尔对那些正在规划科技初创企业的人有以下建议："下一个比尔·盖茨不会去构建操作系统，下一个拉里·佩奇或谢尔盖·布林不会去做搜索引擎，下一位马克·扎克伯格不会去创建社交网络。如果你只是在模仿这些人，那么你并没有从他们身上学到东西。"

爱因斯坦就是一个令人惊奇的例子，他在1905年意识到，所有致力于物理学前沿领域的科学家都试图解决一个错误的问题。当时的科学家关心的是电子的结构，而他意识到他们应该研究时空的本质。在长达6年的时间里，没有人了解他的相对论的重要性。即使它被赏识，通常也是出于错误的原因，因为它被认定可以使当时流行的电子理论更加严谨。

毕加索希望创造一种全新的艺术形式，以彻底打破过去的印象主义世界。他关注的问题是如何将自然简化为几何形式。塞尚（Cezanne）曾朝这个方向努力，但也只是暂时的。毕加索决定将其发挥到极致，结果在1907年创作了突破性画作《亚威农少女》，其中蕴含了立体主义的种子。就像爱因斯坦的相对论一样，立体主义在接下来6年左右的时间里不会被世界接受。至于这幅画本身，它过了20多年都没有被卖出去。当毕加索第一次向朋友和同事展示它时，他们还认为毕加索疯了。

数学物理学家米切尔·费根鲍姆（Mitchell Feigenbaum）希望解决系统变得无序的问题，例如波浪分裂成液滴，或烟圈在空中裂解。看着特纳（Turner）的巨大旋转画布，他看到了动态流体运动的模式，以及后来被称为"芒德布罗集"和"分形"的模式。在欣赏一幅公园风景画时，他意识到了解背景的最佳方法是近距离观察每个细节，然后再还原出全景。而该领域的其他人都从一开始就试图全面理解所谓的混沌系统。他用新发现的按比例缩小的方法在看似随机的系统中寻找模式，这是他发现现代混沌理论的关键：通过探索“大细节与小细节之间的关系”来处理复杂的系统。因此，根据混沌理论，一只蝴蝶在巴西扇动翅膀，可能会在北半球引发飓风。

20世纪初，埃里克·萨蒂曾经在蒙马特的小酒馆里弹钢琴，毕加索曾在此为他画过素描。正如萨蒂所认为的那样，当时的问题是如何将法国音乐从日耳曼作曲风格的束缚中解放出来。他的朋友克劳德·德彪西（Claude Debussy）已经做过这样的尝试，但萨蒂希望创造一种全新的音乐风格。萨蒂身材矮小，衣衫褴褛，胡须蓬乱，言辞犀利。根据诗人让·科克托（Jean Cocteau）的说法，他看上去就像一袋土豆。尽管萨蒂并不讨人喜欢，但他却能用复杂的和弦奏出令人难以忘怀的旋律，这些和弦除了无调性之外似乎无法产生任何效果。对于没有辨别力的听众来说，这些旋律似乎只是在重复。但实际上它们之间有微妙的区别，这个技巧后来被菲利普·格拉斯运用。萨蒂是巴黎前卫派思想的化身，在1917年，他继续与毕加索和谢尔盖·狄亚基列夫（Sergei Diaghilev）合作创作芭蕾舞剧，其中最著名的是《游行》。他在音乐中加入了牛铃、打字机、号筒、奶瓶和手枪等发出的声音，以模拟巴黎的日常生活，再加上毕加索设计的立体主义服装，演出在剧院引起了骚乱。

卡尔海因兹·斯托克豪森外表威严而忧郁，却处于二战后开始出现的激进音乐的最前沿。他给自己设定的问题是如何完全打破以往的所有前卫音乐，包括十二音体系的音乐。为此，他探索了电子音乐的可能性，部分地使用了数学统计数据及具体的音乐。他从几乎所有地方采集声音，包括人声、环境的声音，以及计算机的信号处理声音。他的开创性工作引起了极大争议。

斯蒂夫·莱奇走得更远。他给自己提出的问题是如何在使用最少乐器的情况下产生新的声音。他尝试用磁带循环来创建新的模式，有时会加入人声和拍手的声音。他用缓慢的和声节奏重复作曲，标志着极简音乐的开始。

这让我们联想到菲利普·格拉斯。他身材高大，头发蓬乱，在20世纪60年代的纽约艺术界发展得非常好。他给自己设定的问题是如何为音乐极简主义找到一种超越萨蒂、斯托克豪森和莱奇的新方案。格拉斯是20世纪后期利用萨蒂的无调性重复旋律来创作主流音乐的领军人物。

尽管发现问题的能力无法言传身教，但我们所有人都经历过类似的想象力飞跃。也许我们所能做的就是练习自省，让这样的飞跃有机会出现，然后信任它们，并在它们出现时与它们一起前进。

2.发现事物之间联系的能力

1905年，爱因斯坦意识到能量的传递与时空的本质之间存在联系。还有什么能比这二者看起来更没有联系的呢?

1905年的光学理论预测，当在地球上的实验室里测量光速时，光速会因地球的运动而变化。但是精确的测量结果却表明：光速始终保持不变。为了解释理论与实验之间的差异，科学家们不得不借助大量假说，比如物体在运动时会产生形变。

爱因斯坦对这些假说进行了仔细研究，他对这些假说缺乏系统性的解释感到不满。爱因斯坦突然想起了热力学定律的一个有趣的特征：它们不解释，只是断言。热力学第一定律是：在每个物理过程中，能量都是守恒的。

因此，爱因斯坦也得出了结论：为什么不简单地断言无论在何处或如何进行测量，光速始终是相同的呢？他还提出了另一种主张：实验室以统一的相对运动进行的测量不受实验室运动的影响——相对论原理。他的相对论源于这两个假设。这种新的时空理论或是推翻了，或是推导出了早期科学家提出的没有理论基础的假设。

几乎在同一时期，毕加索并没有从最新的绘画中寻找灵感，而是将目光投向了当时的科学、技术和数学创新。他给自己设定的目录是同时表现一个场景的所有视角。一本书中关于四维几何的图像，以及他对X射线科学的了解，都为他提供了解决该问题的灵感。他又与自己的智囊团讨论了这些构想。其结果就是《亚威农少女》的诞生，它将绘画带入了20世纪。

1968年，24岁的意大利物理学家加布里埃莱·韦内齐亚诺（Gabriele Veneziano）在欧洲核子研究组织和麻省理工学院工作。在研究表示粒子碰撞的物理方程式时，他发现可以将这些看似无关的方程式与贝塔函数（一个似乎仅在纯数学中使用的奇特公式）结合在一起。后来的物理学家对数学和物理学之间这种意想不到的联系进行了深入研究，从而提出假设，即基本粒子可以表示为弦的振动，这反过来又导致了弦理论的诞生。

数学家约翰·何顿·康威（John Horton Conway）总是在玩游戏、修改规则或发明新规则，他研究了在中国围棋中放置和移除棋子时出现的各种模式。这启发他发明了“生命游戏”程序，即一个由细胞组成的数学网格，其中细胞“存活”或“死亡”的简单规则能够造就丰富的模式。生命游戏主要是游戏，但它也成为研究螺旋星系演化和推动混沌理论发展的重要工具。

这些案例的关键是：要有大局观，而不是狭隘地从自己的经验出发；接受各种各样的想法，无论这些想法看上去有多么不可思议，并对事物间的联系保持敏感。

目的、想象力和不可预测性

创造力的七个标志和天才的两种能力中贯穿着三种特质：目的、想象力和不可预测性。

从事创意工作的人（艺术家、诗人、科学研究员）都始于一个目的，始于对解决问题的渴望。

接下来，他们将考虑如何解决它，这可能会超出传统方法的范围。为此，他们可能会幻想（即想象）一种全新的解决问题的方法。

这种飞跃可能是突如其来的，并且是完全不可预测的。

不可预测性超越了逻辑，是创造力的基本要素。用本章开头引用的图卢兹的话来说，数学家庞加莱的思维方式更像是做梦，而不是一种理性的方法，似乎更应被称为“纯粹的想象”。

伟大的发现不是单靠逻辑就可以实现的，而往往是通过发现事物、领域、思想或哲学之间的联系实现的，而这些东西乍一看彼此毫无关联。当大脑以一种全新的方式整理我们已经掌握的信息时，发现可能会突然发生，且无法预测。

塞缪尔·泰勒·柯尔律治（Samuel Taylor Coleridge）声称自己

在吸食鸦片后，在梦里听到一个声音吟诗,便写下了他备受赞赏的诗《忽必烈汗》（*Kubla Khan*）。但是，创造永远不会凭空出现，总是有一些初始的材料或者引子。在柯尔律治的例子中，他后来透露说，他在睡觉之前一直在阅读有关元朝上都的文章。

这首诗可能是他在无意中构思出来的，但将其记录在纸上却需要艺术的介入。为了构建他丰富的词汇量，柯尔律治从抑扬格四音步开始，然后转向其他押韵方案，并充分利用了单词的音质。换句话说，他重新诠释了传统的诗歌形式，并以一种新的方式展示出来。不管有没有做梦，柯尔律治仍然突破了当时一直风行的诗歌规则的界限。此外，作为一位颇有成就的诗人，他在他的作品中竭尽所能地展现出了其所有的技巧。他的问题是如何在忘记之前先把这首诗写出来，在此过程中，他运用了目的和想象力，最终产生了不可预测性（即戏剧性）的效果。

玛格丽特·博登的三种创造力

所谓的创造力，是指提出新颖的、令人惊讶的和富有价值的产品（指想法或物品）的能力。

——玛格丽特·博登（Margaret Boden）

玛格丽特·博登是萨塞克斯大学认知科学研究领域的教授，在1990年，她撰写并出版了《创造性思维：神话与机制》（*The Creative Mind: Myths & Mechanisms*）一书。她对创造力有着深入的研究，尤其是在计算机科学领域。多年以来，她研究了计算机的创造力及其与人脑的相似之处。她对创造力的概念进行了定义：提出新颖的、令人惊讶的和富有价值的产品（指想法或物品）的能力。

博登也提供了三个衡量创造力的标准：必须在某种程度上是有用的、具有启发性的或具有挑战性的。通过这些标准我们可以评估一个想法或物品在多大程度上可以被认为是具有创造性的。但是仅凭新颖性还不够，要真正具有创造性，想法就必须是真正独创的——一次创造性的飞跃。同时，这个想法也必须是意料之外的，并且具有真正的价值。

博登看似简单的分类引发了关于创造力是什么以及评估创造力的最合适标准的大量讨论。比如，她的三个标准够吗？它们会不会因为太不精确而最终被放弃？还有其他同样适用的标准吗？

我们来看看对博登标准的一些回应。

来自加利福尼亚大学戴维斯分校的著名心理学教授迪安·西蒙顿（Dean Simonton）研究了创造力中的社会文化因素。他质疑衡量创造力的标准中有多少是真正必要的。一些研究人员认为有两个是最佳的：原创性和有效性。西蒙顿将博登的三个标准比作美国专利局的三个标准，即要想获得专利保护，一项发明必须是新的、有用的且不是平平无奇的。

肯·罗宾逊（Ken Robinson）爵士是一位教育家，也是创造力丰富的作家、政府课题的顾问，他将创造力定义为“拥有有价值的原创思想的过程”。当然，这一定义也引出了有关价值的讨论。

安娜·约尔丹诺斯（Anna Jordanous）是肯特大学计算机学院的高级讲师，其主要研究方向为人与机器的创造力。她说：“大多数人都对将新颖性和价值作为衡量创造力的标准感到相对满意，当然创造力也要受到美学和正确性的约束。”

法国作曲家和计算机科学家弗朗索瓦·帕谢（François Pachet）则持有不同的观点，他认为创造力只能从主观角度来理解，而不能从客观角度来理解——“社会将决定某人是否具有创造力”。

都柏林大学的研究人员托尼·维尔断言：“创造力是无法定义的，当某个事物符合一定的叙事模板时，我们便称其具有创造力。”我们可以讲述托马斯·爱迪生（Thomas Edison）如何发明电灯泡，或莱昂纳多·达·芬奇（Leonardo da Vinci）如何创作他的画的故事，但这些描述完全是主观的，取决于当时社会的态度和知识水平。多年来，一些重要的想法和物品并未得到认可。许多伟大的艺术家最终都默默无闻地死去，文森特·凡高（Vincent van Gogh）就是一个很好的例子。

新奇、价值和惊喜，这些就能定义创造力吗？作为标准，它们专注于产品而不是过程。但可以肯定的是，创造的过程与最终产品同样重要。博登在《创造性思维：神话与机制》一书中对创造过程进行了深入研究。她将其分为三种类型，并提出三种“不同的心理机制，以及它们引发的不同的惊喜”。

首先是组合型创造力，即以非常规的方式组合常规的想法，其中包括类比（例如把心脏类比成泵）以及比喻（例如把原子比喻成一个微小的太阳系，这是尼尔斯·玻尔原子理论的核心）。有时候，这种组合过程可以纯粹以统计的方式呈现，在制作材料上发挥想象，看看会出现什么情况。例如将一首诗裁剪成单词，将它们进行重排，然后粘在一张纸上，以创作另一首诗。这种组合的结果可能会产生意外的甚至令人震惊的效果。

其次是探索型创造力，拥有此类创造力的人在绘画、文学、音乐和科学领域公认的程序规则内工作，并试图产生新的风格、新的句子、新的旋律、新的理论——只有你一个人能想到的东西，在此之前没有人想到。这就像探索一个熟悉的地方，并在其中找到新事物一样——事实上我们每天都在这样做。

最后是变革型创造力，它打破了常规，充满了惊喜。这可能是想象力的飞跃，由于艺术家或科学家在现有规则下感到束缚和沮丧，以至于他们会突然爆发，创造一些打破规则的东西。就这样，贝多芬开创了古典音乐的“浪漫主义时期”；爱因斯坦提出了相对论，表明我们所经历的世界仅仅趋近于现实世界；尼尔斯·玻尔提出了现代原子理论，这让我们进一步质疑自己对世界的看法；塞尚将印象派推向了更为抽象的后印象派；而后印象派则与当时的数学、科学和技术发展等重要资源一起，成为毕加索创造立体主义的跳板。

这三种创造力通常很难分开。类比和比喻是组合型创造力的两个方面，通常对于发现突破性理论（变革型创造力）至关重要。

博登认识到，变革型创造力的结果可能要花费数年的时间才能得到认可。它们往往古怪另类到令人震撼或反感，从而引起人们的厌恶或怀疑。一些思想家将这种对突破性新发展的厌恶解释为我们的认知系统本身存在局限性。但是，如果真是这样，那么人类社会几乎不可能有任何进步。最好将人们对变革型创造力的抵触（尤其是在音乐领域）理解为“时机未到”。显然，从莫扎特到“性手枪”（英国朋克摇滚乐队）的演化过程不可能在一夜之间发生。

另一种看待这种情况的方式是我前文介绍的小c创造力和大C创造力。这些术语出现的时间至少可以追溯到1988年。确切地说，小c创造力是一种日常经历，例如思考一条新的工作途径，这一发现新颖、有价值并令人惊喜，至少对于发现者而言是如此。每个人都具备小c创造力。但是大C创造力则完全不同，它是惊人的，并且可以打破常规。它产生的想法在世界历史上是从未有过的，只有少数天才能够提出这样的想法。这种变革性的想法必须被普遍接受，并且要得到人们的认可可能需要一些时间。

1905年，爱因斯坦发表了四篇改变物理学历史进程的论文。第四篇论文包含了他在前一篇提出相对论的论文中忽略的结果，即质量与能量之间的著名等式：$E = mc^2$。但是最初，这四篇论文却被人们忽略了，而当它们全部受到赞赏时，还是因为一个错误的原因。当时科学家的共识是，相对论只是对电子理论进行了改进。现在，我们把1905年当作爱因斯坦的奇迹年——但这仅仅是后人的叫法，当时人们并不这样认为。

同样，毕加索1907年创作的《亚威农少女》中包含了立体主义的种子，但当时没人理解他在这幅画上取得的成就。这幅画遭到了评论家、公众和他的朋友们的谴责。当时的艺术评论家用“毕加索的另一幅劣作”和“噩梦”来评价这幅作品。

关键是，爱因斯坦的论文无疑包含了新颖的、令人惊奇的、具有巨大价值的结论，这一点现已得到普遍认可，但当时的人们可不是这样认为的。毕加索早期的立体派作品也是如此，在首次亮相若干年后，这些作品才被公认为大C创造力的最高典范。

但是至少爱因斯坦和毕加索的成就在他们生前得到了认可。

凡高和艾米莉·狄金森（Emily Dickinson）却不同，他们都默默无闻地死去了。在巴赫的一生中，只有少数忠实的崇拜者了解到，他在崇高的颂赞曲、创意曲和变奏曲中融合了许多音乐发展成果，而且往往带有复杂的对位法。为了创新，他多次跨入数学领域，然后又返回。他去世后的名气不及生前。直到1829年，当费利克斯·门德尔松（Felix Mendelssohn）在柏林表演了《马太受难曲》（*Saint Matthew Passion*）后，巴赫的声望才得以提高。

也有一些时候，大C创造力的创意产品也无法经受住时间的考验。例如，尼尔斯·古斯塔夫·达伦（Nils Gustav Dalen）在1912年发明了用于浮标和灯塔的气体照明技术，并因此获得了诺贝尔物理学奖，但他的发明很快就过时了。

正如这些例子所表明的那样，大C创造力比小c创造力要复杂得多。此外，大C创造力还显示出新颖性、惊奇性和价值等判断标准的主观性。

无意识思考

天才们也需要长期努力地工作，创新的想法也并非凭空产生的。1908年，法国数学家、科学家和哲学家亨利·庞加莱提出了创造性思维的四个阶段，阐明了一个新想法从无到有的诞生过程。

1881年，庞加莱在思考一个数学问题的答案时突然产生了灵感，当时他的脚刚刚踩上一辆公共马车的最底层台阶。他从未想过要把几何学考虑进去，但事实上答案就存在于非欧几何学中，该学科与标准几何学完全不同。结果显而易见，庞加莱取得了一个重大突破，并且发现了一系列的数学函数。

在庞加莱取得这一突破的那一刻，他根本没有在思考数学。他一直在思考和谈论完全不同的东西。于是他意识到，问题的关键是无意识思考。

数学家雅克·阿达马（Jacques Hadamard）参加了庞加莱1908年的演讲会，并受到他的鼓舞和启发，认识到科学发现中真正重要的是它被发现的方式。这应该是心理学家非常感兴趣的一个话题。

社会心理学家格雷厄姆·沃拉斯（Graham Wallas）在1926年出版的《思考的艺术》（*The Art of Thought*）一书中进一步阐释了庞加莱创造性思维的四个阶段。时至今日我们仍在讨论这一模型，其框架依然是牢固的。这一描述创作过程的方式极具启发性，且信息量大，它表明新的想法不会凭空出现，即便它们看起来好像是这样。

创造性思维的四个阶段

1.有意识思考

创造性思维不会凭空出现。第一步是有意识思考，为人脑提供可处理的材料。你要在办公桌前工作、阅读、思考、计划，集中精力收集信息。这就像播种并浇水的过程一样。

2.无意识思考

当哲学家、科学家、艺术家、研究人员——任何一个为问题而苦恼的人——遇到问题时，他们会休息一下。但是，解决问题的热切渴望使大脑在无意识中保持活力。在无意识的状态下，大脑可以用有意识思考无法做到的方式自由地考虑问题。无意识思考非常关键。这个阶段就像在等待你种下的种子发芽。你可以洗个澡，小睡一下，或者出去走走，任思绪驰骋。

3.灵光乍现

我们也许经历过这样一个顿悟时刻：当我们在赶公交车或即将入睡时，我们一直担心的问题的解决方案会突然出现在脑海中。

就在你停止思考一个问题时，解决方案突然闪现在你的脑海中。庞加莱将这个现象称为“灵光乍现”。这就像是刚种下的种子萌芽的那一刻。

4.验证

最后一个阶段与前三个阶段一样重要。你仍然必须使用批判性的思维技能来打磨和加工新的想法。这个想法并不一定是完美无缺的，它需要被检查，并推断出其可能性的结果，这一过程需要用到纪律、注意力和意志，即有意识地工作。

庞加莱的四阶段模型是探索高层次思维的最佳方法，因为它揭示了在有准备的无意识中，完全不同的概念之间是如何发生联系的。

创造力研究员的另一种工作方式是假设，有创造力的思想家和无创造力的思想家之间的区别在于他们的知识储备量。有创造力的思想家通过阅读大量材料来积累自己的专业知识。他们还擅长将筛选的材料用于解决问题。这当然是一种有趣的方法，但它并未触及高层次创造性思维的本质，当然也不涉及那些天才的思维——很难想象他们以一种有组织的方式费力地筛选数据。这样的分析还表明：仅靠努力工作就成为伟大的思想家，甚至是天才，是不可能的。

休息的重要性

1897年，法国精神病医生爱德华·图卢兹采访了庞加莱后，总结说："他晚上从不做任何重要的工作，以免影响自己的睡眠。这是一种不常见的工作方式，并且非常适合庞加莱的智力活动。"换句话说，庞加莱对自己的无意识思考非常有信心，并且知道何时停止有意识的工作，以便他的潜意识可以继续思考。

庞加莱对于培养创造性思维最佳方法的信念与德国数学家赫尔曼·冯·亥姆霍兹（Hermann von Helmholtz）等其他著名科学家相似。早期受过医师培训的亥姆霍兹为心理学、生理学、物理学以及视觉和知觉理论做出了重要贡献，并撰写了有关哲学的突破性论文。他论述了一段时间的艰苦工作是如何导致智力疲劳的："在工作的疲劳感消失后，一个小时的休息就变得很有意义了，然后大脑才能产生富有成效的想法。"他还引用了德国诗人歌德（Goethe）关于无意识运作的著名格言："人们不知道的/或没有想到的/徘徊在夜间/游荡在心灵的迷宫中。"

还有一次，亥姆霍兹提到了德国数学家卡尔·弗里德里希·高斯（Karl Friedrich Gauss）在早晨醒来时产生想法的例子，后者说："数学归纳法则是在1835年1月的某一天早上7点才被发现的，在起床之前。”

庞加莱的创造性工作很快就找到了解决方案，但是对于亥姆霍兹来说，解决问题有时需要“数周或数月”，从而导致“剧烈的偏头痛发作”。亥姆霍兹抱怨说，在尝试解决问题时，他永远找不到“捷径”，因为“他不够聪明”。之后，他回顾了他厚重的论文，其中包括所有的死胡同和错误的开端。最终，正如他在已发表论文中所揭示的那样，出现了“通往成功的道路”。

图卢兹关于庞加莱的著作可能是有史以来对这位科学家最完整的心理描述。除了庞加莱，他还对小说家埃米尔·左拉、雕塑家朱尔斯·达卢（Jules Dalou）和奥古斯特·罗丹（Auguste Rodin）以及作曲家卡米尔·圣–桑（Camille Saint-Saëns）进行了深入观察。这些观察结果使他放弃了最初的假设——“天才是一种神经症”。

图卢兹于1897年进行了采访，直到1910年才完成这本书。但是这种拖延并不影响他对采访的分析。他提到了庞加莱在1908年的演讲，几乎是在书的最后，他列出了创造性思维的四个阶段，仅仅是为了论证他自己关于庞加莱强调无意识思考的力量的发现。

1897年，庞加莱非常忙碌，但他仍然参加了图卢兹发起的对创造力的研究。我相信原因是庞加莱对科学发现和创造力抱有浓厚的兴趣，这一主题贯穿于他在科学基础研究方面许多引人入胜的论文中。

一组法国心理学家在1902至1908年间发布了一系列关于科学创造力的心理学问卷，这引起了庞加莱的兴趣。问卷的结果是令人失望的。实际上，唯一作出回答的著名科学家是路德维希·玻尔兹曼（Ludwig Boltzmann），他以在气体理论和熵（一种无序度量）

方面的成果而闻名。“你会给一个攻读数学的年轻人什么建议？”当被问及这个问题时，他说：“对于年轻的数学家，我只有一条建议——做个天才！其余的都不重要。”庞加莱意识到调查问卷的失败，但仍希望有关创造力的问题不仅能引起学术界的注意，也能引起好奇的外行人的注意。而他那些拥有大量读者的畅销书是最好的工具。

几年前，我很幸运地发现了庞加莱的档案资料。有几份文件证实了他在演讲中所作的关于如何取得重大发现的论述。很明显，他并不认为自己必须编造一个故事，以回应图卢兹关于科学发现的采访。相反，这正是德国化学家奥古斯特·凯库勒（August Kekule）在1890年所做的。当时他面对记者现编了一个他是如何发现苯分子的环状结构的故事。他声称自己在根特大学的壁炉前打瞌睡时，梦见六只猴子分别抓住前面一只猴子的尾巴，形成了一个六边形，然后他意识到苯分子的结构是六边形。这个故事真是太棒了，尽管自1954年以来就被人们认为是编造的，但它仍然存在于许多关于创造力的分析中。

不可思议的是，20世纪初的创造力爆发得益于亨利·庞加莱，因为他是爱因斯坦和毕加索的交集。他是爱因斯坦1905年提出相对论和毕加索创作《亚威农少女》的灵感来源之一。他们都熟读庞加莱最畅销的《科学与假设》（*Science and Hypothesis*，1902年出版）一书。爱因斯坦在瑞士伯尔尼与他的智囊团成员一起读了这本书，其中一位成员后来回忆说：“这本书给我们留下了深刻的印象，并使我们连续数周为之着迷。”爱因斯坦无疑受到庞加莱关于时空本质的精湛论文的启发。但最后，他不同意庞加莱对时空和那个时代物理学的理解，于是用相对论取代了它。

在巴黎，莫里斯·普林斯特（Maurice Princet）是毕加索圈子里的一员，并且是一位对高等数学感兴趣的会计师。他在毕加索参加的餐后演讲中介绍了这本书。庞加莱激起了毕加索对四维空间的兴趣，使他认识到如果可以将自己置身于四维空间中，则可以一次性看到一个场景的每个视角（对于毕加索来说，第四维度仍然是空间维度）。问题在于如何将所有这些透视图投射到平面画布上。但最后，毕加索不同意庞加莱的建议，即每次只将一个视角投射到画布上。毕加索想同时投射所有视角，这启发了立体主义的出现。

在科学或艺术方面，庞加莱是那么近，又是那么远。

无意识思考的另一个例子是阿基米德在浴缸中著名的"尤里卡时刻"。在此之前的几个月里，他一直在思考国王给他提出的问题——如何知道国王的新王冠是否是纯金的。这个问题必须在不熔化王冠的情况下解决，由此产生了著名的阿基米德原理。

在意想不到的时刻灵光乍现的例子还有很多。爱因斯坦提出相对论的灵感之一是在他做白日梦时产生的，当时他正在思考如果追赶上光波上的某个点会是什么样的情形。他得出的结论是不可能追上。至于为什么，那是他不得不努力解决的另一件事，这取决于时间的本质以及我们如何测量它。海森堡在欣赏黑尔戈兰岛上的风景时偶然发现了量子力学中的关键元素。艾伦·图灵（Alan Turing）在考虑打字机的同时也梦想着"逻辑计算机"。但是，所有这些灵光乍现的时刻并非无中生有，而是经过对问题的长时间思考后产生的。

就像阿基米德的浴缸和庞加莱的公共马车一样，交通信号灯也可以激发创造力。1933年的一天，物理学家利奥·西拉德（Leo Szilard）在伦敦十字路口的一个交通信号灯处等候时，遇到了自己灵光乍现的时刻。当信号灯变绿时，困扰了他几个月的问题得到了解决——他找到了一种利用原子核中的能量的方法。同样，物理学家史蒂文·温伯格（Steven Weinberg）于1967年开车上班的路上找到了基本粒子理论的标准模型的关键，从而大大加深了我们对亚原子世界的理解。

贝多芬每天的创作日程是在钢琴前即兴创作，在书桌上写乐谱，然后散散步。扬·斯瓦福德（Jan Swafford）在最近的一本传记中写道："步行是贝多芬创作过程的一部分。"

史蒂夫·乔布斯有一天在百货商场的电器区域转悠，当时他正在思考为Apple II设计一个优雅的外壳。这时，一个食品料理机的光滑外壳吸引了他，该食品料理机由一块轻巧的模制塑料制成。这正是他一直在寻找的东西。

百比赫广告公司的创意总监约翰·赫加蒂（John Hegarty）为李维斯品牌制作了一个开创性的广告，并为奥迪想出了"突破科技，启迪未来"的口号。他写道："当我被问到'你何时会产生最棒的创意？'时，我的答案一直都是'当我不思考的时候'。"

还有莫扎特。据说，莫扎特给父亲写了一封信，他在信中描述了他不是一行一行而是"一下子"创作出音乐的。令人遗憾的是，学者们对该信的真实性表示怀疑。

幸运的是，莫扎特在1780年12月30日给父亲写了一封更好、更真实的信，内容涉及他对歌剧《伊多梅纽斯》（*Idomeneo*）的创作。他写道："曲子已经作好了，只是还没有被誊写出来。"莫扎特似乎可以在脑海中构思出完整的音乐，并将其保存在那里，直到他有机会坐下来进行誊写。这种誊写使他感到无聊，以至于他通常在与朋友聊天时做这种工作——也许还会讲一两个他擅长的荤段子。

1782年4月20日，莫扎特写给昵称为“南妮儿”（Nannerl）的姐姐玛丽安（Marianne）的一封信中展示了他非凡的能力。他在信中说：“我首先想出了赋格，然后在思考前奏时把它写了下来。”这简直令人难以置信，他在描述他是如何在C大调中创作自己的前奏和赋格的。前奏是对复杂钢琴演奏技巧的探索，就像巴赫的许多曲子一样，不仅涉及音乐，而且涉及弹奏法，而莫扎特却能够在誊写赋格时牢记所有这些。

对于普通人而言，其寓意是不要在一个问题上绞尽脑汁，不如休息一下、散散步、小睡一下，解决方案可能就出现了。

无意识思考和计算机

> （科学创造）似乎是人类的思想从外部世界借鉴最少的过程。
>
> ——庞加莱

我们从未停止思考。我们已经花了数小时、数天、数月去寻找的解决方案，或在遇见某些人时想不起来的名字，常常在我们思考其他事情时突然出现，这就是“舌尖现象”。

在无意识思考过程中，大脑会使用存储在我们最深层记忆中的事实，以及问题的最初版本所涉及的材料，同时思考许多不同的解决问题的方法。无意识思考会尝试各种乍看上去无关的方式和领域。当人们进行有意识思考时，抑制因素和其他障碍会阻止这种随心所欲的方法运作。

为了更深入地了解潜意识，我根据庞加莱的创造性思维的四个阶段，制作了“网络思维模型”。根据这个理论，即使我们不再有意识地思考问题，有意识思考也会使无意识思考继续进行这项工作。要想知道无意识思考中会发生什么，一种有效的方法是将其想象成多条并行的思维线，它们不时地聚集在一起，以充实彼此。这导致了灵光乍现，即解决方案的诞生。

该过程必不可少的是有关手头问题的信息、背景知识和推理方法。根据不同的领域，大脑会使用美学和其他标准来评估事实的每种组合结果。然后，我们会排除大多数组合，有时仅凭直觉。直觉是一个经常被误解的概念。它无非是经验的结晶，是我们犯过的无数次错误，进行过的无数次深思形成的。一个艺术评论家能够即时判断一件艺术品是否为真品的能力令人惊叹，但这种能力并非天生的，他们的学习过程充满艰辛。

这种网络思维模型可以在一台能够一次执行许多计算过程（即并行执行）的计算机上重现。计算机的中央处理器（CPU）对计算机程序或软件所传送的问题进行计算。我们可以添加更多的CPU，从而可以并行处理许多计算（即思路平行）。网络思维模型是一个正在进行的项目，除了提供对无意识思考的见解之外，它还可能有助于理解计算机的工作方式。

那么，人类的思考过程与计算机的工作方式有多接近？计算机可以在多大程度上模拟人脑？它们是否有能力（或者将来是否有能力）进行无意识思考？

我们已经研究了爱因斯坦、巴赫和毕加索等天才的大脑中发生的事情，但是计算机呢？它们的“大脑”中发生了什么？

人工智能的诞生

> 人类在解决各种已深思熟虑的任务时，可以被视作信息处理系统。
>
> ——艾伦·纽厄尔（Allen Newell）
>
> 和赫伯特·A.西蒙（Herbert A. Simon）

纽厄尔和西蒙的观点——大脑是一个信息处理系统，因此可以以机器的形式再生，也可以被研究——在1972年听上去十分激进。他们是为人工智能的发展奠定基础的先驱之一。

你的计算机是一个连接着打印机、屏幕、键盘和鼠标的“盒子”。如果打开它，你会发现解决问题的程序（算法）所用的存储、检索信息（数据）的设备（硬件），以及计算机的中央处理器。这是计算机处理信息的功能架构。

20世纪70年代初，对人工智能感兴趣的心理学家纽厄尔和西蒙扩展了计算机功能架构的概念，以反映大脑的组合方式，即大脑的认知功能结构。就像计算机一样，大脑也有存储信息或事实的能力（记忆），以及检索、处理信息和使用规则解决问题的方法（算法）。与我们所熟悉的计算机一样，大脑也是一个信息处理系统，可以使用计算机科学来进行研究。换句话说，大脑就像计算机，而计算机也像大脑。

这一切始于20世纪50年代，当时认知科学领域的心理学家开始将科学方法应用于心理学，纽厄尔和西蒙则是主要研究者。他们的方法是要求人们解决问题，然后逐步解释他们的步骤，目的是总结出解决问题的一般理论。

1956年，在美国新罕布什尔州达特茅斯学院召开的一次非正式会议上，一群科学家和数学家对是否有可能让机器模拟人类智能进行了讨论。作为组织者之一，约翰·麦卡锡（John McCarthy）创造了“人工智能”一词。纽厄尔和西蒙讲述了他们的工作，并介绍了他们的程序——“逻辑专家”（Logic Theorist）。它是第一个模仿人类解决问题能力的程序，也是第一个真正的人工智能程序。

1976年，数学家凯尼斯·阿佩尔（Kenneth Appel）和沃尔夫冈·哈肯（Wolfgang Haken）率先将计算机应用于数学研究。他们用计算机证明了四色猜想，这是一个存在已久的猜想，即对地图进行着色时，只用四种颜色就能使两个相邻区域着上不同的颜色。许多数学家反对使用计算机，并嘲笑他们的证明方式，称其缺乏数学证明的通用性，即使用x和y代表每个数字和每个可能的着色地图的数学证明。他们坚信，计算机永远不可能在有“科学女王”称号的数学领域取代人类。尽管如此，多年来，阿佩尔和哈肯的证明经过了多次检验，其正确性依然未被推翻。

与此同时，西蒙正在开发可以与人类科学家一样进行科学发现的计算机算法。他声称，创造力只涉及普通的解决问题的过程。

他的假设是，任何人的思维过程都没有差异。只是某些人，比如巴赫、爱因斯坦、庞加莱和毕加索，具有更好的启发式方法——更好的解决问题的方法。这个假设对于他编写发现软件（可以进行发现的计算机程序）至关重要，因为这些程序是基于普通智商人群的解决策略编写的。

1987年，西蒙和他的同事出版了一本名为《科学发现：对创造性过程的计算探索》（*Scientific Discovery: Computational Explorations of the Creative Process*）的书，其中详细描述了他们开发的软件。他们根据人们对解决问题的方式的描述，使用了一种符号化而非数字化的信息处理语言。然后，他们提出了一个新问题，并详细比较了计算机和人类在解决问题方面的区别。这一问题是：具有某种特定问题解决能力的计算机程序，是否可以提出针对某个特定问题的解决方案？他们写道："如果能得到肯定的答案，那么我们就可以声称已经驱散了科学创造力的神秘感。"不得不说，这确实是一个很宏大的设想！但是他们成功了吗？

西蒙专门设计的BACON程序使用17世纪德国天文学家约翰内斯·开普勒（Johannes Kepler）使用过的数据，能够生成开普勒定律中的一条。它的主要目的是研究那些可以用比率表示的数据。BACON程序将运行数百万种可能性，直到找到适用于整个数据集的数字的比率数值。通过这种方式，该程序推导出了开普勒第三定律。该定律（大致）指出，行星和太阳平均距离的立方与行星绕太阳公转一圈所花的时间的平方之比是一个常数，即一颗行星到太阳的距离与它的公转周期之间存在特定且不变的关系。

从模拟的角度看，这是非常有趣的。但是西蒙声称这是真实的，计算机的思维方式与开普勒当时的思维方式是一样的。然而，真正的问题不是开普勒如何思考，而是他为什么选择解决这个特定问题。答案是他发现了这个问题。这是一个全新的问题，是一个发现问题的例子。此外，西蒙没有考虑到开普勒对占星术、神秘主义的信仰在其中发挥的作用，此外，西蒙正在寻找的科学发现已经存在于软件中了。

在辩驳中，西蒙声称他的程序能够发现开普勒定律以外的定律，但它们都是基于某些特定项的比率，如同开普勒定律那样。

西蒙从不认为他的发现软件只是个数字运算器。然而，作为对创造性思维的模拟，他的软件与阿佩尔和哈肯在证明四色猜想方面的成功一起，似乎表明计算机的确与大脑具有相同的功能。这意味着人脑就像计算机一样，确实是一个信息处理系统，因此我们可以使用人工智能的工具进行探索。

计算机初次展现创造力

20世纪60年代，人们第一次意识到计算机可能不仅仅是巨型计算器或者漂亮的打字机。确切地说，是在1965年。在德国，受哲学家马克斯·本泽（Max Bense）使用计算机确定美学的科学概念的建议的启发，艺术家弗里德·纳克（Frieder Nake）和乔治·内斯（Georg Nees）通过连接到计算机上的笔绘制出了由直线和曲线组成的几何图案，从而实现了用计算机绘制图形的目的，这就形成了绘图仪。这是第一幅计算机艺术作品，虽然朴素但很有趣。

与此同时，在美国的贝尔实验室里，大型计算机IBM 7094占据了整个房间，被用于生成复杂方程的数值解。输出的数字被传送到绘图仪上，绘图仪将其以图表形式呈现出来。有一天，绘图仪发生了故障，绘制了一些随机线条。于是使用者跑到大厅大喊，说计算机“创作了艺术品”。在场的科学家A.迈克尔·诺尔（A. Michael Noll）将其称为“计算机艺术”。这是偶然产生的，但是诺尔开始有意地进行这种“创作”。然而国会图书馆拒绝为他的作品申请版权保护，因为这些线条是由计算机创作的，而图书馆认为这台计算机是纯粹的数字处理器。诺尔回答说这些程序是由人编写的，官员们终于妥协了。这类似于后来对阿佩尔和哈肯提出的使用计算机证明四色猜想的批评。单纯的机器怎么可能像人类一样具有创造力呢？

但是所有这些工作都是由人编程来完成的。计算机科学家真正想要的是让计算机彻底脱离人的控制，从而创造出不可思议的图形。艺术家哈罗德·科恩（Harold Cohen）开发的计算机程序AARON是一个早期人工智能程序。这个项目始于1968年，并且运行了很多年。AARON随机地将手臂、腿、形状和颜色组合在一起，并制作出吸引人的图像，但这些本质上都是模仿品，仍然受到科恩编程内容的控制。

20世纪70年代开始流行计算机音乐，美国长号手和爵士即兴演奏家乔治·刘易斯（George Lewis）是其中一位先驱。作为纽约市声艺界的一分子，乔治·刘易斯和他的朋友们想知道如何将计算机和音乐联系起来。他们使用了非常基础的微型计算机，尤其是KIM-1。KIM是“键盘输入监视器”（Keyboard Input Monitor）的意思，它只有1000个字节的微小内存，是有史以来最畅销的早期家用计算机——Commodore 64的模型。刘易斯和他的同事们将几个KIM连接在一起，每个KIM都有各自用于制作音乐的程序。“在我看来，这像是自己的团队在即兴发挥创作，”他告诉我，“人们（为这些简单的计算机设备）创建了令人惊叹的程序。”刘易斯在1979年发行了他的第一张唱片《KIM和我》（*KIM and I*）。在其中，他随KIM的音乐一起即兴创作。这种原始设置到了1987年演变成他著名的“旅行者”（Voyager）系统，其中人类乐器演奏家与由刘易斯开发的软件和Yamaha DX7合成器组成的即兴乐队进行交互演奏。这个数字乐团模拟了来自世界各地的乐器的声音，将交响弦乐与来自非洲、美洲、亚洲的乐器结合。该软件选择将不同乐器组合在一起创作丰富的乐章。

对于刘易斯来说，计算机编程是一种学习和探索即兴演奏的理论工具，既是一种实践，又是一种生活方式。他指出：“我最喜欢的非人类即兴创作者是火星探测器，它扑通一声落在火星表面，然后用它所具有的功能开始工作，这就是即兴创作。”

将计算机与表演者联系起来的工作也在进行中。在麻省理工学院媒体实验室，作曲家托德·麦克弗（Tod Machover）正在开发一种利用计算机增强的大提琴，该大提琴于1991年首次亮相。与此同时，在纽约大学媒体实验室，罗伯特·罗（Robert Rowe）正在舞台上与计算机和人类音乐家一起创作。希腊裔法国作曲家伊阿尼斯·泽纳基斯（Iannis Xenakis）率先使用计算机辅助作曲，利用计算机将复杂的数学概率转化为乐谱。

与计算机艺术一样，要制作出真正有创意的计算机音乐，就需要在算法上取得突破，而这些算法一旦启用，便会朝着意想不到的方向发展。创造性或生成性算法在20世纪90年代开始出现，正如计算机科学家和艺术家斯科特·德拉维斯（Scott Draves）在他著名的开源屏幕保护程序“电子羊”（Electric Sheep）中所展示的那样。

人工智能技术甚至被尝试用于心理分析。第一个尝试者是约瑟夫·魏岑鲍姆（Joseph Weizenbaum），他的ELIZA程序产生于20世纪60年代。之所以被称为ELIZA，是因为它就像《卖花女》（*Pygmalion*）中的女主角伊丽莎·杜利特尔（Eliza Doolittle）一样，从卖花女成长蜕变，最终成为一位拥有独立思想的新女性。ELIZA程序提供了对关键词的答复，可以在非定向治疗师对患者进行治疗时使用。如果患者说：“我妈妈讨厌我。”计算机可能会回答：“还有谁讨厌你？”

20世纪60年代，ELIZA的出现引起了轰动，因为它可以做像治疗那样复杂的事情。魏岑鲍姆本人对ELIZA引起的反响感到震惊，他坚称计算机不能真正潜入潜意识。他强调，ELIZA的词汇量有限，只是在模仿回答，并坚决反对将无意识视为信息处理系统的观点。他的结论是，那些对ELIZA赞不绝口的人误解了它。他对人工智能的反对与他任教的麻省理工学院的潮流背道而驰，麻省理工学院当时是人工智能的堡垒。作为一个人文主义者，他实际上进错了机构。

模仿大脑的计算机

大多数个人计算机只具有三四个中央处理器，它们可以监督问题每一步的解决方案。但是大脑在现实生活中是如何运作的呢？假设你看到远处有个多年没见的人，你不仅能识别出他的身体特征、面部特征，甚至气味，还可以想起他收集的厄瓜多尔的邮票。所有这些信息似乎是从你大脑的不同部位冒出来的，就像你为一个已经思考了几天然后遗忘了的问题突然找到解决方法一样。大脑可以同时处理许多不同种类的刺激，这是因为大脑是一个大规模的并行系统，就像一台同时运行大量中央处理器的计算机一样。

看来，思考是通过许多路径的相互作用而发生的，就像我提出的用于理解无意识思考的模型一样。

20世纪40年代，研究人员已经开始思考如何开发能够模仿大脑神经网络的计算机架构。这样的架构就像神经元的集合，神经元是神经细胞，是大脑的组成部分。人脑由大约1000亿个神经元组成，每个神经元都有许多纤维或树突，它们在被称为突触的连接点与其他神经元的纤维或树突连接，根据传入信息所激发的化学或电刺激水平高低，比如对你所感知到的事件做出反应，此时突触处于打开或关闭状态。

这个过程可以在配备有由多层人工神经元组成的人工神经网络（ANN）的计算机中模仿，这些人工神经元是一种处理信息的信号检测设备，其功能类似于人脑中的神经细胞。信息一旦被载入，就会刺激人工神经元，并使它开始工作——进行大量复杂的计算，就像大脑中的神经细胞一样。同样，人工神经网络也可以从数据中寻找模式。

人工神经网络由三部分组成：第一部分包含待处理的信息或数据；第二部分由模拟神经元层组成，是处理数据的地方；第三部分是将数据识别为某种模式的地方，例如人脸或驾驶无人车转向的过程。人工神经网络最多可有三层，而深度神经网络（DNN，在21世纪20年代才被开发出来）具有更多的层次。

在20世纪70年代和80年代，这种计算机架构，即人工神经网络，通常被称为并行分布式处理（PDP）。当时的科学家声称，这些装置提供了更快的计算速度，而且比以前使用的人类认知模型更可靠。

我们大多数人使用的机器都是用逻辑编程的。为了解决问题，它们在测试替代方案时严格遵循与/或、是/否的选择路线。这就是赫伯特·A. 西蒙设计的BACON程序的工作方式，尝试不同距离和时间的不同比率，无论是平方还是立方，以此类推，直到找到正确的比率。这是机器学习的一种类型，其中机器通过输入规则和符号（比如方程式或人们解决问题方式的符号）进行学习。

与我们的笔记本计算机不同，人工神经网络不需要进行广泛的预编程，并且它不需要操纵符号。相反，人工神经网络基于另一种机器学习模式，我们只需输入数据，无须输入指令。换句话说，机器可以自己学习。在早期，科学家通过将诸如形状的各种数据输入其单层神经元中来教授机器进行学习。然后，该机器将一个字母和这些形状作比较，并将其识别，例如T。一开始，只要人工神经网络能够识别出字母表上的一个字母，那就是胜利。

在20世纪90年代，科学家还开发了可以读取支票上的数字的人工神经网络，这对银行来说很有用。当时这些早期的机器很难找到相关的数据模式，而这是数据分析的一个重要方面。原因是当时没有足够的数据来训练它们（不像后来有诸如Facebook之类的社交媒体提供数据），并且这些机器的处理器还不够强大。

科学家们还试图开发一种程序，使其逐字逐句地将一种语言翻译成另一种语言。尽管科学家们煞费苦心地输入了语法规则，但是这个问题似乎无法解决。

人工智能似乎无法达到我们的预期，在现实世界中——阅读文档、翻译外语以及查找数据模式等——几乎无用武之地。随着资金枯竭，人们对人工智能失去了兴趣，导致了所谓的人工智能“寒冬”。在20世纪，随着功能更强大的计算机和算法的出现，以及来自档案、社交媒体、公共网络（政府、监管机构、银行、医疗保健服务、股票和债券）和医疗记录的丰富数据，这一切都发生了翻天覆地的变化。我们迅速进入了大数据时代。

机器人的围棋竞赛

“深蓝”击败加里·卡斯帕罗夫

> 我能感觉到——我能闻到——一种新型的智慧。这是一种奇怪的、效率低下的、缺乏弹性的智慧。
>
> ——加里·卡斯帕罗夫

1973年，我和其他40个人一起与鲍比·菲舍尔（Bobby Fischer）下棋。当时的世界冠军菲舍尔在1972年冰岛举行的令人难忘的雷克雅未克锦标赛中击败了苏联的卫冕冠军鲍里斯·斯帕斯基（Boris Spassky）。这是美国和苏联之间冷战言论激化的巨人之战。当时的美国国务卿亨利·基辛格（Henry Kissinger）鼓励了菲舍尔。

菲舍尔高高瘦瘦的，长着一张异乎寻常的长脸，散发着一种羞涩的智慧之光。在比赛中，他就像冰一样，泰然自若，目光犀利，总能震慑到对手。

对他来说，国际象棋是第二天性。他带我们回顾了一场他几年前与苏联大师米哈伊尔·塔尔（Mikhail Tal）的比赛。菲舍尔一边讲述这场复杂的比赛，一边毫不费力地移动磁盘，给我们展示悬挂在墙上的金属板上的棋子图像。他的手在棋盘上移动，仿佛正在创作一幅精美的油画，也像是在演奏一曲钢琴协奏曲。走了大约40步后，他转向观众宣布，事实上此时他已经知道可以用6步打败塔尔。塔尔也意识到了这一点，并承认了。能够想到6步以后吗？国际象棋在我们眼前已经发生了变化。它不再是游戏，而是一种艺术形式。我们站起来鼓掌。菲舍尔的演示非常出色。此后，他接连击败了我们40个人，凝视着我们推倒自己的国王，无精打采地起身。我们面对的是国际象棋天才。

时间快进到1996年，俄罗斯国际象棋世界冠军加里·卡斯帕罗夫与IBM的“深蓝”计算机进行了一场对决。卡斯帕罗夫曾和计算机进行过很多次比赛，从未被击败过。但是这台机器拥有强大的计算能力和丰富的国际象棋知识储备，它强大的中央处理器每秒可以运行1亿次，并且具备大规模并行系统，这意味着它可以同时评估多种可能性。“深蓝”拥有一个资料库，库中有数千种开局走法、中局走法和终局走法，并能将各种走法的可行性与70万种大师走法进行比较。它有8000个可以评估步骤的零件，可以“看到”未来8步的棋局情况。

卡斯帕罗夫开局不佳，输掉了第一局比赛。这是计算机第一次在比赛条件下击败一位大师。让卡斯帕罗夫松了一口气的是，他赢了接下来的对局。“我能感觉到——我能闻到——一种新型的智慧，”他说了一句名言，“这是一种奇怪的、效率低下的、缺乏弹性的智慧。”他还说他拯救了人类。

1997年，他又参加了比赛。最新升级版的“深蓝”此时可以每秒评估2亿步。卡斯帕罗夫回忆道，在第一局比赛进行到第44步时，计算机做出了十分巧妙的牺牲，以至于卡斯帕罗夫指责IBM作弊。他确信背后一定有人为的干预。虽然很恼火，但卡斯帕罗夫还是赢了。

但他再也没有恢复内心的平静。他输掉了第二局，最终输掉了整场比赛。机器不会感到慌乱或疲劳，它们只是继续下棋。后来卡斯帕罗夫要求重赛，但那时IBM已经拆除了“深蓝”的部分零件，并把一部分送到了华盛顿特区的史密森尼博物馆。

事实证明，“令人难以置信的一步棋”源于“深蓝”软件中的一个漏洞。它无法从自己的资料库中选择一步棋——它被设定为对特定棋盘位置做出反应——于是它放弃了，然后选择了另一步有很大成功机会的棋。它找到了摆脱困境的办法。这是否称得上是一种创造性行为呢？实际上，机器的行为要到什么程度才被认为是有创造性的呢？“深蓝”只有一个问题要解决：赢得比赛。为了取得胜利，它运用了被灌输的所有知识，然后又向前迈进了一步——这绝对称得上是创造性的飞跃。

40多年前，战时密码破译者、计算机先驱艾伦·图灵撰写了一篇题为《计算机器与智能》（*Computing Machinery and Intelligence*）的论文，他在论文中提出了著名的图灵测试。该测试被用于判断一台机器是否能表现出类似人类的行为，是否能让人类裁判员误以为它是人类。图灵测试涉及两名被测试者和一名裁判员。被测试者之一是一台计算机。裁判员的任务是通过文本与被测试者进行对话，这样就可以避免结果受到计算机将文字转换成语音的能力的影响。到目前为止，还没有一台计算机能够使裁判员误以为它是人类，从而被认定是“会思考的机器”。但是该测试对于“会思考的机器”的定义过于局限和野心勃勃。

值得注意的是，图灵测试并不是针对创造力甚至智能的测试。图灵写道，机器是否具有智能的问题是无法被回答的，他认为这个测试至少可以被认真讨论。

卡斯帕罗夫在与“深蓝”比赛时说，他感觉到了“一种新型的智慧”。但是总的来说，“深蓝”的保守风格会让一位国际象棋大师知道他是在和计算机比赛。因此，“深蓝”将无法通过图灵测试。

至于卡斯帕罗夫，他继续用自己的经验与流行的国际象棋计算机对战，这些经验包含了他花了很多年才学会的基本模式和开局走法。现在，这些技巧对于年轻选手们来说已是触手可得了，这导致有越来越多的低年龄大师级选手，有的甚至只有12岁。然而，正如卡斯帕罗夫所指出的那样，到目前为止，这还没有导致另一个鲍比·菲舍尔的出现。

卡斯帕罗夫在这一点上可能并不完全正确。朱迪特·波尔加（Judit Polgar）和她的两个姐姐都是国际象棋大师。她们的父亲是一位教育心理学家，他相信天才是后天打造出来的，而不是天生的。为了证明这一点，他从4岁起就注重孩子们的学前教育，尤其重视国际象棋。波尔加后来成为国际象棋史上最强的女选手，在12岁时就进入了前100名的行列，她的姐姐们也成为了国际象棋大师级选手。但是，她的成功能否仅归因于父亲的高强度国际象棋课程——被心理学家K.安德斯·埃里克森（K. Anders Ericsson）称为“刻意练习”的学习过程呢？正如我之前指出的那样，许多人即便每天练习数小时国际象棋，也未必能获得波尔加的成就；没日没夜地进行物理学研究也不会使你成为爱因斯坦。一个人需要练习，才能积累相关领域的专业知识，但是相反，拥有专业知识的人并不一定比其他人练习更多。显然，这其中还有其他因素。刻意练习并没有考虑的是，有些人是天生的神童，有些人甚至是他们所在领域的天才：波尔加是国际象棋领域的天才，爱因斯坦是物理学领域的天才。

目前的国际象棋冠军芒努斯·卡尔森（Magnus Carlsen）就是天才，而不是后天培养的。他获得了国际象棋史上最高的等级分，高于朱迪特·波尔加、鲍比·菲舍尔和加里·卡斯帕罗夫，并在22岁时成为有史以来最年轻的世界象棋冠军。据说他投入的努力远不如朱迪特·波尔加。实际上，心理学家已经发现，“更聪明的孩子碰巧练习得更少”。

再说一遍，人类的天才不是被教出来的。国际象棋也需要积累世俗的经验、达到一定的成熟度和经历一些苦难。

20世纪是在一个激动人心的时刻结束的，因为计算机在许多人认为的高智能游戏中取胜了。卡斯帕罗夫回忆起自己被“深蓝”击败时写道：“计算机科学家应该尝试开发一种能像人类一样一边思考一边下国际象棋的程序，甚至可以像人类一样学习下棋。与我们在越来越快的硬件上创建更快的算法相比，这无疑是一个更加富有成效的研究途径。”相信这一切在21世纪确实会成为现实。

IBM Watson成为《危险边缘》问答游戏的冠军

潜水艇会游泳吗?

——大卫·费鲁奇

在“深蓝”赢得国际象棋胜利之后，IBM的工程师们开始寻找新的挑战。2004年的一个晚上，他们在一家餐馆聚餐。突然，其他用餐者都离开餐桌，聚集在电视机前。原来《危险边缘》的卫冕冠军肯·詹宁斯（Ken Jennings）即将完成他的74连胜纪录。就在这一刻，工程师们决定制造一台可以在《危险边缘》问答游戏中赢得胜利的IBM计算机!

在《危险边缘》问答游戏中，提问者会给出答案，而参赛者必须找到问题，这些问题通常以“什么是”或“谁是”开头。例如，如果答案是“电影《琪琪》（*Gigi*）中有他的代表歌曲《感谢上天创造了小女孩》（*Thank Heaven for Little Girls*）”，那么正确的问题将是“谁是莫里斯·舍瓦利耶（Maurice Chevalier）”。为了参与其中，工程师们必须对计算机进行编程，使其理解日常语言并用它进行回复。在人工智能中，这是自然语言处理的领域，和计算机与人的交互方式有关。

IBM的认知计算系统Watson耗时4年横空出世，以IBM充满活力的总裁托马斯·J.沃森（Thomas J. Watson）的名字命名。它庞大的数据库包含来自字典、百科全书、书籍、报纸和维基百科的超过2亿页的信息，并且每秒可以处理超过100万本书。它以大规模并行的方式运行，也就是说，它可以同时扫描许多可能性，生成各种假设，然后以闪电般的速度对它们进行排序。事实上，它的思维方式和人很像，也是通过各种选择来实现的。

2011年，Watson出现在与肯·詹宁斯和布拉德·鲁特（Brad Rutter）对决的舞台上，这是《危险边缘》的两个冠军。Watson脸上的蓝灯旋转着，同时用一个男人的声音温柔地说话，它正确地发现了一个又一个的问题，成为《危险边缘》的冠军。

当“深蓝”下棋时，它是在计算机擅长的领域内工作，利用统计信息和概率来确定策略。然而，《危险边缘》则将Watson推入了完全陌生的人类语言世界。当“深蓝”停留在计算机的舒适区时，Watson却进入了机器所不擅长的领域。

“深蓝”是专为下棋而设计的，在取得非凡的胜利后被解体。但是，Watson能做的事远不止于此。由于其拥有庞大的数据库，这使它能够创造令人难以置信的奇迹，瞬间检索出深埋在网页中的数字和名字等信息。利用这些非结构化数据，Watson可以权衡各种选项，并确定继续回答问题的最佳方法。在《危险边缘》问答游戏中，它给出了最有可能是正确答案的问题。

IBM计划将Watson用于医学分析和商业策略。它可以通过查阅成千上万篇科学论文，并为科学家提供最佳建议来参与科学研究。北卡罗来纳大学医学院的科学家们向Watson提供了1000名癌症患者的数据。在99％的病例中，它与肿瘤学家一样，推荐了相同的治疗方法；在30％的病例中，Watson发现了一种被人类医生忽略的治疗方法。Watson也可以是一名厨师，用不太常用的食材烹制出通常会获得好评的菜肴。记者南妮特·伯恩斯（Nanette Byrnes）在《麻省理工科技评论》（*MIT Technology Review*）杂志上发表的报道里写道："我会对一个永远无法品尝它自己作品的'厨师'给予充分的认可。"

像"深蓝"一样，在《危险边缘》的所有游戏中，Watson不知疲倦，并且始终保持镇定。这使人们第一次怀疑机器是否真的会思考。Watson项目小组负责人大卫·费鲁奇挑衅地说："潜水艇会游泳吗？"当然，潜水艇会游泳——虽然不像鱼，但是更好。这是一个恰当的比喻。Watson的智能令人印象深刻，但范围狭窄，并不完全像人类的智能。

因为严格来说，Watson只是一台提供答案的机器，无法通过图灵测试。在《危险边缘》问答游戏中，人类竞赛者在处理谜题类型的问题上表现得更好，而Watson则利用其庞大的关于鲜为人知的事件和人物的信息数据库，在晦涩的问题上占了上风。图灵测试中的裁判员很容易猜到它是正在处理数据的计算机。从根本上说，Watson是一个信息检索系统，称其具有创造性还为时过早，但它确实朝着这个方向迈出了一步。

赛前，詹宁斯开玩笑地称自己为"碳基生命的伟大希望"。同样，在1996年与"深蓝"比赛之前，卡斯帕罗夫宣称自己的使命是拯救人类。随之而来的下一台计算机将对人类构成更大的挑战。

AlphaGo击败世界围棋冠军

我们已经不再争论AlphaGo与人类之间的能力差距了，现在轮到计算机之间了。

——睦镇硕（Mok Jin-seok）

人们普遍认为围棋是最难的棋盘游戏。这款游戏中有两名玩家，他们的目标是包围比对手更多的“领土”。该游戏是在2500多年前的中国发明的，被认为是流行至今的最古老的棋盘游戏。

与国际象棋不同，围棋的规则很少，这使得围棋更加困难，因为玩家每一步都有更多的选择可以考虑。围棋中可能出现的棋局数要比国际象棋多得多。

2016年初，我与几位人工智能专家进行了交谈。他们都说，计算机要破解围棋，还需要十年的时间。他们强调，计算机仅用蛮力——尝试每一种可能的选择，这是“深蓝”在下棋时使用的方法——是无法破解围棋的。但是事实证明，他们错了——至少在时间上判断失误。

在21世纪的前十年，并行分布式处理技术重新进入人工智能领域，并被重新命名为“深度神经网络”。现在，模仿人类大脑的计算机中心部分由多层神经元组成。这一发展极大地提高了计算机的学习能力，并增强了它在复杂的输入数据中找出模式的能力。

伦敦人工智能企业DeepMind的科学家戴密斯·哈萨比斯及其同事，以“搞定智能”为目标，通过利用强化学习进一步完善了此配置。在强化学习中，中间层的神经元将成功识别出一种模式或在电子游戏中取得良好战绩的信号反向传输回来，从而提高了成功率和学习能力。此过程最早于20世纪80年代被使用，与我们通过大脑的多巴胺激励系统学习的过程相同，该系统将奖励作为进步的动力。在计算机中，强化学习可以被视作进步的灵感。机器还与外部存储器相连，以保存其学会的模式，就像我们储存记忆一样。

在2016年，DeepMind推出了AlphaGo，它是专为围棋竞赛而设计的，是21世纪所有人工智能技术进步的结果。为了学习围棋，AlphaGo研究了大师级围棋比赛中的3000万种可能的走法，与自己对战了数百万次，每场比赛都在进步，就像人类在学习时一样。AlphaGo通过提出假设，并对其进行测试来学习围棋，这无疑显示了计算机的想象力和创造力。

几个月后，即2016年3月，AlphaGo击败了韩国围棋大师李世石（Lee Se-dol）。李世石后来评论说，计算机仿佛有了人类的直觉——一种竞赛的感觉。研究团队并没有像对“深蓝”那样对AlphaGo进行预编程。在选择走法时，AlphaGo会启动搜索模式，这俨然是一种大师级的下棋方式。它不专注于某一步棋，而是像军事演习一样规划其战术布局。事实上，军事科学正是这些棋盘游戏的灵感来源。

AlphaGo最引人注目的一步棋已成为传奇。它在五番棋的第2场中的第37步，让李世石和AlphaGo团队以及其他所有人都感到惊讶。经过仔细的分析，DeepMind团队发现了一个秘密：通过研究以前的围棋对战，AlphaGo计算出人类棋手走同样一步棋的概率是万分之一。它在对抗自己的练习中，发现这一步棋通常会给它带来局面优势。AlphaGo知道自己会打李世石一个措手不及！这是致命的一步，是人类棋手难以做到的。

2017年初，AlphaGo击败了来自中国的围棋世界冠军柯洁。大约在那个时候，DeepMind团队公开发布了AlphaGo与自己对弈的55场比赛。来自中国的围棋冠军时越表示：“这就是我对未来围棋对战的想象。”围棋顶级大师发现AlphaGo在比赛中的许多棋路比人类棋手的更复杂，甚至完全无法理解，尤其是其对开局战术的设置。

“我们已经不再争论AlphaGo与人类之间的能力差距了，现在轮到计算机之间了。”韩国围棋团队负责人睦镇硕总结道。

事实证明确实如此。

2017年晚些时候，DeepMind团队发布了AlphaGo的高级版本AlphaGo Zero。AlphaGo Zero完全是自学成才的人工智能围棋机器人。与AlphaGo不同的是，它只被教授了围棋的基本规则，没有学习过任何人类围棋对战实例。因此，它必须通过与自己进行数百万场对战而从头开始学起。在3天的时间里，它已经掌握了足够多的知识，竟然以100比0的战绩击败了曾经战胜李世石的AlphaGo。21天后，它击败了战胜中国围棋冠军柯洁的AlphaGo。40天后，它超越了所有围棋机器人，成为世界上最好的围棋机器人。

美国围棋协会主席安迪·奥昆表示，人与计算机之间可以进行有意义交互的时代已经到来。他说：“来自许多国家的围棋选手通过棋路相互交流，即使他们并不使用同一种语言。人类与人工智能进行有意义对话的时代似乎总是遥遥无期，甚至一度被认为是科幻小说的范畴。但对于围棋选手来说，这一天已经到来。”

创建AlphaGo和AlphaGo Zero的团队负责人戴维·西尔弗（David Silver）认为，AlphaGo Zero比AlphaGo更强大是因为“我

们消除了人类知识的限制，因此它能够自己创造知识”。正如戴密斯·哈萨比斯所言，它“不再受人类知识极限的束缚”。

哈萨比斯和DeepMind的其他人一起设想了AlphaGo Zero的实际应用，例如药物研究。如果被用于治疗阿尔茨海默病，它可能会提出一些我们需要花费数百年的时间才能找到的治疗方法。目前，DeepMind团队的科学家正在研究蛋白质折叠，即在胚胎早期通过复杂的蛋白质链折叠形成我们人体器官的过程。错误折叠的蛋白质是许多毁灭性疾病的根源，包括阿尔茨海默病、帕金森病和囊性纤维化等疾病。当前没有足够多的数据来训练人工神经网络研究蛋白质折叠，并且有太多“粗暴”的搜索方法——尝试每一种可能的替代方法——来预测蛋白质的不同结构。使用像AlphaGo Zero这样的系统只需要输入这种化学反应的规则，以及探索蛋白质折叠的目的或意图，这比尝试各种可能的替代方案的旧方法更容易一些。

下一步就是让计算机自己制作游戏。戴密斯·哈萨比斯相信AlphaGo Zero可以做到这一点。“我们非常确定它能做到，只是需要大大延长学习时间。”AlphaGo Zero的关键优势是它可以自学，通过与自己对战一点点改进，它不需要人类的知识、数据或干预。

AlphaZero是AlphaGo Zero的更高级版本，它只学习了国际象棋、日本将棋及围棋的游戏规则。在24小时内，它就在这些棋类游戏中都达到了超乎常人的水平，轻松击败了其他程序。

“深蓝”需要大量的手工编程，以及数以万计的大师级对战记录，而AlphaZero则不需要这些。它发展了自己的风格和策略。因此，AlphaZero的行为会有些奇怪，甚至让人感到有趣和不可思议，比如将国际象棋中的皇后移动到角落。它还发展了自己的棋子价值系统。“深蓝”每秒计算2亿步，而AlphaZero每秒仅计算6万步。在国际象棋领域，虽然AlphaZero的主要竞争对手——一种被称为Stockfish的算法——每秒可多计算1000步，但AlphaZero仍然战胜了它。像人类棋手一样，AlphaZero知道自己该忽略什么。正如卡斯帕罗夫所说，AlphaZero“可以更聪明地工作，而不是更努力”。它确实具有真正的创造力。

“它的运行方式不像人类，也不像程序。它以第三种、几乎是外星人的方式发挥作用。”戴密斯·哈萨比斯说道。实际上，它显示出的机器的思维方式，与我们人类的思维方式不同，而这种方式对我们来说似乎是难以理解的。但是，目前AlphaZero尚无法理解它自己做出的令人震惊的举动，因为它没有意识。

AlphaGo的成功是一个分水岭，它表明人工智能将会存活下来。机器可以通过不断自学，执行之前被认为只有人类智慧才能完成的复杂任务。这导致谷歌、特斯拉和亚马逊等巨头进行了大量投资，以确保不再有人工智能的“寒冬”出现。

这一切都意味着计算机现在可以创作绘画、文学和音乐作品，其方式不仅可以展示它们的创造力，还可以展示它们的内在生命力。

第 2 章 计算机的艺术家形象

20世纪60年代，A.迈克尔·诺尔在纽约郊外的开创性研究机构——贝尔实验室为一台计算机编程，以生成被他称为“计算机艺术”的线条图案。当时，人们第一次意识到计算机可能不仅仅是巨型计算器或被美化的打字机。他创作的程序可以按高斯分布的数学方程产生点，从而产生钟形曲线。然后，他从下到上以随机方式将这些点连接起来，产生了连续的锯齿形。这让他想起了毕加索的画作《我的美人》（*Ma Jolie*），这幅画他在现代艺术博物馆看过很多次。他称自己的创作为《高斯二次方程式》（*Gaussian Quadratic*）。他甚至于1965年在纽约宏伟的上西区霍华德·怀斯画廊（Howard Wise Gallery）举办了一次展览。

同年，德国的乔治·内斯和弗里德·纳克也开始研究计算机创作艺术的可能性。但是所有这些工作都是经过编程完成的，并且当时的计算机庞大而笨拙。所谓的艺术，主要由线和点的几何图案组成，倒也十分有趣。此时距离计算机和计算机艺术成为不容忽视的力量，以及人们愿意承认计算机具有创造力，还有很多年的时间。

“深梦”：如何挖掘计算机的隐藏层？

无论你在那里看到了什么，我都想看到更多。

——亚历山大·莫尔德温采夫

（Alexander Mordvintsev）

2015年5月18日凌晨，一直被失眠所困扰的亚历山大·莫尔德温采夫有了一个惊人的发现。午夜刚过他就惊醒了，他很确定自己听到了一些奇怪的声音。这栋苏黎世公寓里还住着他的妻儿，因此他的第一反应就是担心露台的门是否锁好。于是他飞快地离开卧室，前往查看是否有入侵者。所幸的是，一切安好，露台的门在入睡前就已经上锁了，房间内也没有任何被入侵的迹象。在返回客厅之后，他突然被许多新奇的想法包围，当这些想法逐渐升华到可以编程之时，令人兴奋的时刻到来了。他径直走到计算机前坐下，飞快地输入代码，他知道自己找到了一条其他人都没有发现的路。

在此之前，人工神经网络一直是人类的“仆人”，完成我们所交代的一切任务，并为我们提供更好的服务。但问题在于，人工神经网络的运行机制没有人知道。那天夜晚，莫尔德温采夫的惊险经历彻底改变了我们对计算机能力的理解。他伟大的想法是让计算机摆脱束缚，并赋予它们更大的自由权限，甚至允许让它们拥有梦境，以观察它们会发生哪些改变。莫尔德温采夫释放了计算机的内部运作，进入了其神秘的隐藏层。奇迹出现了！谁能想象到它们会创作出与凡高的《星月夜》（*The Starry Night*）差不多狂野的图像呢?

莫尔德温采夫给人的印象是专注且严肃，但当他提到自己在圣彼得堡度过的童年时，他会更加放松。2010年，他毕业于圣彼得堡国家信息技术、机械学与光学研究型大学，并获得了计算机科学硕士学位。之后，他进入一家制作海洋训练模拟器的公司工作，用计算机模拟珊瑚礁等生物系统。他被指派到计算机视觉小组，很快就迷上了这个领域。计算机视觉技术旨在重塑眼睛的视觉功能，教计算机看东西，并开发出能够理解数字和音频图像的计算机。莫尔德温采夫告诉我：“在那美好的一年里，我痴迷于研究计算机算法，对机器追踪人脸的能力惊叹不已。”

在他的第一个孩子出生之后，莫尔德温采夫和妻子一致认为大城市并不适合孩子成长。也就在那时，他接到了来自苏黎世谷歌招聘人员的电话，邀请他到那里工作。

到苏黎世之后，莫尔德温采夫却感到非常担心，因为这里并没有很多计算机视觉方面的研究团队，而他是一个计算机视觉专家。更加糟糕的事情是，他被分派到安全搜索小组，这个小组的主要任务是防止搜索结果中出现垃圾邮件和色情内容，这与他的专长大相径庭。尽管如此，他还是有机会待在谷歌，至少没有被边缘化。他在和一个同事聊天时，被对方所提出的深度神经网络的力量所震撼。在那之前，他对这个说法一直都持有怀疑，但此时他身处拥有庞大计算机资源的地方，可以访问庞大的缓存数据以及使用最新的计算机。他意识到深度神经网络的前景是光明的，于是便开始了关于卷积神经网络（CNN）功能的研究。

莫尔德温采夫所要研究的深度神经网络其实是在全面模仿人类的大脑，这是一个庞大而艰巨的工程。由于我们的大脑由至少1000亿个神经元、100兆个突触连接而成，因此模拟人类大脑的难度相当大。眼睛能够看到事物是因为大脑中的神经元接收到视网膜上的信号，并赋予它形状和含义。大脑的初级视皮层可以识别事物的线条、边缘，从大量视觉印象中建立图像，这就像一个图像装配线一样，将海量基础草图送到大脑的各个区域，最终组装出一个完整的图像。同时，大脑还会结合我们的记忆和语言等信息，形成最终图像，这有助于我们对图像进行分类，比如我们能够记住不同品种的狗和猫。

人工神经网络的建立旨在复制大脑的活动，并且揭示大脑的工作原理。卷积神经网络是侧重于视觉的专业型人工神经网络，能够从海量数据中识别出物体和点状结构，其神经元的排列方式与我们眼睛中的相似。卷积神经网络最多有30层结构，每层由数百万个人工神经元组成，这就是为什么我们称之为“深度神经网络”。每层人工神经元都能够探测到信号，即便如此，其复杂程度仍然远低于大脑。与大脑的千亿个神经元相比，卷积神经网络中的人工神经元和突触数量微不足道。如果非要做个类比，人工神经网络更接近老鼠的大脑。但是机器识别图像的流水线过程与我们识别图像的方式相似。

要训练卷积神经网络，你需要从数据库（如ImageNet，该数据库由1400万个图像URL地址组成）中输入成百上千万个图像，并手动标注图像内容。该网络的可调参数（神经元之间的连接）会被调整，直到它学会分类，这样当它看到诸如某一特定品种的狗的图像时，它就会识别出来。

然后，当你向卷积神经网络展示一幅图像并让它进行识别时，它的工作方式与人脑相似。首先，早期的神经元层会从构成图像的像素图上挑选出线条。后续的每一层再不断地挑选出越来越多的细节，构成各种不同的图像。你越深入，信息就越抽象。在最后一层中，卷积神经网络将所有像素特征分析结果组合成最终图像，它可能是人脸、汽车、狗或数据库中的成百上千万张图像中的任何一张。

关键的一点是，机器不会像我们一样看到真实的猫或狗，机器看到的是一组数字。图像被分解为像素，每个像素都用数字表示，这些数字表示其颜色和位置。换句话说，一切都是数字。在第一层中，一个过滤器一次照亮像素图的一个区域，找出线条和边缘，然后进行卷积，这便是卷积神经网络名字的由来。然后，它将这个原始草图传输到下一层。过滤器在每一层中以相同的方式操作，以识别出目标图像。

最后一层神经元就可分析出图像究竟是什么，只不过是以概率形式呈现。如果要求卷积神经网络识别出狗，则结论是图像为狗的概率为99.99%。因为经过了分类的训练，所以图像被认为是猫、狮子或汽车的概率很低。

在深度神经网络出现之前，工程师必须手动设计每一层中的过滤器，这是一项艰巨的任务。而在卷积神经网络中，它们是训练的自然结果。

人工神经网络最初的成就之一是读取支票上的数字。现在，这些智能网络还可以识别人脸、查找数据模式，并驱动无人驾驶汽车。大多数科学家对人工神经网络的首批商业应用感到满意。目前尚未解决的问题是：机器的推理机制是什么？在接收待识别图像的输入层和解决方案出现的输出层之间，机器的模拟神经元层中发生了什么？这些是隐藏层，之所以称为隐藏层，是因为它们既不是输入层也不是输出层，它们在机器内部。莫尔德温采夫不仅着迷于找出为何卷积神经网络工作得如此出色，还着迷于它们为什么工作，它们如何进行推理，以及隐藏层中发生了什么。

即使这个问题不属于与谷歌安全搜索有关的职责，他还是为之开始了工作。谷歌制订了一项规定，允许其工程师最多将20%的时间，也就是每周一天的时间花在其他与谷歌相关的项目上。研究人员当然不能随意打开和关闭他们的思想。探索的激情伴随着你，无论是有意识的，还是更有可能是无意识的。

牛津大学的一个研究团队发表了一篇论文，为如何更好地研究神经网络提供了线索。他们解释说，当人们向计算机提供图像时，构成图像的像素将被转换为数字。为了研究卷积神经网络的工作原理，研究人员中断了识别过程，并使神经网络生成了它当时可以看到的图像。他们试图找出卷积神经网络看到了什么，即其“大脑”

内部正在发生的事情。结果他们发现，各层中的图像虽然比较模糊，但仍与目标图像相似。

按照同样的思路，莫尔德温采夫确信，隐藏层不仅仅是黑箱——接收数据，产生结果。莫尔德温采夫认为它们“透明但非常模糊”。就在那时，即5月初的午夜过后不久，一切突然就发生了变化。莫尔德温采夫坐下来，编写了代码，而这一突破使他能够探索“神经网络是如何逐层工作的”。

想法有时会在最奇怪的时候出现，就像庞加莱正要步入公共马车时，突然想到他一直努力思考的问题的解决方案一样。对于庞加莱而言，由有意识思考引发的无意识思考，是灵光乍现时刻到来的关键。莫尔德温采夫也是如此。

牛津大学的研究团队是先去查看包含在特定图层中的原始图像的特征，然后以像素的形式生成这些特征，产生与原始图像近似的印象。莫尔德温采夫的做法则截然不同。他将一幅图像输入已经在ImageNet数据集上经过训练的卷积神经网络中，但是中途却喊停了。换句话说，他踩了刹车。当卷积神经网络仍在尝试验证新生的“感觉”，即某一特定图案可能是目标对象时，莫尔德温采夫对卷积神经网络说：立即生成图像。

卷积神经网络的中间层由数以百万计的相互连接的神经元组成，这些神经元包含经过训练的所有内容，在上述例子中为ImageNet数据集，其中包含许多狗和猫的图像。例如，目标图像中哪怕只有一点狗的影子，中间层中的相关人工神经元也会被刺激，以强调出狗的特征。然后，你可以反复逆转该过程，看看会出现什么情况。正如莫尔德温采夫所说：“无论你在那里看到了什么，我都想看到更多。”谷歌工程师将其称为“脑外科手术”。当牛津大学的研究团队试图重建原始图像时，莫尔德温采夫的主意是保持固定神经元之间的连接，然后改变图像。正如他所说：“我们有很多关于理解神经网络的建议，而我的建议很实用。”

理论上是这样的，但是在实践中发生了什么？

莫尔德温采夫使用的第一幅图像是猫和小猎犬的合影。[1]

通常，如果你给机器输入这些图像，鉴于机器已经利用ImageNet数据集上118种狗和若干猫的图像进行过训练，它会识别出猫和狗。而莫尔德温采夫只输入图像中猫的部分，并在隐藏层的部分停下来，这里充满了包含狗和猫的混合特征以及ImageNet数据集中其他图像特征的神经元。机器将该图像通过多个神经元层传递出后，生成了可怕的四不像野兽。[2]我们从来没有看到过这样的动物：它的头上有两双眼睛，背上还有一双眼睛；从眼睛和身体的特征可以判断，这是一种犬类动物。这并不完全令人惊讶，因为卷积神经网络接受的犬科图像训练比猫科更多。背景图也被识别成了复杂的几何图案，我们甚至可以看到有几只蜘蛛，即使这张图片上本没有蜘蛛的图像。这是机器眼中的世界。

莫尔德温采夫写报告写到凌晨2:00，上面充满了四不像的图像。他在多个尺度上运行了他的算法，同时产生了各种猫状生物，以及具有分形特征但外观颇为迷幻的图像。至关重要的一点是，这台机器产生的图像并没有被编入程序。

1 参见https://www.artistinthemachine.net/art-music-images/ 中 Figure 7.1。

2 参见https://www.artistinthemachine.net/art-music-images/ 中 Figure 7.2。

我们人类的感知系统也有类似的行为，使我们“看到”不存在的事物，例如月球上的脸、云中的图案、火星上陨石坑中的笑脸。这被称为幻想性视错觉，严格来说是一种幻觉。由莫尔德温采夫的算法生成的像梦一样的图像有点像人类服用致幻药后的幻觉。这是否意味着人工神经网络并不是那么人工？我们可以说莫尔德温采夫找到了一种研究机器的潜意识、内在生命和梦的方法吗？他至少找到了一种探测其隐藏层的方法。

最后，莫尔德温采夫在谷歌内部网站上发布了其中一些图像，以为暂时不会有人注意到它们。他回忆道：“我当时在想怎么才能重新入睡。”

但是，谷歌总部的太阳永远不会落山。当天下午，在加利福尼亚山景城，谷歌总部一片忙碌。莫尔德温采夫的照片被疯传。这位来自苏黎世安全搜索小组的不知名工程师的工作受到了热烈的好评，不久之后他就被西雅图的谷歌机器学习团队挖走了。

迈克·泰卡让梦更深

我是一名计算主义者，我相信大脑就是一台计算机。显然，计算机是有创造力的。

——迈克·泰卡（Mike Tyka）

谷歌西雅图办事处的软件工程师迈克·泰卡是第一个发现莫尔德温采夫所发图像的人。起初，泰卡和莫尔德温采夫根据克里斯托弗·诺兰（Christopher Nolan）导演、莱昂纳多·迪卡普里奥

（Leonardo DiCaprio）主演的电影《盗梦空间》（*Inception*），称其为“盗梦主义”（Inceptionism）。这部电影讲述的是一种能够将人们带入他人梦境的技术，类似于进入机器的隐藏层。“我们必须给它起个名字”,然后，泰卡想出了新名字“深梦”（Deep Dream）。

莫尔德温采夫的照片彻底启发了泰卡。他解释说：“通常，你不能显式编程某个深层神经网络，因此你不知道它是如何工作的。莫尔德温采夫在经过训练的神经网络中找到了使其可视化的方法。当时，大多数人似乎对这类问题不感兴趣。”

泰卡是神经网络方面的权威人士。他留着长发、胡须，和蔼可亲，喜欢穿一件黑色的T恤。他从没学过艺术，但是却迷恋电脑艺术，并着迷于通过电子途径生成图形和文字的可能性，只不过他还没有意识到“这基本上就是艺术”。泰卡的父亲，不满儿子对艺术的兴趣，出于对儿子未来的担心建议他学习科学。泰卡在布里斯托大学学习生物技术和生物化学，不久后在谷歌找到了自己的归属和定位，利用神经网络研究蛋白质折叠——蛋白质在胚胎发育的初期聚集在一起形成器官的重要过程。

但是泰卡仍然想成为一名艺术家。他对蛋白质折叠形式的研究启发他创作了铜和玻璃雕塑。我在2017年3月与泰卡谈论了他开发“深梦”的工作。“那么你终于成功地将艺术、科学和技术结合在一起了吗？”我问他。泰卡答道：“当然，我一直都在尝试。”

对于泰卡来说，正是莫尔德温采夫发现的图像中的分形特征，使它们如此引人注目。这是由于莫尔德温采夫通过缩放并重新合成图像，使之产生了奇怪的、迷幻的效果。

谷歌的公关人员对发布莫尔德温采夫的图像持谨慎态度。他们质疑道：“人们真的会对这个感兴趣吗？”但是后来他们意识到有人会泄露信息。2015年7月16日，即莫尔德温采夫首次发现这些图像形成机制2个月后，有人匿名发布了即将出名的 “小狗和鼻涕虫”的图像（当时大家都这么称呼这张图）。[1]

人们的反响从“看起来像个噩梦”到“从这个东西中可以看到深渊”都有。作为回应，泰卡、莫尔德温采夫和另一位软件工程师克里斯·奥拉（Chris Olah）撰写了一篇博客文章，标题为“盗梦主义：深入神经网络”。

作为艺术家的泰卡意识到这可能成为 “制作有趣艺术的绝佳工具”。按照莫尔德温采夫的方法，他尝试将羚羊的照片输入系统，再按照莫尔德温采夫的建议把它反转，并在较早的阶段停止。他预期卷积神经网络能够增强线条，因为早期的图层只会提取线条和边缘。结果差不多就是这样，新图像更趋于线性图案。[2]

如果把更个性化的图像输入卷积神经网络，隐藏层会寻找更复杂的信息，产生抽象图像并制造迷幻效果。的确，如果你放一张自己的照片，并停留在中间层，机器检测到狗的特征，就会将你的照片变成一个怪异的狗状生物图像，好像机器在看着你时产生了幻觉一样。

泰卡将莫尔德温采夫的代码发布在谷歌内部共享。很快，它也在GitHub（基于Web的代码存储库）上对外共享了。泰卡随后又深入了一步：到目前为止，科学家们通过以JPG格式输入照片来研究 “深梦”，而泰卡输入了一张模糊不清的云和天空的图像，然后在

1　参见https://www.artistinthemachine.net/art-music-images/ 中 Figure 7.3。

2　参见https://www.artistinthemachine.net/art-music-images/ 中 Figure 7.4，左边是原始图像，右边是机器“看到”的图像。

中间层关闭了网络，从而使机器可以调整图像，显示出它发现的与ImageNet数据集中已有的部分图像的微弱相似之处——狗、猫、汽车、宝塔，无论是什么。[1]正如莫尔德温采夫所说："无论你在那里看到了什么，我都想要看到更多。"

达·芬奇对那些难以找到绘画灵感的学生的建议是看墙。"看到那个斑点了吗？凝视它一会儿。你看到了什么？"同样，他还建议学生们去看云。这正是泰卡让机器做的事。

如果我们仔细观察"深梦"输出的云的图像，也许可以从中辨认出一些类似鸟的特征。这台经过训练的机器也可以识别出各种鸟类。神经网络中间层的鸟类神经元被激活，并巩固了图像。但是，这一层的深度还不足以使机器输出具有辨识度的鸟类图像。其他神经元也会被激活，识别出其他形状，并生成怪异的类似鸟的生物。泰卡继续反复输入照片，并总是停在同一层，每次都进一步修饰图像，使图像越来越迷幻。

但是泰卡还想要更进一步。有没有一种方法可以利用"深梦"生成全新的内容，而不仅仅是修饰图像？他决定输入"噪声"，即一个随机点的集合，然后让机器去寻找实际上没有的东西。他来回传送图像，停在内部较深的一层，让机器尝试从它的图像库中检测与这张图像的相似之处。有什么办法可以改进这项技术呢？他是在凌晨2:00想到办法的。他专注于机器生成的图像的某一部分，并将其放大再缩小，时而裁剪图像，一层一层地揭示图像内部的结构。他说："缩放结果是引人注目的，分形特征开始出现是因为神经网络

1 参见https://www.artistinthemachine.net/art-music-images/ 中 Figure 7.5，左边是原始图像，右边是经"深梦"改造后的图像。

只知道有限数量的图像。很快，你就会看到一个奇怪的物体，它是蜥蜴、汽车、自行车的结合体，它们一直延伸，无穷无尽。”泰卡的工作是非凡的，不断变化的视频让观众着迷。

泰卡告诉我：“我是一名计算主义者，我相信大脑就是一台计算机。显然，计算机是有创造力的。”此外他还表明，当围棋大师李世石对战AlphaGo，并称赞其棋路漂亮时，其实就是在认可它的创造力。

泰卡与谷歌西雅图办事处的同事布莱斯・阿格拉-阿卡斯分享了计算机具有创造力的观点。阿格拉-阿卡斯说：“作为一名计算神经科学家，我敢肯定大脑中不会发生任何诡异的事情。”以我们的视觉系统为模型的卷积神经网络，可以通过将传入的感知转化为知识来帮助我们理解人类对世界的认知过程。换句话说，它们可以帮助我们更好地理解我们的大脑，而不是反过来。

将艺术家和人工智能聚集在一起

当我们用机器进行艺术创作时，我认为人与机器之间没有严格的界限……我们有一种电子人的本性，这对整个人类至关重要。

——布莱斯・阿格拉-阿卡斯

受到“深梦”的普及和重要性的启发，阿格拉-阿卡斯在泰卡的帮助下，在西雅图的谷歌组建了名为“艺术家与机器智能”

（AMI，Artists and Machine Intelligence）的项目，旨在将机器智能与艺术融合。该项目吸纳了对艺术和技术感兴趣的工程师，并向艺术家提供资金和场地以进行机器学习。他们更倾向于吸收那些已经对机器学习有所了解的艺术家，并准备将艺术家与工程师联系起来。

阿格拉–阿卡斯是位于西雅图的谷歌机器智能小组的负责人，并且是谷歌领导层中的新星。他留着短胡须，穿着T恤，在谈论物理学、计算机科学、人工智能、哲学、历史和艺术时，他的发言总是十分谦逊。他对音乐理论，特别是巴赫的乐曲具有浓厚的兴趣，并且是一位出色的大提琴演奏家。他告诉我："我认为自己在任何方面都称不上专业人士。"

与许多对新兴技术感兴趣的人一样，阿格拉–阿卡斯曾活跃于演景活动。演景是一种计算机艺术亚文化，包含独立的计算机程序，可用于生动的视听演示，展示编写程序、视觉艺术和音乐方面的技能。

阿格拉–阿卡斯在普林斯顿大学学习物理学，然后获得了应用数学硕士学位。2003年，他创立了Seadragon公司。这是一家软件开发公司，其开发的软件可以使用户浏览高分辨率图像，以用于制图、书籍可视化和远程医疗。2006年，微软收购了Seadragon公司，阿格拉–阿卡斯被授予"杰出工程师"的职位。然后，在2013年，他被猎头发掘并加入了谷歌。

谷歌AMI项目的现任负责人是肯里克·麦克道尔（Kenric McDowell），他致力于机器智能叙事及其与人类之间的联系的研究。与谷歌的许多人一样，麦克道尔的成长之路异于常人。他从9岁起就开始编程，后来在旧金山州立大学攻读古典音乐作曲专业，然后转而学习概念信息艺术课程，在那里他学习了软件安装和游戏开发。之后，他再次改变方向，在纽约州巴德学院拿到了摄影专业的硕士学位。在广告业工作了12年后，麦克道尔前往谷歌从事设计工作，这让他重新回到了将艺术与技术结合起来的最初梦想上。

当“深梦”人工智能程序盛行时，阿格拉–阿卡斯在谷歌召集了一些对艺术感兴趣且有艺术背景的人。麦克道尔记得阿格拉–阿卡斯当时说：“让我们做一些又酷又有趣的事吧。”麦克道尔之所以能够发挥关键作用，是因为他拥有艺术硕士学位，并曾在纽约的一个艺术展览中展示了他的作品。他反对站出来说：“嘿，我们在谷歌从事艺术创作。我担心会得罪某些人，也担心他们不把我们当回事。在科技界之外是有既定的对话模式的。”谷歌必须表明它与艺术有着紧密的联系。

首先，该小组联系了他们认为可能想要参与其中的艺术家。然后，在2016年2月26日，他们在位于旧金山教会区中心地带的非营利组织——灰色地区艺术基金会举办了艺术品拍卖会。该展览名为“‘深梦’：神经网络的艺术”。一共有800多人出席了这次展览，其中包括许多渴望看到这种新艺术的好奇的人。迈克·泰卡负责策划这次展会。阿格拉–阿卡斯以激动人心的演讲为展会打下了基础，他讲道：“这不仅是一场非常酷的艺术展，也是由谷歌发起的科学家、研究人员、工程师、艺术家、思想家的首次合作，我们称之为‘艺术家与机器智能’。这确实是一个开始，也是一粒刚刚埋下的种子，我们希望它可以持续很长时间。”他补充说：“有些艺术家将机器智能作为一种新的媒介或合作伙伴，而其他人将继续使用当今的媒介和生产方式。”他也阐述了自己的信念，即相信机器生成的艺术是最前沿的。这是新的潮流，它将改变社会，改变我们对所生活的世界及我们自己在其中所处位置的了解。

阿格拉–阿卡斯继续说道：“就像应用颜料、打印机、相机和计算机的发明一样，我们相信机器智能是一项将深刻影响艺术的创新技术。就像这些早期的创新一样，它最终将以我们今天难以想象的方式改变社会。从近期来看，它将扩大我们对外部现实以及自身感知和认知过程的理解。”

阿格拉–阿卡斯以汉斯·荷尔拜因（Hans Holbein）创作于1533年的画作《大使们》（*The Ambassadors*）为例，该画作以扭曲的人类头骨——变形的头骨图像而闻名。荷尔拜因无疑使用了镜子将头骨的图像投射到画布上，然后绘制其轮廓。在演讲中，阿格拉–阿卡斯还回顾了摄影的历史和公众曾经对摄影作为一种艺术形式的抵制，直到戴维·霍克尼（David Hockney）今天的工作以及他与科学家卓有成效的合作。

阿格拉–阿卡斯继续说道：“我们正在见证一个融合的时代，不只是跨学科的融合，还有大脑和计算机之间的融合、科学家试图理解与技术专家试图制造的融合、学术界和工业界之间的融合。我们认为融合不会产生单一文化，而会产生一种充满活力的混合文化。简而言之，我们从根本上来说就是技术生物。”

“深梦”艺术展览取得了巨大的成功。位于硅谷的几位商业巨头，包括谷歌虚拟现实项目负责人克莱·贝弗（Clay Bevor）等都出席了展会，会上共售出29件艺术品，其中包括迈克·泰卡的4件作品，并为灰色地区艺术基金会筹集了近10万美元。正如《连线》

（*Wired*）杂志的凯德·梅斯（Cade Metz）所说：“这是一个反思人工智能快速增长的夜晚。现在的技术已经到达了一定的高度——神经网络不仅驱动着谷歌搜索引擎，还在创造一些会让人花大价钱购买的艺术品。”

次年6月，该小组举行了一次名为 “音乐、绘画和机器智能”的研讨会。这是由阿格拉–阿卡斯领导的谷歌AMI项目和由道格拉斯·埃克领导的谷歌“洋红”项目进行的一次联合会议，他们探讨了机器学习在创作绘画、文学和音乐作品方面的作用。29位演讲者向80位观众讲述了他们对机器创作绘画、文学和音乐作品的研究。为了增加戏剧效果，每次演示都恰好持续10分钟。

一位崭露头角的艺术家安娜·里德勒（Anna Ridler）参加了这次研讨会，并受到了研讨会上所遇到的杰出人物的启发。她说：“这是一种前所未见的艺术。”她还表示自己看到了一个崭新的领域，其中包括许多对这个领域进行过哲学思考的人。

尽管本次展会取得了成功，但这样的活动只举办了一次。麦克道尔和他的策展人认为举办艺术展览不是谷歌的优势。他们认为最好支持那些对该技术感兴趣的艺术家，让他们能够以自己的方式使用人工智能，而不是通过谷歌建立对话和联系。新项目为一些艺术家提供住所，并为在此工作的艺术家提供资金和技术支持。

艺术家迈墨·阿克顿训练了一个神经网络

> “深梦”令我震惊。
>
> ——迈墨·阿克顿（Memo Akten）

在灰色地区艺术基金会的艺术展上被抢购的第一件作品是迈墨·阿克顿的《一切都被慈爱的机器注视着："深梦"创作》（*All Watched Over by Machines of Loving Grace: Deepdream Edition*），这是一幅由人类与机器共同完成的作品。[1]

位于英国切尔滕纳姆镇的英国政府通信总部拥有举足轻重的地位，它代表英国的安全组织在全球搜集情报信号。迈墨·阿克顿对它的力量保持警惕。"深梦"提供了一种极好的颠覆它的方式。他写道，"深梦"完成的工作是"一种人造幻觉，建立在谷歌卫星地图的基础上，并通过谷歌开发的深度神经网络进行重新构图"。

他在一篇博客文章中写道："'深梦'令我震惊。"毕竟，它是一个经过训练的神经网络，掌握了构成其整个知识基础的特定信息，这让它比只会产生幻觉的东西要深刻得多。"当你向这个神经网络展示一些新事物时，例如一张云的图像，它会尝试根据已经知道的东西来理解它所看到的东西，这就是问题的关键。这其实就是我们人类理解世界的方式。感知存在于大脑中，无论是我们的大脑，还是深度神经网络的大脑。我觉得这真的很有诗意。"阿克顿说。

迈墨·阿克顿的衣着说明了他的土耳其血统。他留着胡须、长发，戴着项链、手镯、耳环，穿着色彩鲜艳的衣服，有时会装扮得像加勒比海盗。他从10岁开始编程，并且如他所说，将典型的土耳其教育体系带入了工程学之中。

他学过土木工程，但从未使用过。相反，他渴望制作科幻电影，就像雷德利·斯科特（Ridley Scott）和斯坦利·库布里克

1 参见https://www.artistinthemachine.net/art-music-images/ 中 Figure 8.1。

（Stanley Kubrick）那样。他说："我不需要使用相机，我有计算机。"除了英语、土耳其语和法语外，他还会使用Pascal编程语言来表达自己。

然后，他发现了在德国出生的抽象动画师奥斯卡·费钦格（Oscar Fischinger），其作品被纳粹分子谴责为"退化的艺术"。移居美国之后，他的才华得到了派拉蒙影业公司和华特·迪士尼（Walt Disney）的认可。迈墨·阿克顿的兴趣还包括斯蒂夫·莱奇、约翰·凯奇（John Cage）和埃德加·瓦雷兹（Edgar Varese）的音乐。

迈墨·阿克顿回忆说，他在成长的过程中曾认为艺术只是绘画和雕塑。"我当时还没意识到自己在计算机上倒腾就是在进行艺术创作。"迈墨·阿克顿如今在伦敦大学金史密斯学院攻读博士学位，试图创建可以与音乐家合作的半自主智能创意系统。但是，迈墨·阿克顿并不是将自己局限于一个研究主题的人。他希望更深入地理解一件事，即机器在存储关于它们所接受训练的数据的知识（本质上是数字的集合）时会发生什么。"这些知识是什么呢？"他说，"这才是我攻读博士学位所要研究的目标。"

2017年，在奥地利林茨电子艺术节举行的大型电子艺术展览会上，他展示了一件名为《学着去看：世界你好！》（*Learning to See: Hello, World!*）的作品。这是一系列正在进行的研究项目之一，该项目旨在探索神经网络如何体现自己的存在。刚开始时，神经网络通过输入的数据观察周围的世界，就像婴儿刚学会走路并观察周围环境时所做的那样。计算机科学家将机器的觉醒称为"世界你好"时刻。在作品中，迈墨·阿克顿利用朝向自己的摄像头训练深度神经网络。随着神经网络接收越来越多的图像，它开始了识别模式，比如识别出阿克顿的脸。然后阿克顿移动，机器便重新识别。很快它就可以从任何角度识别出阿克顿的脸了。

“说一台机器具有创造力，不是把机器拟人化，” 阿克顿断言，“而是将创造力这个词扩展到人类之外，并且解放它，即让创造力不再局限于人。”他继续说：“我是一台生物机器。既然人类可以创造艺术，为什么机器不行呢？”

“深梦”之后发生了什么？

达米安·亨利和那台可看到梦境景观的机器

> 艺术界很难忽视机器学习可以做些什么，以及艺术家可以利用机器学习做些什么。
>
> ——达米安·亨利（Damien Henry）

达米安·亨利用计算机生成的《为18位音乐家而作的音乐——斯蒂夫·莱奇》（*Music for 18 Musicians—Steve Reich*）基于他穿越法国的火车旅行，提供了另一个发人深省的神经网络唤醒方式。

深度神经网络不需要明确指令即可进行学习的事实，始终使亨利感到惊讶。他想找到一种方法来证明这一点，因此决定将从行驶中的火车上拍摄的视频输入一个深度神经网络，并为它提供了许多示例，以便深度神经网络可以“弄清楚如何做事”。

他从镜头中选择了一幅静止图像，并将其输入机器中。在该过程中他使用了一种算法，该算法可以根据镜头中的一帧一次又一次地预测镜头中的下一帧，预测超过了10万次。

令他惊讶的是，他发现该算法捕捉到了他自己都想不到的现象。远处的蓝天几乎不动，而前景物体则迅速移动。结果是令人着迷的56分钟的非凡场景飞逝而过。他回忆说："在某个时候，我发现了斯蒂夫·莱奇的音乐——《为18位音乐家而作的音乐》，我完全爱上了它。"就像火车的镜头一样，这首曲子具有重复性，与视频很契合。莱奇的音乐激发亨利推进了他最初的设想。一种新的想法油然而生，他打算用几个视频对机器进行训练，包括穿越乡村和城市的旅行视频。他说："结果更加复杂。"

达米安·亨利留着山羊胡子，笑容温暖，还有一些高卢人的幽默感。作为巴黎谷歌文化研究所的技术项目经理，他热情地邀请我在那里待上一段时间。他告诉我，他在8岁或10岁时就对编程产生了兴趣，但是他对电子游戏并不感兴趣。难道编程没有其他用处了吗？他思考了一下，但又把这些想法放在了一边，因为他觉得这不过是白费功夫。在大学里，他没有学习计算机科学，而是选择了航空工程。但是他无法远离编程。当他重新开始探索时，他得出的结论是：他以前的努力其实应该被称为"创意编程"。

他在YouTube上发布了一版自己的火车旅行音乐视频，时长将近1个小时。在视频中，伴随着斯蒂夫·莱奇催眠般的音乐，一幅朦胧的风景从印象主义的薄雾中展开。这其实不是"真实的风景"，而是机器所看到的世界。机器做出选择时使用的是概率，但这并不会使最终结果贬值。我们其实也是通过概率进行推理的。我们获取数据，找出处理数据的方法，然后选择最有可能成功的选项。

亨利坚信，机器本身无法发挥创造力。他说："工具越复杂，我们就越有创造力。"他完全无法想象没有人类参与的创造力。

马里奥·克林格曼及其"X度分隔"

> 我试图摆脱"默认"设置——开箱即用的设置，我会对其进行调整并加入自己的风格。
>
> ——马里奥·克林格曼（Mario Klingemann）

马里奥·克林格曼说："人们仍然难以接受可以使用机器来创作艺术品这件事。"他很清楚自己是新先锋派的一员，并且感到这才是真正有趣的工作。

2015年，他着手进行一个大型项目——对大英图书馆上传的1500至1899年间的数百万张无版权数字图像进行分类。为此，他训练了一台机器，将这些图像分为几类——马、狗、男人、女人、石头、古代和现代工具等。这些分组存在于多维空间（一个由构成艺术品的大量像素编码组成的潜在空间）中。然后，克林格曼将它们投射到两个维度上。最终，他标记了大约40万张图像，并将自己得到的一部分结果发布在了推特上。

不久之后，他的电话响了，是谷歌公司的达米安·亨利打来的，这是单打独斗的机器艺术家克林格曼梦寐以求的机会。"我们拥有大量的文化数据，在这里你可以做一些有趣的事情。为什么不过来看看呢？"亨利说。"我永远也通不过谷歌工程师的面试，因为我的知识有限。”克林格曼告诉我。但是亨利感觉到了一些有趣且非同寻常的事情，于是克林格曼成了一名常驻艺术家。

马里奥·克林格曼也在谷歌AMI项目中展出过作品。他总是面带微笑，充满想法。他从12岁起就开始编程，同时也为校报手工剪切和粘贴图形。他没有上艺术学校，也没有接受过高等教育。他对绘画没有兴趣，信息学也不吸引他。最初，他从事将代码和艺术相结合的广告工作，并密切关注此类工作。但是他感到自己缺乏作为艺术家的认可。他说：“我试图通过做些在艺术学校学不到的有趣的事情来弥补这一点。”

他现在称自己为艺术家，一名代码艺术家。

在谷歌，克林格曼对可用的数据以及他可以用来做实验的机器感到兴奋，他称其为艺术品。克林格曼与另一位计算机艺术家西蒙·杜里（Simon Doury）一起，被要求在大英图书馆的数百万件艺术品之间创建一种连接方式。这种连接方式基于“六度分隔理论”，即世界上的所有事物都可以通过最多6个步骤建立连接。杜里和克林格曼的“X度分隔”网站是一个随时可用的网站。在该网站上，你可以从谷歌缓存中的数百万件作品中挑选出任何两幅作品。通过机器学习，计算机可以通过视觉检索快速找到一条将这两件艺术品联系起来的路径。比如，它可以通过7件中间艺术品将具有4000年历史的泥塑人像与凡高的《星月夜》联系起来。

克林格曼和杜里的网站基于以下事实：人工神经网络将所选图像中的像素转换（编码）为数字。机器扫描可用的作品，以寻找其编码的相似之处。这些工作为我们提供在连续图像中看到的视觉相似性，否则我们可能会忽略这些相似性，例如，具有4000年历史的泥塑人像和凡高的画，以及中间作品之间的相似性。分隔度随所选图像而异，可能是5个，也可能是8个。

在工作之余，克林格曼还探索了“深梦”的技术潜力，这是他进入这个神经网络领域的触发器。他研究了在线代码，并阅读了其他人的工作成果。“里面全是小狗和鼻涕虫，以及迷幻的图像。我想做点别的事情。”他告诉我。他问自己：如何使用相同的方法而获得不同的结果？他没有像其他艺术家那样向机器输入ImageNet数据集的图像，而是输入装饰性的字母，正如我们在木刻品和旧书中看到的那些。为了检查机器是否正确地学习了他想要其学习的东西，他利用机器从旧书中提取装饰性字母图像。这台机器能够识别出大部分隐藏的特定字母。在一张图像中，机器找出了字母B。克林格曼以为它犯了一个错误，直到他靠近仔细观察。果然，那里确实存在一个字母B，只是非常难以辨别出来。

克林格曼给机器输入了大量程序化的字母和“深梦”的代码后，他又输入了《蒙娜丽莎》（*Mona Lisa*）的图像。《蒙娜丽莎》被机器读出来后，变成了一幅用字母绘制的木版画。

由于他只给机器输入了木刻版的字母，因此机器会在之后“看到”的所有东西中寻找这些字母形象。

安杰洛·塞梅拉罗：交织的过去与现在

> 也许，现在发生的事情在很久以前就已经以其他形式发生过了。
>
> ——安杰洛·塞梅拉罗（Angelo Semeraro）

位于意大利特雷维索的Fabrica研究中心团队的主要工作就是获得认可。因其在设计、视觉传达、摄影和新闻等方面有着高度的创意性成果，Fabrica有时也被称为“意大利创意工厂”。该团队由专注于技术的安杰洛·塞梅拉罗、专注于产品设计的科拉列·古尔格雄（Corallie Gourguechon）和项目经理莫妮卡·拉纳罗（Monica Lanaro）等人组成。在2016年，他们获得了由泰特美术馆赞助的IK奖，该奖项表彰那些利用数字技术探索泰特美术馆及其网站所展出的艺术品的团体或个人。那一年，泰特美术馆与微软展开了合作。双方合作的主题是使用人工智能探索艺术品。

安杰洛·塞梅拉罗在十几岁时就发现了计算机的优势。他热爱弹吉他，并想到将技术与音乐结合起来，而且很快将其扩展到艺术领域。塞梅拉罗曾在博洛尼亚大学学习数学和计算机科学，然后去了Fabrica研究中心。在那里，他发现了一些“对如何通过人工智能的理性眼光看待像艺术这样的主观领域感兴趣的人”。

他们的工作的催化剂是新闻图像——“意外的文艺复兴”。这些偶然形成的现代图像与文艺复兴时期的艺术有着惊人的相似之处。这一名称来源于2016年新年前夜在英国曼彻斯特大街上醉酒的深夜狂欢者的照片，因为它看上去与文艺复兴时期的绘画极为相似。“这启发了我们去展示人类如何从两个完全不同的时代拍摄两幅图像，然后找到其中的相似之处。”塞梅拉罗告诉我。Fabrica研究中心的团队可能认为：“若要创造出新的内容，图像之间的相似之处所产生的贡献大于两者的总和。我们的想法就是这样开始成形的。”

赢得IK奖使他们有机会与泰特美术馆合作，这里收集了500年来的英国艺术品；他们也有了与微软、路透社合作的机会，并能接触到后者庞大的图片库。他们认为，这将使他们能够展示现在和过去是如何交织在一起的。塞梅拉罗说："也许，现在发生的事情在很久以前就已经以其他形式发生过了。我们经常说过去可以帮助我们理解。但是，为什么现在不能帮助我们理解泰特美术馆内有着500年历史的英国艺术品呢？"

该团队花了2天的时间，仅在1250张新闻图片和30000幅艺术品之间找到了一个好的匹配项，而机器在3个月内找到了4502个匹配项。机器不直接处理像素，而是处理对每个像素进行编码的数字。人工神经网络将这些数字与代表其他艺术品的数字进行比较，并寻找相似之处。[1]

有时机器会发现令人惊讶的匹配项，虽然乍看之下毫无意义，但经过深思后我们会发现它们非常有趣。有些图像仍然模棱两可，还有一些错误的匹配项。对此，塞梅拉罗沉思道："艺术是一个很好的游乐场。"机器看到了塞梅拉罗和他的同事所看不到的东西。

莱昂·加蒂斯的风格转换：以某种风格呈现的摄影

从某种意义上说，风格转换堪比脑外科手术。

——莱昂·加蒂斯（Leon Gatys）

你是否曾经想过，如果毕加索拿到一张你最喜欢的自己的照

1 参见https://www.artistinthemachine.net/art-music-images/ 中 Figure 9.2 ,一张2016年的照片（左）和一幅1660年的画（右）被配对在一起。

片，他会做些什么？或者他会如何给你创作肖像？德国图宾根大学的莱昂·加蒂斯和他的两位同事想出了一种解决方法。他们称其为“风格转换”，这个方法出现在莫尔德温采夫、泰卡和奥拉启动“深梦”的两个月后。

加蒂斯曾在伦敦大学学院学习物理学，并受到有关量子物理的深刻的哲学辩论的启发，尤其是尼尔斯·玻尔和沃纳·海森堡的思想。在图宾根大学，他探索了复杂的神经网络如何帮助解释我们看待周围的世界的方式。“深梦”展示了机器处理人类传入感知的方式的复杂性，有时我们会看到一些并不存在的东西。感知发生在大脑中，机器也是如此。

因此，加蒂斯推演出“艺术风格的神经网络算法”。如果我们可以用眼睛“看到”一个场景，却能将它想象成不同的场景——由伦勃朗（Rembrandt）或塞尚绘制的不同场景，那么卷积神经网络为什么不能做到这一点呢？加蒂斯十分重视卷积神经网络与人类视觉之间的类比，尽管这种类比有些不恰当。他说：“我想拥有一台能像我们一样感知世界的机器，然后用它来创造出一些令我们兴奋的东西。”

风格是艺术史学家争论不休的一个模糊概念，他们需要经过多年的训练并积累丰富的经验，才能根据风格来区分艺术家的作品。这真的是机器可以掌握的吗？神经网络能够将风格与内容分离开来，并奇迹般地制作出与一位已故大师的风格类似的作品吗？似乎是可以的。

风格转换的工作原理是以经典画作的风格对任意一张照片进行重新创建。20世纪80年代，在人工神经网络发挥作用之前，这是一项极其困难的任务。在那个年代，机器使用符号来描绘世界，这些符号被设置成复杂的网络——由关于事物及其关系的陈述和规则组成。正如我们所看到的那样，计算机科学家实际上是对我们所看到和感知到的世界进行编程，再将其输入机器中。将这些简单的网络应用于绘画是不可能的。

但是神经网络不是处理关于一幅画的陈述，而是处理数字。如果可能的话，它可以将图画中的像素与照片中的像素进行互换，不过这个过程非常复杂。但是在深度神经网络中，每个像素都被编码它的数字所替换，照片中要被更改的像素也是如此。但问题是，如何将照片中的数字与经典画作中的数字混合，从而创造出新的东西。

在风格转换中，风格图像是经典画作的照片，内容图像是随机照片。加蒂斯首先将风格图像和内容图像的编码输入神经网络的各个层，然后放入由白噪声组成的图像。这将是新图像的基础——空白画布。在这一阶段，像素是随机分布的，它们之间没有任何联系，形成了密集的黑白点状聚集体，没有可识别的图案。然后，该空白画布在系统中来回传输，以便尽可能多地捕获绘画的风格和照片的内容，最终由计算机将它们混合在一起，直到以绘画的风格重现照片中的内容。即便如此，该过程还是相当神秘的，其结果也有些神奇。例如，将一张在图宾根内卡河畔拍摄的照片转换为凡高的《星月夜》的绘画风格，就会创造出一幅新的、非同寻常的、令人兴奋的图片。[1]

事实证明，风格转换立即受到了欢迎，因此加蒂斯和图宾根的

1 参见https://www.artistinthemachine.net/art-music-images/ 中 Figure 9.3 ,左上图是原照片，左下图是凡高的《星月夜》，右图是计算机将二者融合生成的新图像。

同事一起创建了一个网站（https://deepart.io/），任何人都可以使用它。例如，将一张你的照片与毕加索的画作一起输入，然后点击按钮，最后机器会在很短的时间内以你选择的绘画风格创建新的图像，这样就产生了你自己的立体派图像。

风格转换与“深梦”相比有怎样的区别呢？其实，两者都使用深度神经网络中各个层的特征表示来改变和合成图像。“深梦”识别出一个图像，例如猫的图像，该图像最大程度地刺激了某个特定的经过训练的神经元；而在风格转换中，风格和内容都是从图像中提取的。从风格图像各层采样的层次越深，可以匹配的内容图像结构就越多，即使图像的外观已完全改变。

加蒂斯说：“这就像根据你上次看到的模糊的森林的样子来想象一个全新的森林。”他乐观地认为风格转换将为人们看待事物的方式提供新的见解，并希望这是理解感知的第一步。“这让我感到非常兴奋。”他说。

风格转换的一个分支是摄影风格转换，其风格图像也是基于照片。这里的问题是，如何控制将风格图像导入内容图像的方式，使直线保持笔直、曲线保持弯曲，从而生成非抽象的输出照片。其结果将类似于Adobe Photoshop高级版本所能产生的效果。

另一位多产的艺术家和技术专家吉恩·科根（Gene Kogan）表示，最近关于风格转换的其他研究途径包括：以一段音频的风格生成新的音频，或者用一种文本的风格生成新的文本。

还有一种可应用的领域就是时尚领域。在这种情况下，经过训练的人工神经网络可以根据衣领、口袋、袖子和图案等要素来区分服装的流行和不流行。其过程是将一件衬衫的风格转换到另一件衬衫上，然后进行再加工。

谈到对创造力的看法，加蒂斯认为我们只有更好地解读人类的创造力，才能评估我们在机器创造力方面的进步。

生成对抗网络：人工智能学会了想象

我其实是在酒吧辩论的时候想到生成对抗网络的。

——伊恩·古德费洛

2014年，也就是莫尔德温采夫的“深梦”图像走红的前一年，还在蒙特利尔大学的伊恩·古德费洛提出了一项将重新定义机器学习领域的发明：生成对抗网络。杨立昆（Yann LeCun）与杰弗里·辛顿（Geoffrey Hinton）一起掀起了现代深度神经网络革命，并宣布生成对抗网络是“过去十年来机器学习领域中最有趣的想法”。

生成对抗网络是一种训练计算机完全自主创建逼真图像的方法。

到目前为止，我们一直在研究监督学习，在这种学习中，神经网络通常可以从ImageNet数据集中获得成百上千万个带有标签的猫、狗、汽车、房屋等图像。通过这些图像，神经网络可以识别出狗的特征，并将其分到狗的类别中，同时将猫分到猫的类别中，以此类推。当图像中出现四足且毛茸茸的生物时，计算机有很大概率成功地识别它是狗还是猫，以及它是什么品种。如果出错，它将通过网络将有关错误的信息发送回去——此过程被称为“反向传播”，这使它能够重新调整网络神经元之间的参数或权重。

但这并不是人类学习的全部方式。当我们还是孩子时，大人可能会反复告诉我们：某种动物是狗，另一种是猫。当我们看到类似的四足且毛茸茸的动物时，我们就学会了判断它们是狗或猫。我们通过观察世界来学习，而不是通过被告知世界上每一个物体的名称来学习，因此，我们根据所学和所观察的事物来制定规则。在此基础上，我们还学习如何推断有关世界的新事实，这个循环贯穿我们的一生。图集里有大量的数据，问题是如何让神经网络以与人类相同的方式去理解这些数据。让机器以与我们相同的方式来学习被称为“无监督学习”，这是机器学习的终极目标，也是古德费洛要解决的问题。

古德费洛于11岁时就开始学习编程。为了获得斯坦福大学的计算机科学硕士学位，他专注于研发人工智能。然后，他搬到了机器学习研究领域的大本营——蒙特利尔大学。在那里，古德费洛与该领域的关键人物约舒亚·本吉奥（Yoshua Bengio）合作。

在攻读博士学位时，他专注于一种被称为“生成模型”的网络，该网络可以生成图像。他研发的人工智能机器进行了无监督学习，这包括给机器输入很多图像，例如狗的图像。他的想法是让机器开始生成虚构的图像，例如新型的狗的图像。但是机器本身无法识别出这些图像是狗。

为此，我们必须给神经网络提供越来越多的照片，直到该过程变成有效的监督学习，而不是无监督学习。古德费洛感到十分沮丧，他觉得自己并没有做任何原创的事情，而只是照搬了别人的工作。这使他意识到使用生成模型来生成图像有多么困难。

在获得博士学位后，他留在蒙特利尔大学编写关于深度学习的教科书——包括监督学习和无监督学习，同时继续思考生成模型并修改其缺点。他感到自己即将发现 “新颖有趣的东西” 。

同时，古德费洛的朋友们正在从事一个完全不同的人工智能研究项目。一天晚上，当他和这些朋友在一家酒吧里进行激烈的辩论时，一种新型生成网络的想法突然从他的脑海里浮现。正如莫尔德温采夫在检查了门窗是否关好后，在黑暗的客厅里想到了 “深梦” ，古德费洛实际上是在这次辩论中想到了生成对抗网络。

他说：“那是新事物诞生的时刻。” 当他的朋友们继续在酒吧里讨论时，他回到家编写了代码，并且对这次的代码很有信心。他补充说：“实际上，这只是对早期想法的扩展。要有创造力，人们必须积累经验和基础知识。” 创造性思维的四个阶段——有意识思考、无意识思考、灵光乍现和验证——都是创作过程的关键。想法并不是凭空产生的。

生成对抗网络的基础是博弈论。它有两个组成部分：鉴别器（D）和生成器（G）。二者都是深度神经网络。鉴别器从诸如ImageNet之类的数据集中获取现实世界的图像。同时，生成器开始从第一层生成图像，该层是潜在空间，由噪声（随机分布的点）组成。它是混乱的、无组织的，并且包含着无限的可能性，就像我们的想象力一样。最初，生成器生成的图像完全是抽象的，形状模糊。

生成器就像一个艺术伪造者，而鉴别器则像侦探一样对生成器生成的图像进行评估。鉴别器会基于它被训练的图像来判断从生成器接收到的图像是否真实，也就是判断真假。生成器创建的前几个图像基本上都是噪声，因此鉴别器拒绝了它们。然后生成器将它们送回原处，再次进行创建。当下一张新图像到达鉴别器时，它会比之前更好，因为生成器中的中间层（隐藏层）开始从错误中学习。

到现在为止，生成器不再返回第一层来生成图像，而是从靠近的层开始。通过与鉴别器的互动，它开始学习如何生成看起来真实的图像。当鉴别器试图将真实的图像与不真实的图像区分开来时，生成器试图创建能骗过鉴别器的图像。最终出现了一种稳定的情况，即生成器生成的图像看起来很像鉴别器之前接受训练的图像。在博弈论中，这被数学家约翰·纳什（John Nash）称为“纳什均衡”。

这种网络竞争的过程减少了所需的人工干预。在以往的生成图像的方法中，科学家设置标准来衡量生成模型在判断一幅画是否真实时的错误程度，这是一个难以用数学方法解决的问题。在生成对抗网络里，判断真实与否的是鉴别器。这样，机器就可以开始了解世界的样子了。“你可以认为生成模型赋予人工智能想象力，”古德费洛说，“我期待看到自己为这项工作开发的许多数学工具对艺术家有用，我很期待看到他们使用这些工具。”

关于机器是否具有创造力，古德费洛认为“它们已经具有了”。如果创造力意味着产出新的、有益的东西，就像玛格丽特·博登提出的三个标准那样，那么，按照古德费洛的观点，“机器学习算法已经达到这一目标了，我们在生成模型和强化学习中也看到了这一点”。

古德费洛现在是山景城谷歌大脑团队的一名专家。

迈克·泰卡的《虚构人物肖像》

对我而言，艺术是根据人们的反应来判断的。

——迈克·泰卡

迈克·泰卡是最早了解“深梦”在创造艺术方面存在可能性的人之一。他也渴望探索生成对抗网络的艺术潜力。其研究结果就是他的惊世作品《虚构人物肖像》（*Portraits of Imaginary People*）。[1]为此，他向鉴别器提供了来自Flickr（图片分享网站）的数千张面孔的照片。随着照片输入数量的增多，它生成的虚构人物的面孔越来越清晰。最终出现的是高度风格化的面孔，这些面孔看起来几乎是真实的，又恰恰是不存在之人的“照片”。2017年，迈克·泰卡在奥地利林茨电子艺术节上展示了他的精选照片，人们立刻被吸引了。

人类的大脑本能地意识到这些人不是真实的人。泰卡本可以让机器进一步生成更逼真的人脸，但是那样观众可能会被吓跑。艺术将进入“恐怖谷”领域，在那儿，人们对与我们长得太相似的生命形式可能构成的生存威胁感到紧张。

雷菲克·阿纳多尔与梦境存档

我们可以创建一个梦境的档案吗？

——雷菲克·阿纳多尔（Refik Anadol）

---

1 参见https://www.artistinthemachine.net/art-music-images/ 中 Figure 10.1和Figure 10.2。

伊斯坦布尔的SALT Galata艺术馆是一家大型的艺术机构和在线图书馆，保存有170万张自19世纪末至今的与土耳其有关的图片。（土耳其语中“salt”一词的意思是“绝对的、纯净的”。）2015年，策展人希望将他们的藏品数字化。首席策展人瓦西夫·寇东（Vasif Kortun）向雷菲克·阿纳多尔咨询了媒体艺术的众多可能性。

阿纳多尔是一位在土耳其出生的媒体艺术家，他对媒体艺术以及将其与建筑结合的做法充满热情。他8岁开始接触编程，后来在伊斯坦布尔学习视觉传达和设计。受2005年参观奥地利林茨电子艺术节的经历的启发，他转向了媒体艺术的创作。

当阿纳多尔意识到自己不仅仅是想在“观众有限的画廊”展示自己的媒体艺术，而是想在 “使用媒体艺术和建筑的公共场所”展示自己的媒体艺术时，他的灵感便来了。“我有一种用数据驱动的思维，”他告诉我，“我喜欢把数据作为一种物质、一种物理性质来探索。”

对于SALT Galata的数字化项目，寇东向阿纳多尔发送了该机构的全部馆藏数据——共2TB，非常庞大，包括各种土耳其语的资料，比如图像、照片、文字和地图。阿纳多尔说：“这是一个非常丰富的资源库，太丰富了，以至于只看图像是没有意义的。”他想扩大档案的概念。也许，他认为，实现这一目标的方法是“媒体艺术与建筑之间的碰撞”。

2016年，阿纳多尔参加了在旧金山举办的谷歌音乐、绘画和机器智能研讨会，这是新想法诞生的温床。在那里，他遇到了迈克·泰卡，后者使用“深梦”创作艺术品，当时已经是谷歌的艺术专家了。阿纳多尔向泰卡介绍了他的项目，并问：“我们可以合作吗？我们可以创建一个梦境的档案吗？”在泰卡的建议下，阿纳多尔撰写了题为“梦境存档”的提案。谷歌AMI项目立即接受了这个提案。

在6个多月的时间里，阿纳多尔与泰卡和谷歌AMI项目中的其他人进行了广泛的交流和合作。为了处理170万幅图像，他们必须将这些图像全部转换为数字，因此存在一个多维潜在空间——潜在的原因是其中的信息不容易被看到。阿纳多尔使用t-SNE算法来减少维度数。这使他可以将文件的多维潜在空间扁平化为二维或三维，同时将梦境存档中具有高度视觉相似性的图像收集在一起。所有这些都澄清了潜在空间中的信息，从而使看不见的变为可见的。他说：“这里有一个新世界，潜力巨大。想象一下你可以创造的故事。”

梦境存档是一种沉浸式艺术装置。观看者站在一个圆柱形的房间里，而不断变化的图像则被投射在墙上。“我们了解数据吗？”阿纳多尔问，“当然，是的，但这样做的目的不仅仅是提问。”这里没有搜索栏，那怎么输入问题呢？不，你不需要立马提问。你会看到整个档案库中充满了数据，是媒体艺术与建筑之间的碰撞。阿纳多尔说：“也许在完整地查看了档案之后，你会提出一个不同的问题。机器学习将帮助我们以不同的方式思考。”站在这个圆柱形房间里，人们对周围一切都很着迷，感觉失去了平衡。图像在墙壁上旋转，并投射在观众身上。观众实际上沉浸在SALT Galata的庞大档案库中。梦境存档是由用户驱动的。但是，当它空闲时，档案之间还会发生意想不到的关联。

那么，当梦境存档处于休眠状态时会发生什么？在这种状态下，生成对抗网络开始运行。生成对抗网络的鉴别器已吸收了档案中的170万幅图像。不久，生成器开始生成看起来很真实但实际上之前从未存在过的新图像。或者它们可能来自“平行时空”？“因此，档案库的存在是否完全是一种幻觉？”阿纳多尔说，“谁能保证在未来什么是真实的，什么不是真实的？”的确，站在圆柱形空间中很难将真与假区分开，这已成为当今时代的关键问题。

我们被数以百万计的真实和不真实的图像包围着，这让人想起豪尔赫·路易斯·博尔赫斯（Jorge Luis Borges）的短篇小说《巴别图书馆》（*The Library of Babel*）。它讲述了一个由包含各种可能性的410页的书组成的图书馆——博尔赫斯称其为“宇宙”。这些书籍由22个字母，加上逗号、句号和空格组合而成，其中有无穷无尽的内容，包括每本书的每个错误副本、每一个曾经活着的人的传记、对未来的预测、对卡巴拉和其他神秘著作的解释，你能想到的这里都有。阿纳多尔说：“博尔赫斯的故事确实是一个灵感，相同的概念也适用于梦境存档，以及生成对抗网络中的任何生成器。”

阿纳多尔打算继续将机器智能与建筑结合在一起。他说：“建筑物是临时建筑空间。它们既可以是画布，也可以是媒体艺术作品。”他所考虑并希望与谷歌合作开展的一个项目是，将洛杉矶爱乐乐团的百年档案投射到迪士尼音乐厅的墙壁上。通过这种方式，观看者可以沉浸在电影、音乐、图像和采访中，实时地体验过去的每一时刻。设计音乐厅的弗兰克·盖里说：“我喜欢这个概念。”阿纳多尔认为：“他的建筑具有智慧、文化和记忆。”

阿纳多尔笑着说：“为什么这个房间不记录我们，以便我们明年可以回来重温这一幕呢？”

特蕾莎·雷曼–度博斯的人工智能如何看弥赛亚

这取决于艺术家的意见。

——特蕾莎·雷曼–度博斯

（Theresa Reimann–Dubbers）

特蕾莎·雷曼–度博斯的任务是应对“人工智能对复杂人类概念的过度简化”。例如，机器如何理解“弥赛亚”一词？为了探索这一点，她创建了“A（.I.）弥赛亚之窗”。[1]首先，她从维基图库中获取了16000张基督的图像，正如她所说：“实际上很少。”经过300次循环生成，这些图像变得越来越逼真，从而骗过鉴别器。然后，机器开始创建不再那么具象化的图像，部分原因可能是训练图像的数量少、缺乏更多执行循环的时间。雷曼–度博斯将最终图像描述为“肉肉”，指的是生成图像中肉色的结构，大多数观众一眼就能认出它们是肢体。“我发现这具有讽刺意味，因为算法对基督的理解导致其将胳膊和腿的图像认为是基督的图像。”很明显，人工智能还不能理解像弥赛亚这样复杂的人类概念。雷曼–度博斯将图像排列设计成彩色玻璃窗的形式，就像教堂中的一样。

雷曼–度博斯的作品已在奥地利林茨电子艺术节以及2017年神经信息处理系统大会（NIPS）的机器学习与创造力研讨会上进行了展示。

在柏林艺术大学新媒体艺术系学习期间，她发现了艺术与技术之间的联系。关于机器在创作过程中所扮演的角色，她认为，机器

1　参见https://www.artistinthemachine.net/art-music-images/ 中Figure 10.3。

不是工具，而是一个被研究的对象。这意味着机器没有意识，甚至不能被视为协作者。她打算通过寻找一个“机器在其中扮演协作角色”的项目来进一步研究这一问题。

雷曼–度博斯主要制作以自然和人类的各种交流方式为主题的装置作品，包括电子产品。“我工作的动机，”她告诉我，“是为了揭露麦克卢汉（McLuhan）所说的技术的‘环境’。通过批判性地接触新技术，我的工作是检查它们的‘反环境’，将其嵌入对象或装置中，以挑战给定的环境。”

杰克·艾维斯的潜在空间之梦

网络可以开启梦想。

——杰克·艾维斯（Jake Elwes）

媒体艺术家杰克·艾维斯说：“网络可以开启梦想。计算机科学领域的许多工作都缺少深刻的东西，例如意识、智力和创造力。”

网络不是利用图像本身，而是利用转换为数字的图像进行训练，并在各个隐藏层的多维空间中进行操作。发生重大事件的地方是完全连接的层，在这里图像会被重新组合。该网络将其与已经学习的图像进行比较，并识别为特定类别（例如狗）的图像。这是图像穿越隐藏层旅程的终点。

在生成对抗网络中，生成器与已被输入了大量图像的鉴别器进行交互。对于艾维斯来说，这就是梦想成真的地方。首先，生成器从纯粹的噪声、潜在空间（完全未开发的空间，像我们的想象力一样，存在无限可能）中创建图像。第一种形式是斑点状的和无定形的，鉴别器首先会拒绝它们，然后将它们沿着生成器中神经元之间的连接发送回去，生成器会调整权重。当生成器发出另一张图像时，它已使用新的权重进行了调整，因此生成的图像会更好。

艾维斯的主要想法是：在生成器和鉴别器经过一定的“较量”之后，给生成器解除限制。现在，生成器不再需要满足鉴别器就能独立工作。生成器会继续从潜在空间中生成图像，并在训练鉴别器的图像空间中漫游，例如ImageNet数据集。“生成器不再试图满足鉴别器，以获取事物的最真实的图像。相反，它开始做白日梦，在这个潜在空间中漫步。对我来说，生成器创造了抽象的表现主义绘画。”他解释道。这台机器能够实现这些奇怪但诱人的形式，因为它“通向一个本体世界，一个超出我们固有经验的世界”。其结果是一系列无休止的彩色波浪和图像序列，经它们组合，新的图像不断形成。

观众看到的是被简化为符合我们自己的三维感知世界的机器想象力的产物。但我们甚至对这些图像在机器的多维宇宙中是什么一无所知。艾维斯称它们为“潜在空间”。[1]

作为伦敦大学学院斯莱德美术学院的学生，艾维斯是少数会编程的人之一。他想研究与机器有关的更深层次的问题。许多艺术家仅将机器当作工具。对他来说，问题是如何“模糊艺术家与机器之间的界限，弄清中间的过渡在哪里，使技术既可以被当作材料，又可以被视为概念”。他称自己为“知识分子挑衅者”。

那么艺术家是如何看待艾维斯的作品——从机器的想象中浮现出来的梦幻图像的呢？“大多数人都觉得简直难以置信，他们声

1 参见https://www.artistinthemachine.net/art-music-images/ 中Figure 10.4。

称这些图像不可能是由计算机绘制的。”艾维斯说。有时，他们将这些作品当作弗朗西斯·培根（Francis Bacon）或马克·罗斯科（Mark Rothko）的作品。“不，它们都是由计算机生成的。”他告诉他们。艾维斯希望“这些图像能引发关于我们自己的工作方式，以及机器是否具有创造力的哲学讨论”。他确信他们最终会成功的。

Pix2Pix算法：图片填充

Pix2Pix算法允许将科学与艺术融合在一起，从而提供一种以刺激的、情绪化的和引人入胜的方式显示数据的手段。

——菲利普·伊索拉（Phillip Isola）

“将一个图像转换为另一个图像……就像在语言之间进行翻译，例如英语和法语的互译。它们是同一世界的两种不同表现形式。”菲利普·伊索拉说。

伊索拉和他的同事发明了生成对抗网络的一种变体，他将其称为“条件生成对抗网络”（CGAN）。使用它是有条件的，因为他们没有使用随机噪声来启动生成器，而是使用实际图像对其进行条件设置。他们不是通过将大量的图像输入鉴别器来训练它，而是使用成对的图像，例如一个场景的黑白图像和同一场景的彩色图像。然后，他们将新的黑白场景图像输入生成器中。最初，鉴别器拒绝新场景图像，所以生成器会给它着色。换句话说，输出取决于输入，这就是生成对抗网络的全部意义。伊索拉称该条件生成对抗网络的算法为“Pix2Pix”，即将像素转换为像素。这种将一种图像转换为另一种图像的算法所需要的训练数据集比其他监督学习算法所需要的要少得多。

正如伊索拉所说：“所有这些计算机视觉中的小问题只是从像素到像素的映射。”风格转换是将一幅图像的风格转移到另一幅图像上，例如创建一个具有 “毕加索风格”的图像，而Pix2Pix算法则走得更远。就像发明风格转换的莱昂·加蒂斯一样，伊索拉对认知，即我们如何看诗事物也很感兴趣。

作为一名研究生，伊索拉学习了认知科学，这是一门高度跨学科的学科，包括计算机科学、心理学和神经科学。他得出了结论：研究人类思维的一个好方法是制造“像我们一样思考”的机器。这让他回到了他在大学时学习的计算机科学领域。

Pix2Pix就像魔法一样。“是的，”伊索拉对此热情地表示同意，他继续说，“实际上，这不仅是一个‘数学’问题，还提供了一个新的探索空间。” 但是，要使艺术家可以访问Pix2Pix，需要构建一个接口，以便他们可以直接从GitHub在线存储库中使用它。

克里斯·黑塞（Chris Hesse）的作品给伊索拉留下了特别深刻的印象。克里斯·黑塞将1000对图像输入鉴别器中,每对图像都包含一只猫的照片和同一张照片的轮廓。然后，他构建了一个界面，允许用户上传一只猫的草图。网络填充了粗糙的草图，最后创建了一张看起来像猫一样的生物的照片。

黑塞称他的创作为 “edges2cats”，即将轮廓转换为猫。[1]该界面本质上是一个黑箱：用户不需要了解Pix2Pix的数学原理，就像作

1 参见https://www.artistinthemachine.net/art-music-images/ 中 Figure 11.1。

家不需要了解圆珠笔的工作原理一样。

克里斯·黑塞的作品风靡一时。借助edges2cats，用户可以制作图像并实时查看它的变化。黑塞还使用了包含5万双鞋子和13.7万个手提包的数据库，这个数据库里面只有轮廓图，结果也生成了类似照片的图像。[1]

伊索拉说："Pix2Pix算法让那些可能没有必需的运动技能和技术技能的人能够表达自己的创造力。它允许将科学与艺术融合在一起，从而提供一种以刺激的、情绪化的和引人入胜的方式显示数据的手段。" 他认为Pix2Pix算法是针对艺术家开发一个用户友好界面的第一步。就这样，Pix2Pix算法开辟了新的艺术前景，艺术家们以"我们从未想象过的方式"使用Pix2Pix。

伊索拉和他的同事朱俊彦（Jun-Yan Zhu）乐观地认为，机器也许有一天会具有创造力，但我们离实现这个目标还有很长的路要走。他们对AlphaGo的新版本AlphaZero感到兴奋，该版本仅添加了游戏规则，而没有任何之前的游戏样本。他们认为这是"另一种层面的机器智能"。朱俊彦补充道："路途遥遥无期，但在宇宙历史上，它正在发生。这是具有历史意义的时刻。"

马里奥·克林格曼用Pix2Pix换脸

我真的迷上了Pix2Pix。

——马里奥·克林格曼

1 参见https://www.artistinthemachine.net/art-music-images/ 中Figure 11.2。

对于发明“X度分隔”的艺术家马里奥·克林格曼来说，Pix2Pix算法的出现恰逢其时。当时他正在寻找新的领域，他说：“我可以独处一段时间。”他坚信，对机器进行训练所需的材料是培养其创造力的关键，并着手探索如何澄清或增强图像。通过使用Pix2Pix算法，他为计算机提供了数千对图像，每一对中都有一张图像和这张图像的模糊版本。然后，他放入任意一张模糊的图像，Pix2Pix算法便对其进行了锐化。

他说：“为了恢复丢失的信息，机器必须发挥创造力。”结果有些“诡异、疯狂”，算法生成的是以前从未见过的面孔。它们恰恰来自一台机器的创意。克林格曼称这个过程为变革，他解释道：“在绘画者和数字信息之间的某处，新的人工制品产生了。”

克林格曼基于Pix2Pix算法可在面部周围标记的特点，建立了一个由68个局部点组成的系统。这些局部点描绘出关键的面部结构，当将其映射到一张照片上时，计算机就可以识别并确认为特定的面孔。这些面部标记包括眼角、脸部轮廓、鼻子、下巴、嘴巴等，所有这些都可以通过算法生成。为了获得数据，克林格曼将人物照片和简化为面部标记的相同图像一起输入。[1]

接下来，他根据自己的照片输入了面部标记的图像，并多次运行输出图像。他说：“在输出的图像中，我的脸已经所剩无几。”[2]

克林格曼对Pix2Pix算法的主要应用是他制作的令人不安的视

1 参见https://www.artistinthemachine.net/art-music-images/ 中 Figure 11.3和Figure 11.4。

2 参见https://www.artistinthemachine.net/art-music-images/ 中 Figure 11.5。

频。在视频中，法国歌手弗朗索瓦丝·阿迪（Françoise Hardy）的脸变成了凯莉安·康威（Kellyanne Conway）作为唐纳德·特朗普（Donald Trump）的总统顾问首次出席新闻发布会时的脸。康威的声音从哈代的嘴里冒出来，声称特朗普当时的白宫新闻发言人肖恩·斯派塞（Sean Spicer）"提供了另一个事实"。斯派塞为特朗普在就职典礼上关于人群规模的谎言进行了辩护。

为了制作这段视频，克林格曼从YouTube上下载了20世纪60年代哈代的音乐视频。然后，他使用面部标记检测来创建成对的面部标记图像，并将这些标记图像和原始视频帧一起输入网络。接下来，他从康威的采访镜头中提取了她的面部标记，并将它们输入经过训练的机器中，将两张脸融合在一起。克林格曼称这段视频——《替换面孔》（*Alternative Face*）为"假新闻"的缩影。

2018年，克林格曼获得第七届流明艺术与科技大奖赛的金奖。这是人工智能作品第一次获得该奖。

在有关创造力的问题上，克林格曼断言，我们人类无法做到这一点，因为我们只是在别人所做的基础上工作，而机器可以从头开始创造。这是一个令人惊讶和着迷的说法。但是，他觉得有一天机器会解放我们。他说："我希望机器能有不同的创造力，打开不同的门。"他认为他的作品是朝这个方向迈出的一步。

安娜·里德勒与《厄舍古厦的倒塌》

对我来说，输入已成为创造性行为。

——安娜·里德勒

艺术家安娜·里德勒的作品都是与记忆、叙述和表演有关的。她对Pix2Pix算法的各种可能性非常着迷，其中包括仅使用少量图像就能对神经网络进行训练的事实。她对来自ImageNet等图库的大量图像感到担忧，这些图像通常必须输入机器中进行训练。她感到自己无法完全控制这些材料，也担心其中可能存在性别和种族偏见。她想使用自己的数据集，而Pix2Pix算法能够满足她的需求。

她决定使用自己的图像翻拍1928年的无声电影《厄舍古厦的倒塌》（*Fall of the House of Usher*），该片改编自埃德加·爱伦·坡（Edgar Allen Poe）的短篇小说。这是一个关于腐烂与毁灭、生与死的可怕故事，其中包括爱伦·坡最喜欢的情节——一个人被活埋。她告诉我："这是一个恐怖的故事，有很多关于人工智能和恐怖的话题。"

她认为机器学习可能会增强电影的信息。由Pix2Pix算法产生的东西完全是出乎意料的，例如一张照片的分解版本。

里德勒从影片的前4分钟中取出200帧，然后用钢笔和墨水重画了每一帧。她的理由是数字信息是纯粹和清晰的，而墨水却很难控制，它具有熵的无序度。在物理学中，熵是无序和衰变的度量。同样，墨水是易分散的，容易吸附和流失。

她用由她的图画和电影中的实际剧照组成的对照图对鉴别器进行了训练。然后，她将整个电影中的每一帧都输入Pix2Pix算法中。算法根据它认为每一帧应该跟随的图像类型，按照她的艺术风格创作了一部有点抽象的电影。接下来，她将生成的每一帧都重新用墨水绘制，并将绘制的图像插入Pix2Pix算法的下一个循环中，从而生成更多抽象的图像。机器开始出现错误，画面上出现了黑色、白色和灰色的斑点，熵值开始变高。就像爱伦·坡原著里的故事结局一样，事物几乎完全衰败了。其结果是对爱伦·坡的作品做了高度原创性的诠释——一系列越来越抽象的幽灵般的图像，并配以令人毛骨悚然的背景音乐。这也是对记忆和错误的沉思。

里德勒在牛津大学学习英语和文学，然后转向计算机科学，并在英国皇家艺术学院取得了信息体验设计的硕士学位。她将对绘画、文学和技术的热爱融入到了她的作品中。在人工智能作品中，这三个部分是融合在一起的。“我认为人工智能是在尝试给你展示一些东西。你可以把自己的绘画作品作为输入材料，并允许其提出一些建议。”

里德勒认为：“机器不可能成为艺术家。你能说我的画笔是一位艺术家吗？它们没有创造力。”

她的灵感来自豪尔赫·路易斯·博尔赫斯的小说《特隆、乌克巴尔、奥比斯·特蒂乌斯》（*Tlön, Uqbar, Orbis Tertius*）。在这个故事中，博尔赫斯挑战了小说与非小说之间的界限，并质疑什么是真实的，什么是不真实的。里德勒的作品让我们不禁要问：哪一部才是真正的电影？是原始画面，还是Pix2Pix算法生成器在潜在空间中产生的画面？

毫无疑问，博尔赫斯享受多维的潜在空间，即我们发挥想象力的空间。

CycleGAN算法将马变成斑马

朱俊彦做了很多事情，运用了很多数学思想，并且做了非常专业的工作，构建了能够制作精美图像的系统。

——伊恩·古德费洛

在与菲利普·伊索拉合作开发Pix2Pix算法时，朱俊彦开始考虑是否可以让它更通用一些。例如，能将夏天场景的图像变成冬天的吗？根据Pix2Pix算法的要求，很难找到相对应的图片组，而且几乎不可能找到在完全相同的位置上与斑马的图像完全匹配的马的图像。但是，如果向神经网络输入未配对的图像会怎样？如果各图像之间不存在对应关系呢？为什么不简单地给计算机提供许多诸如马/斑马、夏天/冬天之类的图像呢？朱俊彦将此新版本的算法称为“Pix2Pix CycleGAN”。

Pix2Pix算法的基本操作方法与将句子从英语翻译成法语的过程非常相似。但现在，朱俊彦希望“将法语翻译回英语”，其结果必须是完全相同的英语句子。这需要一些约束条件，以防止计算机从随机的马的图像中生成随机的斑马图像。朱俊彦对算法进行了修改，一次又一次地运行该循环。他尝试将一匹马的图像插入到几幅未配对的斑马图像中。经过多次循环，这匹马的图像变成了斑马图像。

朱俊彦用略带中文口音的英语清晰而简洁地表达自己的观点。受计算机图形学的启发，他在10岁左右开始编写代码。他的另一个兴趣是画中国画，它要求精确的笔触和鲜艳的色彩。但是对于科学，他始终热情如火。他在高中时学习数学和几何学，在大学学习计算机科学。在那里，他将计算机科学与图形和艺术相结合。

生成对抗网络的发明者伊恩·古德费洛指出：“我和朱俊彦都想成为漫画家，相似的情况使得我们都从事机器学习方面的工作。”

像大多数人工智能研究人员一样，朱俊彦具有很强的竞争意识，这就是吸引他加入生成对抗网络的原因。他告诉我：“这是双人博弈的思路。”其中，鉴别器和生成器彼此争夺上风。

朱俊彦和他的同事们还尝试将CycleGAN应用于绘画。他们提出：克劳德·莫奈（Claude Monet）在画风景时究竟看到了什么？他们将莫奈的风景画集和Flickr网站中的许多随机风景照片输入系统。结果表明，CycleGAN可以实现双向转换，比如从莫奈的画到类似照片的风景图像，或者从风景照片到类似莫奈风格的图像，就好比从斑马到马，或者从马到斑马。[1]

目前，CycleGAN仅适用于同一基础世界的两种不同表现形式的图像集，如马/斑马、风景照片/莫奈风景画等。但是，即使是拙劣的结果也能提供有用的信息。比如，朱俊彦和他的同事们试图将一个人骑在马背上摆出一副男子气概姿势的照片转换成骑着斑马的照片，结果连人像身上也被添加了斑马条纹。

问题是，即使用没有骑手的马与斑马的图像来进行转换，效果也还是不理想。当他们试图将狗变成猫时，图像上出现了看起来很奇怪的动物，反之亦然。伊索拉说：“这个想法虽然失败了，但是很有趣。”

作为一个研究如何取得突破性发展的例子，CycleGAN的开发背

1　参见https://www.artistinthemachine.net/art-music-images/ 中 Figure 12.1。

景非常有趣。在撰写论文时，朱俊彦感到不安，因为Pix2Pix限制了它可以使用的数据范围。

伊索拉也感到不安。他告诉我："尽管Pix2Pix的结果确实很棒，但它们有些简单和无聊。当发表论文时，你真的想要有一些新的东西，这样不仅可以炫耀你的新结果，还可以增加一些轰动效应。"

朱俊彦的想法引起了人们的注意，他们试图将CycleGAN的原始版本引入Pix2Pix中，但当时无法实现。该团队决定忽略它，并表示："Pix2Pix本身就是一个巨大的贡献，让我们充实起来并做好下一个。"

CycleGAN为艺术家打开了新的视野，提供了更多的自由，因为它消除了查找配对图像的困难。

马里奥·克林格曼与CycleGAN合作

> 我的一般方法是使用生成对抗网络（尤其是Pix2Pix或CycleGAN）将一种表现形式转换为另一种表现形式。
>
> ——马里奥·克林格曼

毫无疑问，马里奥·克林格曼是早期探索CycleGAN创作可能性的艺术家之一。他首先将在互联网上找到的男性黑白照片输入他的CycleGAN中，然后放入一组彩色的女性自拍照。当他输入20世纪20年代的一张穿着白色衬衫的男子的黑白照片时，奇怪的图像出现了。然后，他通过另一个CycleGAN对其进行处理，训练机器将人的脸变成玩偶的脸。最后，他将这一结果与他训练过的用来处理被刮伤或损坏的照片的Pix2Pix模型合并在一起："缺陷艺术，随机的疯狂图像，可能它们的像素也被改变了。"其结果是一张既令人惊讶，又有点令人不安的新奇图像。[1]克林格曼使用推特账号发布了所有这些图像。

"深梦"、风格转换、生成对抗网络、Pix2Pix和CycleGAN之后的下一步可能是什么？伊索拉和朱俊彦表示，他们正在寻找可以代表更一般图像的系统，而不仅仅是马和斑马。他们希望创建一种算法，该算法可以 "获取未经处理的原始数据，并找到有趣的视觉模式，以一种使艺术家或科学家可以更好地理解它的方式来组织数据"，然后使用诸如t-SNE等算法对数据进行归类，并再次使用t-SNE算法将多维空间扁平化为二维空间。"然后，你可以释放莫奈的画作中所有的内容要素。"到目前为止，他们的许多尝试都失败了。但是，伊索拉说："有些事情目前虽然进行得不那么顺利，但足够有趣。"

创意对抗网络

我真的认为，要提高人工智能水平，你必须研究人们如何理解艺术。

——艾哈迈德·埃尔加马尔（Ahmed Elgammal）

1　参见https://www.artistinthemachine.net/art-music-images/ 中 Figure 12.3。

出生于埃及的计算机科学家艾哈迈德·埃尔加马尔的使命是：想办法让机器创造出新的、令人兴奋的艺术品——与现有艺术品的风格不尽相同，也不会被认为是怪诞的，而且可以与当代伟大艺术家的作品相提并论。

高中毕业后，埃尔加马尔不得不在考古学、艺术史和计算机科学之间做出选择。他虽然决定在亚历山大大学学习计算机科学，但从未放弃对艺术和历史的热爱。作为一名研究生，他结合自己的兴趣研究计算机视觉——计算机以类似于人类视觉的方式来处理图像，就像“深梦”背后的卷积神经网络那样。

埃尔加马尔坚信，艺术和工程学是同一枚硬币的两面，可以将机器所能做的事情的范围扩展到游戏或驾驶汽车以外的领域。作为罗格斯大学计算机系的教授，他在2014年建立了艺术和人工智能实验室，致力于在数字人文领域中推进人工智能技术。

最初，该实验室训练机器来区分不同的艺术风格，例如区分文艺复兴时期和巴洛克时期的艺术。为此，他们使用了WikiArt数据集。这是一个庞大的在线收藏库，收集了1400至2000年间的1119名艺术家的27种不同风格和45种不同类型（包括室内设计、景观和雕塑）的81449张美术作品——基本上涵盖西方艺术的全部经典作品。他们还补充了一些信息，包括所用的笔法，以及视觉相似性，比如哪些艺术家影响了其他哪些人。

埃尔加马尔和他的同事们继续探索创造力，他们试图通过回顾艺术史并建立一种算法来对每幅画的创造力进行评分，从而对创造力进行量化。他们的判断基准是一幅画相对于早期艺术作品的新颖程度，以及它在激发新流派进一步创作方面的影响力。该算法发现，毕加索于1907年创作的《亚威农少女》激发了一种全新流派的形成，即立体主义流派。这证实了他们算法的准确性。埃尔加马尔说，这样的结果意味着艺术史上的许多事件都可以用艺术的视觉方面来解释，而不仅仅是象征意义和社会背景，这与许多艺术史学家的看法相矛盾。

埃尔加马尔对风格如何随着时间推进而演变产生了兴趣。他将此与他认为的人工智能当前的趋势相联系，即从我们已经看到的图像中生成图像，例如用艺术史上的数千幅图像训练机器。他说："这在我看来很愚蠢，因为艺术不仅仅是产生看起来像艺术的东西。" 他想到了风格转换和生成对抗网络，前者是将一幅风景照片转换成毕加索风格的图像，后者是生成器试图产生与鉴别器所受训练的图像相似的图像。

他认为，艺术家应该放弃已经过时的艺术风格，并尝试新的艺术风格来引起观众的兴趣。他将此称为风格的"唤醒潜力"。这项新艺术应该是新颖的、令人惊讶的、复杂的、模棱两可的和令人困惑的。但是如果作品太新颖，观众可能会产生反感。富有创造力的艺术家必须小心行事。

法国画家塞尚就是一个例子，他在19世纪末至20世纪初从印象派艺术的自然主义出发，利用光影和色彩的短暂效果，发展出一种基于抽象品质和象征性内容的有立体主义倾向的风格，并同时进行了透视实验。由于塞尚后来脱离了印象派，他的作品受到了当权者的批判——尽管像毕加索这样的年轻艺术家十分赞赏他的才华。塞尚的作品是立体主义流派和20世纪艺术发展的基石。根据埃尔加马尔的分析，塞尚的风格既新颖又富有创造力，但没有极端到令人反感的程度。为了说明他所说的令人反感的意思，埃尔加马尔引用了“深梦”的迷幻图像。

埃尔加马尔和他的团队着手将其方案计算机化，并想办法让机器发展出一种新颖且具有创造性的风格。他们在生成对抗网络的基础上设计出了一种变体，将其称为创意对抗网络（CAN）。像生成对抗网络一样，创意对抗网络具有两个神经网络：一个是鉴别器（D），一个是生成器（G）。鉴别器已利用WikiArt数据集训练过，并学会了区分艺术和非艺术。生成器是未经训练的，处于纯噪声状态下的潜在空间中。

刚开始时，生成器向鉴别器发送图像，鉴别器拒绝并将其视为非艺术品。生成器开始了解鉴别器所不喜欢的东西，并根据鉴别器的评估调整其权重，生成更多艺术风格的图像。鉴别器也可以利用它的“艺术风格分类”功能检测图像的风格。当它发现图像符合特定的风格时，就会启动一个叫作“风格模糊”的功能，推动生成器生成风格不同于WikiArt数据集中所有风格的作品，换句话说，就是生成全新的原创的东西。

埃尔加马尔设置神经网络要解决的问题是要找到一种不同于训练集所涵盖的风格。但是，训练集所提供的图像涵盖了几乎所有的西方艺术流派。最后，在没有任何人为干预的情况下，机器依靠抽象来解决问题。这有两种可能的解释：要么是数据偏向抽象；要么正如埃尔加马尔所说，“机器已经捕捉到了艺术史的轨迹，它正趋向于抽象”。他选择了第二种。对于人类和机器艺术家而言，趋向抽象似乎都是很自然的。

埃尔加马尔的目标是进行视觉图灵测试，看看观众是否可以分辨出艺术品是由机器还是由人类艺术家创作的。大多数人都可以将机器艺术与人类艺术区分开。那么，与创意对抗网络创作的作品相比，哪种艺术才是最好的呢？埃尔加马尔和他的团队选择了1945至2007年间抽象派画家创作的25幅画作，并将其作为一组。艺术爱好者可能对其中的大多数非常熟悉，它们没有可识别的主题。第二组是2016年巴塞尔艺术展上展出的当代艺术家的25幅画作。经艺术机构评估，这些可以被视为现代艺术界的巅峰之作。埃尔加马尔和他的团队将创意对抗网络作品、抽象派作品和巴塞尔艺术展上的作品摆在了18名观众面前，这些观众来自“土耳其机器人”（Mechanical Turk）——亚马逊的一个众包平台。

结果令埃尔加马尔十分震惊。观众认为创意对抗网络作品中有53%的作品是由艺术家创作的，而抽象派作品中这一比例是85%，巴塞尔艺术展上的作品中这一比例则为41%。换句话说，对于公认的非专业的观众来说，超过一半的创意对抗网络作品看起来像是人类想象力的产物。

但是，创意对抗网络作品真的可以被视为艺术品吗？埃尔加马尔向另外21位观众询问了他们与3组画作互动时的感受。他们是否觉得这幅画是故意刻画的？他们看到“创意结构”了吗？这幅画向他们传达信息了吗？他们受到作品的启发了吗？埃尔加马尔原本预计创意对抗网络作品的评分会远低于真实艺术家制作的艺术品。实际上，创意对抗网络作品的评分更高。似乎非专业的观众确实认为创意对抗网络作品是艺术品。

下一个问题是，机器形成的新艺术风格是不是风格模糊功能打开的结果。创意对抗网络研发团队求助于一群喜欢新颖的作品和精通美学的艺术史专业的学生，请他们评估创意对抗网络生成的两组成对图像。其中一组是在风格模糊功能关闭的情况下生成的，因此它们与WikiArt数据集（即符合西方艺术规则的数据集）的风格一致；另一组是在风格模糊功能打开的情况下生成的。埃尔加马尔问他们哪些图像更新颖，哪些图像更美观。超过一半的人认为在风格模糊功能打开的情况下生成的创意对抗网络图像更新颖，并且有60%的人认为它们也更美观。

埃尔加马尔的作品在媒体上获得的好评远远超过“深梦”。在2017年法兰克福书展上，他受邀展出创意对抗网络作品。很多艺术家十分欣赏这些作品并拍照留念，询问是哪位艺术家的作品。埃尔加马尔告诉他们这是人工智能艺术作品，并解释了他运用的方法。令他惊讶的是，艺术家们没有做出负面反应。相反，他们将埃尔加马尔的机器视为可以与之交流的另一位艺术家。“这是最终的认可，是我可以获得的最终信号，”埃尔加马尔说，“一位艺术家欣赏它并与之交流。”

未来，埃尔加马尔希望艺术家能与创意对抗网络合作，他们也许可以提出一些可供机器探索的创造性想法。“我想知道如果毕加索生活在21世纪会发生什么。”他的目标是进一步了解人类如何创造艺术，然后用机器进行模拟。但就目前而言，他不相信机器能够真正具有创造力。

目前，埃尔加马尔的机器除了能形成风格概念之外，对艺术没有意义上的理解。换句话说，它不理解主题，当然也无法讨论它所产生的抽象形式的可能含义，例如，它们是荣格原型吗？但是在不久的将来，机器将能够扫描卷积神经网络，并了解我们所生活的世界的关键特征。通过这种方式，它们将“学习”主题、对象、希望与梦想、爱与恨。

埃尔加马尔还将英国计算机专家西蒙·科尔顿（Simon Colton）提出的创造力标准应用到他的工作中。该标准包括新颖性和系统评估自身创造力的能力。埃尔加马尔总结说，他的系统满足这两个要求。创意对抗网络中两个系统之间的相互作用迫使它探索创作空间，因为它试图偏离鉴别器所接受的风格，但仍创作出被鉴别器判断为艺术的作品。

埃尔加马尔说：“如果机器将来能够发挥创造力，就必须由它自己来判断。”

“但这是艺术吗？”：生成对抗网络进入艺术市场

艺术品市场准备好接受人工智能创作的作品了吗？

——内奥米·雷亚（Naomi Rea）

2018年10月，纽约佳士得拍卖行有史以来第一次拍卖了一件由人工智能创作的作品，具体来说，就是由生成对抗网络创作的艺术品。对于这幅名为《埃德蒙·德·贝拉米肖像》（*Portrait of Edmond de Belamy*）的画作[1]，拍卖行给出的估价为7000~10000美元。最后，它以惊人的432500美元卖给了一位匿名电话竞拍者。

1　参见https://www.artistinthemachine.net/art-music-images/ 中 Figure 14.1。

这幅作品描绘的是一位身着深色外套、白色衬衫的贵族绅士，但是绅士的某些特征是模糊的，他好像从另一个维度凝视着观众。该作品的落款是由生成对抗网络的签名程序完成的，并不是某位艺术家。

该作品的创作者是一个叫作“Obvious”的法国团队。为了做到这一点，他们将WikiArt数据集中的15000幅经典肖像（创作于14到20世纪之间）输入生成对抗网络中，然后让生成器自由地创建肖像，以使鉴别器误以为它们是真正的艺术品。当生成对抗网络生成了一幅看上去颇为古典的肖像画时，他们停止了这个过程。机器最后完成了11幅成品。所有这些画作里的人物都来自虚构的贝拉米家庭。贝拉米是法语“bel ami”[1]的谐音，这是对生成对抗网络的发明者伊恩·古德费洛的致敬。

该事件引起了媒体的强烈反响，并在舆论界引发了很多争议。一连串的文章似乎宣称，人工智能终于诞生了，它可以生成真正的艺术品，佳士得拍卖行的拍卖证明了这一点。记者们宣称这是第一件由人工智能创作的艺术品，“从美学和概念上讲，足以引起艺术界的关注”。其争论点在于，生成对抗网络与“深梦”不同，可以用于生成全新的风格截然不同的画作。

Obvious的成员表示，他们是概念艺术家，其目标是使生成对抗网络普及，并使人工智能创作的艺术合法化。他们将人工智能与相机进行了比较，后者在19世纪首次发明时似乎是作为一种科学仪

---

1 这个词翻译成英语为“good fellow”，即好伙伴，而伊恩·古德费洛的名字为“Ian Goodfellow”，所以说这是一种致敬。——译者注

器，直到后来才逐渐显露出其艺术潜力。他们称自己是生成对抗网络研究的先驱，并以“创造力不只属于人类”为座右铭。

佳士得拍卖行的版画和复制品负责人理查德·劳埃德（Richard Lloyd）认为，此次拍卖会揭示出有关艺术和创造力的根本问题。艺术品一定要由人创作才有资格成为艺术品吗？他说：“每个人对艺术品都有自己的定义。如果人们认为它充满了情感，鼓舞人心，那么它就是一件艺术品。”

甚至在拍卖会之前，一位名叫尼古拉斯·劳杰罗–拉塞尔（Nicolas Laugero-Lasserre）的艺术品收藏家就已经直接从Obvious团队那里购买了11幅肖像画中的1幅——人工智能创作的《德·贝拉米伯爵》（*Le Comte de Belamy*）。他在2018年2月以约12000美元的价格买下，该画作展示了一位衣冠楚楚的贵族绅士，其面部特征是模糊的。

但是，这一事件在人工智能界引起了极大的愤怒。许多从事人工智能研究的人质疑为什么选择了这种特殊的作品，指责Obvious团队仅仅是营销人员，并且认为他们只是作品的推广者，而不是真正的艺术家。

马里奥·克林格曼在使用生成对抗网络创造艺术方面做了开创性的工作，他说：“几乎每个在这一领域认真工作的人都难以置信，他们不敢相信Obvious团队会如此缺乏判断力，并质疑佳士得的拍卖决定。”

尽管有人夸大其词，但这并不是人工智能艺术品第一次被拍卖。如前所述，2016年2月，灰色地区艺术基金会举办了一场拍卖会，之后还举办了其他几场拍卖会，其中包括在新德里的一个画廊举办的名为“梯度下降”的团体展览。这场展览展出了本书中提到的几位艺术家的作品。所有这些都有助于确立人工智能艺术的流派。

当人工智能进入艺术领域时，会出现一些棘手的问题：艺术品到底是谁的？是艺术家，还是机器？谁拥有版权？

要想了解这方面的版权问题，可以参考贝尔实验室的A.迈克尔·诺尔的事例。如前所述，他在20世纪60年代初创作了第一批计算机艺术作品。当他尝试申请版权保护时，美国国会图书馆拒绝了，声称由计算机生成的作品不能被视为艺术品，因为计算机只能进行数字运算。诺尔坚持认为，计算机输出的作品是由人类编写的程序产生的。美国国会图书馆最终松口，使诺尔的作品成为第一批受版权保护的计算机艺术作品。

诺尔的程序很简单，他以随机的方式将通过高斯分布产生的点从上到下连接起来。相比之下，生成对抗网络更复杂。最重要的是，生成对抗网络会评估它们的作品，拒绝某些作品而接受其他一些作品。有些人认为人工智能只是一种工具，就像摄影师使用相机拍照，然后使用Adobe Photoshop修改图像。哈佛大学法学院网络法律研究所的助理主任杰西卡·弗杰尔德（Jessica Fjeld）断言：“人类与当今人工智能技术的创造和培训的各个方面都息息相关，在明天和可预见的未来，这种情况将继续存在。”就像我在本书中所展示的那样，人工智能并不一定总是被视为艺术家、音乐家和作家的工具。我猜想，在不可预见的未来，凭借自身的能力，机器将被视为艺术家、音乐家和作家。

莫扎特的父亲教儿子音乐，但这并不能使他成为莫扎特音乐的创造者。教导我们的老师能因我们的发现邀功吗？随着时间的流逝，这将越来越清楚地体现在计算机领域。生成对抗网络就是一个很好的例子，说明了可能会发生什么。

“绘画傻瓜”

> 如果你不是在讨论艺术和创造力之类的术语，那么你就不是在谈论艺术或创造力。
>
> ——西蒙·科尔顿

“绘画傻瓜”（Painting Fool）是一个人工智能软件，西蒙·科尔顿希望它能够被当作一个独立的、有创造力的艺术家。

当你为了得到自己的肖像画而端坐在屏幕前时，“绘画傻瓜”会向你致意：“谢谢你成为我的模特。”像任何人类艺术家一样，“绘画傻瓜”也有情绪，这取决于它当天在《卫报》（*The Guardian*）上阅读的文章。通过其软件，它会对文字进行情感分析，从而变得高兴/非常高兴，抑或悲伤/非常悲伤，接着继续反思或实验。它还会阅读其他期刊，提取影响其情绪的短语。在某种程度上，它是在寻找灵感。

在某个时间点上，它可能心情不好，以至于会拒绝给你画肖像。如果决定继续下去，它将使用神经网络进行面部识别，评估你的表情（微笑、悲伤或其他），还会将你的表情与表示心情的形容词相关联。附加软件将形容词转换为顺序图形。通过进一步扫描你脸部的图像，“绘画傻瓜”可以从1200种绘画风格中进行选择，另外还有9种表达方式，包括模拟铅笔、蜡笔和颜料等。它会在2~3分钟内勾勒出脸部轮廓，然后填充。如果该软件正在模拟使用丙烯颜料，则该过程可能需要15分钟，因为丙烯颜料需要更长的干燥时间。然后，“绘画傻瓜”通过神经网络传回完成的肖像，以检查它是否已捕捉到你的长相和想要的面部表情。如果没有，那这个程序就会再走一遍。

然后它开始根据其心情来创建背景。它可以从上千幅抽象绘画作品中进行选择，并通过计算投射出不同的情绪，再经过将情绪与面部联系起来的图像过滤器，从而产生大约900万种选择。除此之外，“绘画傻瓜”还会选择最合适的背景图像。[1]科尔顿对背景图像的场景中实际上并不存在的东西感到惊讶。这可以被视为软件具有想象力的证据吗？

如果机器心情不好，而拍摄对象坚持要画像怎么办？结果可能是一张带有笑脸的背景柔和的画像，也可能是一张用灰色而不是鲜艳的蜡笔绘制的画像。该软件甚至已经得出结论，如果它想创造某种迷幻的东西，就不应使用灰色的阴影。“不过我可没有教过它这个。”科尔顿说。

科尔顿是法尔茅斯大学的数字游戏技术教授，以及伦敦玛丽女王大学的计算创造力、游戏和人工智能教授。对于他来说，这些是相互联系的。他通过观察和建立不同学科之间的联系来进行思考。

1 参见https://www.artistinthemachine.net/art-music-images/ 中 Figure 15.1和Figure 15.2。

在与他的谈话中，他会举一些艺术方面的例子，包括对机器创造力的思考，在这方面他是专家。

作为一名研究生，科尔顿创建了一种可以产生数学定理的算法，他称其为“HR工具”——以伟大的数学家G. H.哈代（G. H. Hardy）和斯里尼瓦瑟·拉马努金（Srinivasa Ramanujan）的姓氏首字母命名。当他将其设置为将两个数字相乘，并在10分钟后将结果返回机器时，该机器发现了某些神秘的数学特性。科尔顿认为：“如果一个孩子发现了这一点，我们会把他描述为有想象力的（或者至少是有创造力的）孩子。”但在这种情况下，为什么不说机器也具有想象力呢?

为了探索机器在艺术方面的创造力，科尔顿开发了 “绘画傻瓜”这个软件。他将其描述为艺术项目，而不是科学项目。他想探索机器的意图：机器实际上是否真的打算以特定方式绘制一幅肖像? 他还想知道是否可以说该软件正在“挣扎”。

他没有专门为“绘画傻瓜”创建模仿自己的品位和意见以使一幅画令人愉悦的程序，而是想创建一种真正显示意图，并且像人类艺术家一样“挣扎”的软件。

一旦机器开始运作，科尔顿不知道机器阅读了哪些文章，也不知道它是否会选择使用铅笔、蜡笔或颜料。他声称：“这已经改变了很多人关于该软件只是微缩版的我的想法。”他以艺术家哈罗德·科恩著名的绘画软件AARON为例。AARON会按照一定的构图规则将科恩输入的图像组合在一起来创建一种拼贴画。换句话说，AARON是以创作者的风格作画。

科尔顿将他的HR工具整合到了“绘画傻瓜”中，这使它能够寻找新的数学方法来塑造最终的作品。在某种程度上，HR工具允许“绘画傻瓜”编写新软件。科尔顿将其描述为软件在“挣扎”，就像人类艺术家所经历的一样。尽管该软件是由科尔顿创建的，但“绘画傻瓜”的艺术品出自它自己的见解。

当机器将你的肖像呈现给你时，背面会出现评论，以描述它当时的心情，它想要达到的效果，以及它已经达到的效果。通常，科尔顿让机器选择自己的审美标准，让它自由权衡各种选择，包括心情和制作图像的方法，而无须任何人工干预。他只在作品要在画廊展出时才参与策划。

科尔顿认为，试图确定机器生成的艺术品是否会被误认为是人类的创作品的图灵式测试，实际上是在问一个错误的问题，使人们觉得机器的创造力不过是模仿人类的创造力。当然，我们想超越这一点。巴赫和毕加索已经完成了自己的创作并且形成了自己的风格。在开发更复杂的机器的第一步中，创建生产类似于他们风格的作品的系统可能会很有用，但最终，当新的、更先进的机器上线时，甚至可能没有必要这样做。机器是基于硅的生命形式，很可能会创造出我们无法想象的绘画、文学和音乐等作品。

科尔顿对深度神经网络持批评态度，因为该神经网络需要大量材料来创作绘画作品。他说：“对世界的了解越多，想象力就越贫乏。很难想象大数据项目会带来有想象力的发明。在‘绘画傻瓜’项目中，我们对模拟与创造力相关的特定行为更感兴趣，例如想象力、欣赏力和意向性。”

科尔顿认为，大多数人并未拥有一件艺术品或一幅自己的肖像画，而许多人都想要拥有，但是它们需要花费大量的资金。他接着说："将来软件可以填补这方面的空白，机器很可能会为大众制作有趣且负担得起的艺术品。同样，当人们看到计算机的创造力时，就会意识到人类创造力的重要性；实际上，这将鼓励他们提高个人的创造力。"

到2018年底，由于维康信托基金会的公众参与基金的支持，"绘画傻瓜"成为世界上第一位入驻卡迪夫大学大脑研究和图像中心的"数字艺术家"。在那里，它每天绘制一幅画，包括对大脑扫描的可视化和对大脑数据的解释。

在一年的入驻期间，科尔顿一直致力于进一步开发该机器。他希望它学会改变自己的绘画创作过程，找到自己想要的材料，并进行描绘，同时能够回答为什么画了一幅画，以及是什么促使它阅读特定的报纸文章。总的来说，他希望它与作为程序员的自己之间能有更少的联系。因此，他尝试着让计算机自主创作，创作出他从未想象过的画。另一位著名的机器创造力研究专家安娜·约尔丹诺斯透露，像泰特美术馆这样的地方已经开始认真对待"绘画傻瓜"了。

综上所述，尽管科尔顿创造了"绘画傻瓜"，但它创作的画作是它自己的，没有进一步的人工干预。它也对自己的画作进行评估。当然，这两种特质都可以被视为机器有创造力的表现。它甚至是有情绪的。也有人认为神经网络并未真正活在现实中，它无法感知这个世界，因此无法拥有我们认为的创造力所必需的经验要素。对此科尔顿反驳道："当机器在描绘主题时，它的体验就被其软件记录下来，就像视觉图像冲击我们的视网膜并记录在我们的大脑中一样。"

科尔顿还认为，将计算机绘画与人类绘画进行比较是没有必要的。他坚信应该从一开始就承认这些是机器创作的作品，我们应该

"为能够创作出这些作品的人工智能感到骄傲并大声宣扬，然后，人们就可以自然接受这些由计算机创作的绘画作品了"。

机器人艺术家

我们就像过去的炼金术士一样，被对知识的热情所驱使。

——霍德·利普森

在艾萨克·阿西莫夫（Isaac Asimov）的小说《我，机器人》（*I, Robot*）中，检查员询问机器人是否曾经将画布变成杰作。机器人反问："你有过吗？"正是这种交流激发了霍德·利普森开始研究机器人。

作为哥伦比亚大学创意机器实验室的负责人，利普森在开发"有自我意识"的机器人方面做了大量工作。他开发了可以推导复杂方程式从而提高研究水平的软件，还开发了具有简单结构形式的机器人。这些机器人可以复制可用的零件，并且在无人工干预的情况下随着时间的推移而自行学习。但是他的私人爱好是开发一种绘画机器人。他现在已经研制出三款绘画机器人：SEURAT、Pixasso和PIX18。他与他当时教的研究生卡洛斯·阿吉拉尔（Carlos Aguilar）一起研制了第一款绘画机器人SEURAT。

这种机器人由一个铰接式机械臂、一个数字绘画模拟器组成，该模拟器可以预测如果在画布上绘画会是什么样子。除此之外，它还有一种算法，用以指示机械臂以正确的笔触复制给定的图像。利普森向绘画机器人展示了一幅数字图像，它会分析并以实际的笔触在画布上作画进行复制。他不时地暂停该过程，并剔除那些与原始图像相距太远的图像。最后，机械臂能绘制出令操作员满意的图像。

由PIX18机器人绘制的帆布油画《眼泪》（*Tear*）相当震撼，其灵感来自罗伊·利希滕斯坦（Roy Lichtenstein）的《受惊的女孩》（*Frightened Girl*）。[1]

自阿吉拉尔毕业之后，利普森一直无法说服另一位研究生参与他的机器人艺术项目。利普森说："工程师应该回避艺术。如果攻读的是工程学学位，你会希望你的简历上写的是设计火箭等严肃的工作。但是，如果你写的是参与了画油画，也许连工作都找不到。因此，这是我自己做的一个项目，几乎只是作为一种爱好。"利普森的第二款绘画机器人Pixasso在他的地下室画了巨幅画作。

移居纽约后，他制造了PIX18。利普森坚信，计算机具有意识并可以发挥创造力。"正如摄影术的发明驱使喜欢冒险的艺术家创造出印象主义一样，人工智能也将推动艺术界产生新的艺术形式。"利普森说。

他想把创造力的天平几乎完全转移到计算机上，这样最终它就能用自己的想象力描绘出自己的生活经历，这要求机器也要有情感。"为什么创造力是人文主义的最后堡垒？"他问。

利普森说："生成对抗网络绝对是机器创作自己的作品的必由之路。"生成对抗网络还包括内部评估系统，以消除机器生成艺术品时大量涌出的多余材料。利普森推测："最终机器制造的艺术品

1　参见https://www.artistinthemachine.net/art-music-images/ 中 Figure 16.1。

对我们来说将是无法理解的，但那不会是一千年以后了。”

机器人艺术变得越来越流行。除了利普森的绘画机器人创作的作品外，德国的机器人联合实验室也创作了大量的绘画作品；捷克机器人艺术家费德里科·迪亚兹（Federico Diaz）则创作出巨大而壮观的雕塑作品。

在伦敦，有帕特里克·特雷塞特（Patrick Tresset）和他的素描机器人“保罗”（Paul）。“保罗”是一个连接在老式课桌上的机械手，课桌里面存储着它的“大脑”——一台笔记本电脑。它的手臂上握着一支笔，还有一个带有相机的“头”——可以用来观察并拍照。然后“保罗”开始工作。该过程类似于利普森的机器人工作的过程，只不过“保罗”用来评估其进度的图像是特雷塞特自己绘制的。该软件旨在模拟艺术家描绘人脸时所涉及的感知和认知过程。

特雷塞特告诉我，在“保罗”为我画素描时我绝对要坐直。一直保持这样的状态感觉不太舒服，于是我动了一下。“保罗”则继续，这对它并没有影响。特雷塞特用他那别扭的法语承认，当“保罗”的相机移动时，让受试者静静地坐着是“有点戏剧性”，其实相机只需要看你一眼就够了。

看到教室里“保罗”们一起忙碌地工作，这是相当令人愉悦的。特雷塞特对它们进行编程，让某些“保罗”渴望工作，而另一些则显得犹豫和害羞。他说：“通过这种方式，我超越了艺术的范畴，创造了触动人心的‘戏剧’小片段。我想说的是，我受到了雅克·塔蒂（Jacques Tati）、塞缪尔·贝克特（Samuel Beckett）和安托万·德·圣-埃克苏佩里（Antoine de Saint-Exupéry）的启发。”特雷塞特告诉我，画廊付给他的机器人的钱与付给表演者的一样，而且机器人表演的门票很快就被预定一空。

最近的实验表明，正如人们所预料的那样，当计算机被安置在看起来像人类的机器人中时，人们往往更喜欢欣赏计算机创作的艺术品，这表明它有和我们一样的头脑。特雷塞特的机器人“保罗”就是这种情况。人们倾向于在机器人画肖像画的时候待在房间里，而不是离开一会儿然后回来看完成的作品。似乎了解创作的过程对我们欣赏机器人创作的艺术品很重要，因为此时机器人具有人类的特征。

但特雷塞特坚持认为机器不可能具有创造力，真正的艺术是由人类完成的，机器人创作的图画不是艺术。

第 3 章

创作音乐的机器：将“节奏”融入“算法”

我们想探索、开发可以学习如何生成绘画和音乐作品的算法，从而让它们自行创造引人入胜的艺术内容。

——道格拉斯·埃克

2016年8月，谷歌的“洋红”项目团队发布了一段音乐，他们声称这是有史以来第一首完全由计算机创作的乐曲。当然，它是第一首由未经任何编程的计算机创作的乐曲。这首乐曲曲调很简单，但是再加入一些打击乐的话，确实会很吸引人。

为了推动这一进程，“洋红”项目的负责人道格拉斯·埃克将大约4500首流行乐曲全部数字化后输入他的计算机中，然后设定了四个基调：两个C调和两个G调。最后计算机创作了它的小旋律。

像所有艺术形式一样，音乐也需要规则。如果音乐没有边界，没有结构，那它只是噪声。传统意义上，边界是编写乐谱的规则，实际上也是一种算法。正如卡尔斯鲁厄艺术与媒体中心首席执行官、著名的视频和声音艺术家彼得·魏贝尔（Peter Weibel）所说：“从一开始就有音乐算法。”令人兴奋的是，这意味着可以对音乐进行编程。

除了以通常的方式创作音乐外，总有一些方法可以随机组合乐谱，例如，通过掷骰子将现有乐谱中的小节作为原材料进行组合，但是必须仔细选择音乐片段，以免使用无法根据作曲规则相互衔接的音符或小节。掷骰子的音乐游戏在18世纪很流行，许多作曲家都玩这种游戏，如J. S.巴赫的儿子C. P. E.巴赫以及莫扎特等，他们以这种非传统的方式作曲。他们还给了外行人创作音乐的机会，因此可以被视为机器创作音乐的先驱。

到了20世纪，掷骰子被马尔可夫链所取代，后者是一种控制事件链的统计过程。这里的事件（例如下一个音符）仅取决于上一个音符。就作曲而言，这意味着根据规则给计算机编程，以防止出现不和谐的音符或小节。1957年，莱杰伦·希勒（Lejaren Hiller）与化学家、作曲家莱昂纳德·艾萨克森（Leonard Issacson）合作，使用马尔可夫链和作曲规则对伊利诺伊大学的ILLIAC计算机进行编程，使该计算机生成了一份弦乐四重奏乐谱，他们将其称为《伊利亚克组曲》（*Illiac Suite*）。这可能是有史以来第一份由机器谱成的乐谱。次年，作曲家伊阿尼斯·泽纳基斯将马尔可夫链应用到数百个磁带片段上，创作了两段曲子，他将其称为《模拟A》（*Analogique A*）和《模拟B》（*Analogique B*）。

加利福尼亚大学圣克鲁兹分校的名誉音乐教授大卫·柯普（David Cope）率先大规模应用马尔可夫链来创作能忠实体现特定音乐风格——例如巴赫、肖邦（Chopin）和柯普本人的风格——的乐谱。

到了21世纪，配有神经网络的计算机可以从巴赫的乐谱中学习巴洛克音乐的作曲规则，并自行计算出一个音符出现在另一个音符之后的概率，这正是“洋红”项目设置计算机以令其产生小旋律的方式。

“洋红”项目：人工智能创作自己的音乐

我们可以使用机器学习来创作引人入胜的绘画和音乐作品吗？如果可以，怎么才能做到？如果不可以，为什么不行呢？

——道格拉斯·埃克

作为谷歌“洋红”项目的负责人，道格拉斯·埃克找到了一种在工作中将他的两种爱好（人工智能和音乐）结合起来的方法。他是一个开放、直率的人，在13岁时就对计算机产生了兴趣。他说：“我来自计算机软盘时代，但从未想过自己会成为计算机领域的人。”尽管如此，他还是十分擅长编程。

像许多跨人工智能和艺术领域工作的人一样，埃克的职业发展轨迹非同寻常。作为印第安纳大学的本科生，他学习了英语文学和创意写作，但找不到良好的就业机会。之后，他成了一名程序员，这是他从未计划过的职业。作为新墨西哥州阿尔伯克基市的一名年轻的数据库程序员，他对机器拥有创造力的可能性产生了兴趣。他同时也是一位音乐家。他喜欢在那里的咖啡馆里用钢琴或吉他演奏朋克民谣。在24岁时，他发现自己对数据库编程感到厌倦，转而对音乐产生了浓厚的兴趣。他说：“两者的交集是什么？我这么问自己。也许我可以把它们放在一起。因此，我对自己说，‘去做人工智能和音乐吧’。”

埃克是一名自学成才的程序员，之前没有接受过人工智能方面的培训，因此他于1994年申请攻读印第安纳大学的计算机科学和认知科学专业。在那儿，他遇到了一位杰出的教授——侯世达（Douglas Hofstadter），《哥德尔、艾舍尔、巴赫：集异璧之大成》（*Gödel, Escher, Bach: an Eternal Golden Braid*）的作者——并请求与他合作。埃克边回忆边说：“这是接近这位大师的一种极其不合适的方式。但我还是这么做了，这就是我的工作方式。”经过一年对数学的学习，埃克正式开始研究生课程的学习。不过，最终他没有和侯世达继续合作，因为侯世达不相信人工智能已经成熟到能够制作创新性音乐的程度。侯世达对人工智能仍保持这种看法。

在印第安纳州，埃克与从事认知科学的研究人员合作，使用电子设备来探索我们如何感知节奏，以及是什么让我们的脚跟着节奏敲打节拍。“我就是这么做的，”他说，这是他的口头禅，“我开始研究音乐认知和计算机，从来没有回过头。”

在瑞士卢加诺的达勒·莫尔人工智能研究所，他研究如何利用神经网络作曲，这种神经网络受过一种在比波普爵士乐中流行的十二小节蓝调的训练。音乐和文学一样，有叙事结构，有起始、中段和结尾，主题在其中反复出现，进展也并非呈现出简单的线性变化。机器在这方面存在问题，因为许多机器都是采用同一种体系构建的，这使得它们很难记住以前发生的事情。埃克开始着手解决这个问题。

他的研究建立在递归神经网络（RNN）上，该网络是在20世纪80年代神经网络尚处于起步阶段时开发的。递归神经网络并不像其他神经网络一样在前馈过程（比如作曲）中解决问题，它并非总是着眼于下一步，也可以后退几步或进入反馈循环，这意味着它有一种记忆。过去的决定可能会影响它对新数据的响应。这避免了马尔可夫链的限制——仅在一个方向上移动，即只能前进。

但是，如果权重（神经元之间连接的强度）未在反馈回路中得到完美的调整，则递归神经网络很容易失去对过去的了解。如果权重设置得太高，系统会变得亢奋，并在疯狂学习中崩溃；如果权重设置得太低，则递归神经网络就永远不会记住任何真正有趣的东西。

1997年，塞普·霍克赖特（Sepp Hochreiter）和于尔根·施米德胡贝（Jurgen Schmidhuber）发明了长短期记忆网络（LSTM）。长短期记忆网络通过控制递归神经网络产生的结果并将它们保存在缓存中，从而保护递归神经网络免遭内存丢失的影响，就像我们的大脑在处理进程时所做的那样。

在2002年，埃克和施米德胡贝在早期努力的基础上，将递归神经网络存储器单元转换为长短期记忆单元，目的是建立一个稳定的音乐发生器。但是当时神经网络没有足够多的隐藏层，也没有足够多的数据用来训练。结果，机器只能产生单调的即兴重复乐段或杂乱的音符。

埃克于2010年加入谷歌。他渴望应对将人工智能和音乐结合起来的挑战。其他研究人员，例如创建风格转换的莱昂·加蒂斯，也正在尝试将机器学习与艺术结合起来。埃克十分钦佩的弗朗索瓦·帕谢在人工智能和音乐方面也做了同样的事情。他回忆道："人们已经开辟了自己的空间，我们所有人都有足够大的空间。"他认为机器有通过深度学习生成绘画和音乐作品的可能性，并因此受到鼓舞。谷歌凭借其深度学习研究项目"谷歌大脑"（该项目于2011年在加利福尼亚州山景城启动），在人工智能方面处于独特的位置。（深度学习机器可直接从数据中学习，比如图像的绘制方法或围棋的技巧，而不需要使用特定算法进行编程。）

“我们可以使用机器学习来创作引人入胜的绘画和音乐作品吗？如果可以，怎么才能做到？如果不可以，为什么不行呢？”埃克向谷歌公司的领导层提出了一个名为“洋红”的项目提案，以解决这些问题。

只有在有界限、准则、限制因素（约束）的情况下，创造力才能被激发出来，就像你必须先明确鞋子的种类、价格范围和目标市场，才能为鞋子设计广告一样。埃克的约束条件是将“洋红”项目与“谷歌大脑”及其深度学习设施结合在一起，在端到端的每个步骤都将机器学习与深度神经网络相结合；换句话说，这台机器可以在创作的每个步骤中进行自学。这种极简主义方法在谷歌图像识别，以及几年后的语言翻译和声音分析的开发上都取得了巨大的成功。

在“洋红”项目中，他们使用的程序都是开源的，包括TensorFlow，这是谷歌在GitHub上研发的扩展软件库。埃克认为，“洋红”项目是TensorFlow与绘画和音乐领域之间的黏合剂。它汇集了程序员、艺术家和音乐家，以建立模型来生成声音、图像和文字。目前，埃克专注于音乐。他说：“我的整个职业生涯都是关于音乐和音频的。”但是，他坚持认为，“洋红”项目的范围始终涵盖绘画、故事及音乐。

目前，“洋红”项目的目标是为画家、音乐家和计算机提供一个创造性的反馈循环。埃克说：“艺术和技术总是共同发展的。”他提到了二十世纪五六十年代的吉他手莱斯·保罗（Les Paul）和吉米·亨德里克斯（Jimi Hendrix）。莱斯·保罗是美国爵士乐、乡村音乐和蓝调吉他手，是实心电吉他的先驱者之一，也是Les Paul Standard（电吉他界的圣杯）的发明者。这种吉他能弹奏出非常甜美的声音，任何曾经演奏过它的人——包括基思·理查兹（Keith Richards）和其他传奇吉他手——都证明了这一点。

亨德里克斯拿起莱斯·保罗吉他，并突破了它的极限，他将其音调调高，以至于产生了极大的失真效果，将声音带入了另一个境界。同样，摄影最初是为了捕捉物理现实而开发的，但是摄影师很快就为此付出了代价，一些胶片出现了扭曲、过度曝光的情况，导致照片无法使用。就像亨德里克斯那样，将声音调制到失真的程度，实际上破坏了乐器的原始声效。

对埃克而言，在“洋红”项目中，大多数情况下工程师更像莱斯·保罗，而艺术家更像吉米·亨德里克斯。“洋红”项目存在的本质是在人类和人工智能之间建立一个创造性的反馈循环，以增强人类的创造力。目前，完全拥有自主创造力的机器不在埃克的考虑范围内。他说，他不想退后一步，看着机器创造艺术。他的目标是使用很酷的技术来提高我们的创造力。

“洋红”项目启动并运行后，埃克开始迈出他的第一步：让机器作曲。其结果就是生成了本篇开头所描述的小旋律，这是第一首完全由计算机编写的音乐，没有经过任何编程。如前所述，埃克首先输入4500首流行音乐，计算机从中学习编写这种特殊类型音乐的规则；然后，他给计算机设定了四个基调：两个C调和两个G调。最后，计算机通过乐器数字接口（MIDI）合成器（连接电子乐器和计算机）合成了一段92秒的旋律，并添加了打击乐，以使其创作的音乐更有节奏感。

当计算机创作小旋律的消息被媒体争相报道，并宣称这是世界上第一首由机器创作的旋律时，埃克感到非常震惊。实际上，埃克使用计算机创作音乐引起了轰动。来自多伦多的歌星尼克·帕奇（Nick Patch）写道：“计算机作曲的时代终于来临了，即使第一首由机器编写的乐曲听起来像是世嘉创世纪经典合集的电话配乐。”《星报》（*The Star*）甚至邀请了三位音乐家和一位歌手，让他们以自己的风格对该旋律进行即兴演奏。

纽约音乐教授瑞安·克贝莱（Ryan Keberle）抱怨道：“我发现计算机创作的曲调缺乏音乐深度。”其实这并不奇怪，他表明了许多人的态度。尽管它是由计算机产生的旋律，但它并不像乍一听起来那么简单。长短期记忆网络使得一些变化成为可能。

第一次音乐创作冒险中其实遇到了很多问题。埃克说：“这台机器并不真正理解音乐时间。它只演奏四分音符，而不是基于注意力创作音乐。”换句话说，神经网络并不能将乐谱中的某个特定部分分离出来，并仅专注于该部分，而是将注意力分散到乐谱的不同部分，以及围绕乐谱发生的一切。

埃克还意识到，计算机创作的曲调完全缺乏表现力：它始终是平淡无味的。为了突出缺少的内容，他对计算机进行了编程，以生成贝多芬的《月光奏鸣曲》（*Moonlight Sonata*）。他将计算机连接到一台电子钢琴上，让钢琴根据MIDI接收的机器创作的乐谱进行演奏。（MIDI设备也可以从计算机输出乐谱。）演奏是完美的，但完全缺乏感情。然后，一位钢琴家坐在同一架钢琴前，用相同的MIDI乐谱演奏相同的乐曲。但是他自然地调整了按键的压力，使用了踏板，并带入了自己的个性和情感。正如埃克所说："演奏者正在讲述一个乐谱中没有的故事。这个故事源于表演者、乐谱和真实世界的结合。"

那么，接下来的挑战是找到一种方法来开发一种可以创作出更具表现力的音乐的机器。"洋红"项目的两名工程师伊恩·西蒙（Ian Simon）和萨吉耶夫·奥尔（Sageev Oore）——后者是古典钢琴家和爵士音乐家——致力于此，他们开发了Performance RNN算法软件。"这是一种基于长短期记忆网络的递归神经网络，旨在模拟生成富有表现力的节奏和动态的复调音乐。"

为了创作Performance RNN版本的《月光奏鸣曲》，他们利用美国明尼苏达国际E钢琴比赛的数据集训练神经网络，并输入由MIDI设备捕捉到的杰出钢琴家的约1400场演奏。萨吉耶夫·奥尔弹奏一个与MIDI相连的键盘，该键盘将输入内容转换为数据（数字），以构成算法的原始材料。当钢琴演奏者按下琴键和松开琴键时，MIDI会发出音符开启指令和音符关闭指令。MIDI数据包括音符的音调、音量，以及按下琴键的力度。

由此，西蒙和奥尔利用计算机生成了包括音符和动态的小节序列。然后，他们通过改变初始数据，增加每次演奏的时长，并将音高最多改变一个大三度（例如，从C调到E调）来对计算机算法进行扩展训练。

利用这些数据，他们将机器设置为以10毫秒为一步生成音乐，从而在音符的计时方面展现出更多的表现力，并添加了四分音符和十六分音符的混合节奏，以赋予音乐多样性和意义。与早期旋律的原始结构相比，计算机这时能在几秒钟的间隔内运用更多音符，从而形成更适合乐谱的高密度音符。随着表演时间变长，长短期记忆网络存储了以前的内容。

为了控制模型的输出，西蒙和奥尔使用了温度参数，该参数决定了机器输出的随机性。在温度参数为1的情况下，机器会随心所欲地生成任何旋律。降低温度会降低随机性，这往往会导致旋律的重复；升高温度则会导致音符的随机爆发。

最后，生成的有趣音乐只持续了30秒左右，然后开始失去原始的结构。然而，这种极简主义方法却是朝正确方向迈出的一步：创建一个完全在数据库中训练而不是通过编程完成的神经网络，即端对端训练的神经网络。对埃克来说，结果是令人兴奋的。机器不仅能生成音符，还能做出决定，并且确定音符的演奏速度和音量。

最近，埃克和他的同事们一直在寻找一种能够生成更长的音符序列的方法。在2018年底，他们推出了“音乐变形器”（Music Transformer）。埃克将其描述为“音乐神经网络创作方面的真正突破”。

Performance RNN不仅会在几秒钟后退化，而且几乎会立即忘记输入的主题。“音乐变形器”可以在训练过的音乐背景下播放，并且保持输入主题不变。这更接近音乐家的实际做法。实际上，“音乐变形器”产生连贯音乐所需的时间是Performance RNN的两倍以上。用专业术语来说，Performance RNN只能访问经过神经网络训练的音乐的特定部分，而“音乐变形器”可以访问所有音乐，同时还会注意主题。埃克和他的同事们将“音乐变形器”视为音乐家探索形成一系列特定主题的各种可能性的一种方式。“音乐变形器”以肖邦的《黑键练习曲》（*Black-Key Étude*）为主题演奏就是一个令人鼓舞的例子，机器在即兴演奏的同时保持了它的完整性。

作为“洋红”项目的负责人，埃克一直在思考创造力。我问他机器是否可以凭借自己的意志创造艺术品。他的第一反应是：“我今天早上在骑车时也想到了这个问题。这是很好的问题。这是我在入睡或喝苏格兰威士忌时都会想到的事情。”

他接着说，当前的政治气氛使他想到了反乌托邦小说，例如乔治·奥威尔（George Orwell）的《动物农场》（*Animal Farm*）和《1984》。我们离开发出一台能够产生此类作品的计算机还有多远？他承认，这似乎遥不可及。“但是谁知道呢？”他不知道机器什么时候会有（在我们看来是）真正的意志。当机器这样做时，人们会质疑这是否真的是意志，对此唯一的答案是大卫·费鲁奇在被问及IBM Watson是否能思考时给出的答案：“潜水艇会游泳吗？”每当机器显示出创造力的微光时，人们就会提高所谓创造力的标准。

埃克说，要改变这种状况，需要几代人的努力。今天，我们拥有虚拟的流行歌手，例如日本的初音未来（Hatsune Miku），这是一个拥有成千上万名粉丝的音源库。年轻人对于创造力的概念不那么墨守成规。的确，它的计算机特性使初音未来备受欢迎。

围棋爱好者对AlphaGo及其不可预测的走法的反应让埃克深受鼓舞，特别是围棋社区称这台机器为“她”，并称赞AlphaGo在与李世石第二场比赛中的关键走法“漂亮”。他们没有落入这样的陷阱：“嗯，如果她是人类制造的，那肯定很美。”在这里，埃克说：“我们可以明确地把美归于机器。”

埃克认为，创作音乐时在计算机上设限将有助于确保它创作出我们可以欣赏的作品。他举例说明了序列主义，这是阿诺德·勋伯格（Arnold Schoenberg）在20世纪初以十二音技法——基于半音音阶上的12个音（每个音都比其相邻的音高或低一个半音）——为基础开创的，而这种限制反而创造了新的表达自由。埃克说，这是一种有趣的音乐创作方式，但是人们根本没有能力去欣赏它。由此他得出结论，我们欣赏声音的能力存在局限性。“所有的事情都有了小小的飞跃。音乐不可能只花了一代人的时间就从莫扎特的表现形式转变为‘性手枪’乐队的表现形式。”他认为，由于我们自己认知的局限性，由具有创造力的机器生成的音乐与我们能够想象的音乐截然不同，人们会发现它是刺耳的，就像勋伯格最初的序列音乐那样，直到他对其进行了修改。

埃克给出的对创造力施加限制或约束的必要性的另一个例子是他所负责的“洋红”项目。“当我创建‘洋红’项目时，很明显必须有一些限制因素。对我来说，限制因素使我深信深度学习是机器学习领域中一场富有成果和有趣的革命，它将深度神经网络与递归神经网络和强化学习联系在一起。”他告诉我。换句话说，他有一个明确的计划，而不是简单地考虑人工智能中的所有内容。受此启发，他与“谷歌大脑”的工程师合作创建了“洋红”项目，并将其与谷歌的软件库和机器学习框架TensorFlow绑定在一起。他还选择利用端对端的学习方式，因此计算机本质上是通过馈送数据来进行自学的，而不需要其他外部输入。这是谷歌花了20年的时间才完成的非常成功的翻译项目的基础。“最后证明我们做对了，”埃克说，“这就是我们正在尝试的处理音乐的方式。”

从WaveNet和NSynth到Coconet：音乐制作历险记

WaveNet：从语音到音乐

由于WaveNet算法可对任何音频信号进行建模，因此我们认为也可以尝试用它生成音乐，结果应该会很有趣。

——亚伦·范·登·奥尔德（Aäron van den Oord）

数十年来，科学家一直致力于合成语音。最初，他们将整个语音库分解成音素（声音单位）和语素（语言单位），以及与每个字母有关的发音规则，一起输入一台机器。于是，一个合成的声音出现了，这个声音听起来相当机械。

这是DeepMind研究人员决心完成的挑战之一。他们没有将图像放入卷积神经网络中，而是将语音样本分割成以10毫秒为单位的片段，然后转换成数字。通过这种方式，机器学习的不是像早期语音合成那样的语法规则，而是语音的基本结构，例如哪些音调更可能跟随在哪些音调之后，以及真实的语音波形是什么样的。当机器得到文本时，它会创造出比以往任何方法都更逼真的语音。它能够完全模仿人类的声音。谷歌将这个新算法命名为“WaveNet”，并于2016年9月对外公布。

与语音一样，音乐也是声波，因此谷歌的研究小组尝试从音乐方面入手研究也是很有意义的。谷歌的科学家在算法中输入了数百小时的古典钢琴音乐，然后将声波分割成细小的片段，神经网络将其转化为可以让计算机生成所需的内容的原始素材。最终计算机生成了一些令人着迷的钢琴作品。

致力于研发Performance RNN的工程师兼钢琴家萨吉耶夫·奥尔仔细地检查了计算机生成的音乐片段。首先，他用耳朵聆听，构思如何让这些片段之间连接更加平滑，以增加听众的感触。然后，他演奏了计算机编写的乐谱。演奏相当艰难，由于机器的运转速度太快，有些乐谱不适合钢琴弹奏，比如一些音符和和弦的特殊组合。有时，这种音乐让萨吉耶夫·奥尔想到了俄罗斯作曲家亚历山大·斯克里亚宾（Alexander Scriabin）的开创性成果，他成功影响了伊戈尔·斯特拉文斯基和谢尔盖·普罗科菲耶夫（Sergei Prokofiev）等人。如果这台机器是一个人，我们会说它极富创造力。

遗憾的是，旋律几秒钟后就消失了，最大的问题是如何保持这种创造力。

NSynth：创造前所未有的声音

> 音乐的意图是通过声音进行交流。
>
> ——杰西·恩格尔（Jesse Engel）

与此同时，杰西·恩格尔和他在谷歌的团队正在通过他们研发的NSynth进行神经音频合成的实验，他写道：“允许你在成对的乐器之间插入内容，以创造出新的声音。”该团队首先输入了大约30万个利用一千多种乐器以不同的音调和音量演奏的带有标签的音符，让人工神经网络学习。

然后，他们插入了两种声音，例如长笛和风琴的声音。这就是他们的“魔法”的关键所在。他们将音乐分解为小片段，并按数字进行编码，从而将音乐转换为数字。然后他们将这些数字输入计算机，其中长笛和风琴的编码混合在一起。该机器经过配置可以播放只有长笛或风琴的纯净声音，但现在它还产生了我们从未听过甚至无法想象的声音，即产生了长笛和风琴即使一起演奏也无法形成的声音。

可能性是无限的。你可以用猫的“喵喵”声代替风琴，然后将“喵喵”声和长笛声融合在一起。因此，NSynth使音乐家能够用声音演奏，并尝试大胆的新音乐。杰西·恩格尔说：“NSynth不仅仅是一种算法。这是一种我可以演奏的乐器，它不仅是新颖的，还可以鼓励人们表达创作。”NSynth可以由音乐家或其他任何人使用，即使他们对人工智能知之甚少。这是人工智能提高创造力的一个很好的例子，目前 “洋红”项目处于最佳状态，是人工智能和音乐家之间沟通的桥梁。

第一步是训练神经网络以理解现有的音乐，并按照相同的思路进行创作。但是，更令人兴奋的是，它使我们能够创造出从未有过的声音，并创作出与以往不同的音乐。第二步是它自己开始创作音乐，这些音乐反映了它截然不同的创作过程。

使用人工智能创作音乐的另一种方式是通过谷歌的AI Duet软件，这是一种交互式乐器，可以让你与计算机进行二重奏。神经网络已经被输入了许多音乐样本，因此它可以理解音符和节奏，这意味着它可以对你演奏的任何一种曲调做出反应。

作为 “洋红”项目的一部分，杰西·恩格尔同意必须始终有一个 “参与其中的人”。问题是如何最好地发展计算机与人之间的关系，以激发最大程度的创造力。杰西·恩格尔说：“‘洋红’项目的研究人员对具备自主创造力的计算机并不特别感兴趣。”

这使得埃克在 “洋红”项目的最初课题上——92秒的旋律——更具冒险精神。

Coconet：填补空白

人工智能音乐——这一代人痴迷于巴赫。

——道格拉斯·埃克

机器从开始到结束是以线性方式创作的，而作曲家通常在灵感迸发时以更零散的方式开始创作。在蒙特利尔大学任教的谷歌研究人员道格拉斯·埃克和黄成之（Anna Huang）提出了一种帮助作曲家完成作品的方法。

他们专注于巴赫的众赞歌。巴赫的音乐对音乐家和人工智能的研究人员而言都是一个巨大的挑战。最大的挑战是如何为他的高度结构化的对位法建模，使音符相互作用来产生两个或多个旋律。

埃克和黄成之的想法是“将绘画工具带到音乐中”，这符合“洋红”项目的精神。他们从卷积神经网络开始，但没有以传统的方式提供视觉图像，而是以巴赫创作的整个素材为基础：382首由女高音、女低音、男高音和男低音组成的四声部合唱。

他们还使用了基于生成对抗网络的上下文编码器。这类似于一个艺术家根据上下文（即建筑物的其余部分）推导出建筑物丢失部分的图像。挑战在于要考虑上下文，而不是简单地复制上下文。类似地，上下文编码器在被输入了一组有关建筑物外墙的图像后，有时可能以令人惊讶或富有想象力的方式生成整个画面。

但是，埃克和黄成之没有生成“缺失的建筑物的外墙”，而是从巴赫的作品中删减一个音符，然后让计算机从原始数据中推断构建出缺失的声音部分，就像利用周围的元素重建建筑物外墙缺失部分的图像一样。其余的声音为计算机生成的声音提供了“上下文”。埃克和黄成之称他们的模型为“Coconet”——卷积对位法。

埃克说：“关键是要注重旋律，虽然这并不完美，但很有趣……更像巴赫而不是巴赫。”

会即兴创作歌曲的计算机

你如何创作出一首引人入胜的歌曲，一首能够回荡在你和成千上万人脑海中的歌曲？

——弗朗索瓦·帕谢

当我向弗朗索瓦·帕谢问及他对接下来的研究有何展望时，他回答说：“当我走不动的那天我会停止工作，并听听由我开发的技术所创作的歌曲。”

帕谢是使用人工智能演奏音乐的先驱者之一，尤其是机器即兴演奏。他是一名科学家、作曲家，也是巴黎Spotify创新技术研究实验室的主任。

帕谢最初是一名音乐家，曾就读于著名的巴黎国立高等音乐学院，并在那里专攻吉他。后来，他在波士顿的伯克利音乐学院继续深造，学习爵士乐和即兴演奏。他说：“爵士乐和即兴演奏就像运动，它们是使你保持头脑清醒的活动。”他将即兴创作比作一场对话，对话由一个人开始，并由另一个人来完结。

除了音乐之外，帕谢还有一个爱好，就是工程学。他在巴黎第六大学（也称皮埃尔和玛丽·居里大学）学习，一直到1997年，他都是人工智能专业的助理教授。之后，他在巴黎的索尼计算机科学实验室工作，在这里他终于将他的两个爱好结合在一起，建立了一个探索人工智能和音乐的团队。

帕谢着手解决的难题是如何让计算机即兴发挥，并使其以相同的风格做出响应。为此，他决定使用基于马尔可夫链的马尔可夫模型来实验。回顾一下，马尔可夫模型仅根据以前的事件来预测紧随上一个音符之后最有可能出现的音符，这是帕谢工作的核心。

帕谢发现，马尔可夫模型比神经网络更简单、更容易控制。他说，神经网络相较马尔可夫模型计算速度不够快，而马尔可夫模型虽然功能没那么强大，但更具创造力，尤其是在音乐家和计算机一起即兴演奏时。

2003年，帕谢开发了一种可以和音乐家一起即兴演奏的系统。他将其称为“继承者”（Continuator）。音乐家首先在连接MIDI的钢琴上弹奏几个乐句，然后由MIDI将音符传送到“继承者”。“继承者”的学习模块逐个学习输入的音符，将其组合为乐句，然后将每个乐句依次发送到乐句分析器，以提取模式并形成数据库。然后，机器会用自己生成的一些乐句回应音乐家。因此，该系统可以立即学习，并且以与音乐家相同的风格演奏，而无须进行编程。

它立即响应了音乐家的即兴演奏，并用一个新的乐句证明了帕谢提出的即兴创作即对话的观点。有时演奏者会对机器的回应感到惊讶。

帕谢内置了约束程序，因此“继承者”可以对即兴演奏或者意想不到的和弦变化做出反应。其中，算法需要权衡并做出选择，要考虑选择与钢琴伴奏的匹配程度，而不是严格遵循马尔可夫链。

然后，他进行了音乐图灵测试，以评估 “继承者”是否成功。他邀请了两位音乐评论家对钢琴演奏者演奏的时间以及机器接管的时间进行测评。在大多数情况下，他们无法区分钢琴演奏者和机器。

“继承者”也可以通过编程来为钢琴家伴奏，从和弦序列数据库中选择最和谐的和弦乐谱。

但是，对于帕谢来说，开发 “继承者”是第一步。他认为深度神经网络在面部识别、医学诊断和围棋等定义明确的领域很有用，但是在艺术领域（这一领域的问题定义不太明确，比如什么样的歌曲才是一首好歌）的成功率较低。他想解决的最大问题是如何使人工智能不仅能够回应人类音乐家，还能创作音乐。

流机器

为此，帕谢开发了流机器（Flow Machine）。他受到美国心理学家米哈里·契克森米哈赖（Mihaly Csikszentmihalyi）的“心流”概念的启发。心流是指当一个人全神贯注于他所从事的活动时，感觉时间和地点似乎都消失了的心理状态。他们忘记了自己在哪里，也不知道已经过去了多久。要做到这一点，必须在来自工作的挑战和人的能力之间取得完美的平衡，这既不太难，也不太容易。

对于帕谢来说，高水平的创作者通过发展自己独特的风格来应对他们面临的挑战。观众通过这种风格可以立即辨识他们的作品。流机器使作曲家可以通过提高能力来面对挑战，从而形成一种新风格。它与音乐家并肩作战，为他们提供了一种新的创作方式。流机器的数据库由功能谱和标准原谱组成，但音符已数字化。音乐家可以像作家通过文字处理器打字一样，将乐曲直接写在空白的五线谱上，然后在计算机上播放。

流机器使用马尔可夫模型分析其数据库中的音符和乐句序列，并识别其模式，然后按照相同的风格将新的乐曲写在五线谱上。但是，问题在于找到可以处理较长音符序列的马尔可夫模型比较困难，“继承者”只能处理短期序列。

为此，这里需要一点数学魔法。帕谢是马尔可夫模型方面的专家。他采用了马尔可夫链并通过数学运算引入限制，这样他就可以控制乐谱的结构，同时优化音符与音符之间的接续模式。他将这些限制条件称为“马尔可夫约束”。

马尔可夫约束可识别模式。计算机计算某些和弦、旋律和节奏出现的概率，并利用这些概率来生成新的变化。这样，帕谢可以将音乐作为计算对象进行操作，同时保留其音乐风格。他可以按照某种风格重新编排乐谱，例如贝多芬《欢乐颂》（*Ode to Joy*）的波萨诺瓦管弦乐编曲，或根据披头士乐队的风格随机编排的音符，然后选择音符、和声。

一个基本目标是将创造力与风格联系起来。对于帕谢来说，风格是将伟大的作曲家、作家和画家与其他人区分开的要素。人们通过模仿他人的风格来发展自己的风格。

伯努瓦·卡雷（Benoît Carré）曾为约翰尼·哈利戴（Johnny Hallyday）和弗朗索瓦丝·阿迪写过歌，并且是流机器项目的艺术总监。他向我展示了流机器的工作原理，这是一个令人着迷的过程。流机器的数据库中有13000首乐曲，主要是爵士乐、西方流行音乐和巴西音乐，这些乐曲基于和声创作，可以简化为音符与和弦。首先选择音乐的节奏和音符，然后选择一种风格，例如美国作曲家乔治·格什温（George Gershwin）和爱德华·肯尼迪·艾灵顿（Edward Kennedy Ellington）的乐曲风格。一旦机器创作了旋律，你就可以进行编辑合成了。

2016年9月，流机器发行了第一张唱片《爸爸的车》（*Daddy's Car*），这是由人工智能创作的第一首完整歌曲。这是一首欢快、乐观的歌曲，改编自披头士乐队的精选歌曲，并由卡雷作词。在此阶段，机器所能做的就是将基本音调组合在一起。卡雷提供了所有修饰要素——和声、乐器和歌词等。

帕谢喜欢"风格冷冻"一词，其意思为在扭曲的时间中固定风格。他认为，在未来，通过使用诸如受约束的马尔可夫模型之类的算法，人们能够让巴赫式音乐重生，并按照他的风格进行演奏，或者创作出那些作曲家会认可的巴赫和莫扎特风格的变奏曲。他们的音乐不应该被冻结，而应该反映出他们的演奏所处的时代。

帕谢说："好音乐必须由人类创造，因为机器无法分辨好与坏。人有意图，而机器无法控制它们的行为。"对于"洋红"项目所能生成的简单旋律，他同意机器可以创作音乐的观点，但他补充说：“问题是它们不能产生非常有趣的东西。”

“洋红”项目的负责人埃克非常尊重帕谢及其工作。他说：“目前帕谢所做的工作比我自己的要有趣得多，但是帕谢的模型为构建新的模型带来了更复杂的结构。”“洋红”项目的计算机无须编程就能创作音乐，但帕谢则需要使用更加复杂的软件。

2017年，帕谢从索尼跳槽到Spotify，领导Spotify创新技术研究实验室。他认为他的冒险之旅的 “纸上”阶段已经接近尾声，而即将开始实验阶段。2018年初，帕谢与以卡雷为首的法国音乐团体SYGGE一起发行了一张名为《你好世界》（*Hello World*）的专辑，这是音乐家使用人工智能创作的第一张多艺术家音乐专辑。一群音乐家——包括最近引起轰动的凯莎（Kiesza）和司徒迈（Stromae）——来到实验室，通过流机器工具创作了15首歌曲。专辑的标题意为人工智能正走出实验室，走向世界。音乐有时是超凡脱俗的，歌词也是如此。 因此，人工智能的一个目标已经实现：科学研究已经可以毫不费力地创作出一张音乐专辑。

一位评论者写道：“我担心这些歌曲听起来会太机械，但听完后我惊喜不已。”事实上，它们听起来确实不太机械，但即使是这样又有什么关系呢?

帕谢说：“对我来说，创造力在很大程度上是一种社会性的东西，而不是客观的东西，尤其是在音乐方面，社会将决定某人是否具有创造力。”

机器人爵士乐队

我把我的团队称为机器人音乐家团队：不是音乐机器人，而是机器人音乐家。重点是它们首先是音乐家，然后是机器人。

——吉尔·温伯格（Gil Weinberg）

我们有这样一个机器人，它不仅需要学习和理解音乐，还需要理解其物理表现。

——梅森·布雷坦（Mason Bretan）

就像弗朗索瓦·帕谢一样，对吉尔·温伯格和梅森·布雷坦来说，音乐才是最重要的，数学只是实现这一目标的一种方法。温伯格和布雷坦的区别在于他们的机器人。这改变了人们关注的焦点：从使用计算机创作音乐到演奏音乐，研究如何使机器人通过一些动作来实现音乐表演，例如击鼓。

温伯格表示，他的创作核心为"首先是音乐家，然后是机器人"。温伯格将这些机器人音乐家命名为"黑尔"（Haile）、"西蒙"（Shimon）和"希米"（Shimi）。他和他在佐治亚理工学院的团队在2006年开发了其中最早的一款，即"黑尔"。温伯格的目标是创造一种可以像人一样聆听、像机器一样演奏的机器人。"黑尔"是一个真人大小的打击乐手，有着制作精美的木制的扁平的头和四肢，手臂装有关节。它通过麦克风聆听鼓手的声音，分析其节拍、节奏和音高，然后击鼓作为回应。"黑尔"是第一个用身体演奏音乐，而不是通过扬声器播放音乐的机器人。

接下来是“西蒙”，它是拥有四臂结构的马林巴琴演奏者，挥舞着8支木棍，其头部随节拍摆动。它看起来像一位经验丰富的爵士音乐家。开发“西蒙”花了7年的时间。布雷坦是温伯格新招的博士生，也是开发团队中的关键人物。“西蒙”不仅可以听音乐，还可以观察，并且拥有庞大的音乐数据库，这使它看起来像拥有人类的大脑一样。这些元素使它成为一个具有个性的实体——一位你想与之一起演奏的音乐家。“西蒙”的人工智能算法可以由人工神经网络、马尔可夫链或其他特殊系统控制。它可以与人类音乐家一起用马林巴琴即兴演奏，也可以创作原创音乐（我们将在后面介绍）。

“希米”是“西蒙”的缩小版本，它的大脑是一部可以与之对接的手机，这样它可以与互联网云音乐库连接。它可以播放你喜欢的歌曲，也可以推荐其他歌曲，并踏脚、点头反馈。正如温伯格所说：“这是一个可爱的机器人伴侣，你的音乐伙伴。”

这三个机器人都能与人类音乐家互动：“黑尔”打鼓，“西蒙”演奏马林巴琴和作曲，而“希米”则会回应并创作音乐。

温伯格是佐治亚理工学院的音乐技术教授，领导着一个庞大的机器人研究小组，并指导了多家成功的初创企业。他在以色列长大，在那里他对钢琴表现出了极大的兴趣，但他的老师不鼓励他学习即兴创作或作曲。在他16岁那年，他的家人买了一台电脑。“为什么不将音乐和计算机结合起来？”他心想。

他先在特拉维夫大学学习音乐和计算机科学，然后转到麻省理工学院媒体实验室，成为托德·麦克弗的下属。麦克弗是一位极富创新精神的作曲家，他利用技术创作音乐，并发明了诸如超级大提琴之类的增强乐器。

温伯格以计算机音乐之父麦克斯·马修斯（Max Matthews）的研究为灵感。麦克斯·马修斯在新泽西州默里山的贝尔实验室工作期间，为歌曲《黛西·贝尔》（*Daisy Bell*）的音乐伴奏编写了算法。阿瑟·C. 克拉克（Arthur C. Clarke）被由语音合成器生成的仿佛来自异世界的声音震撼，并向斯坦利·库布里克建议将其用于《2001：太空漫游》（*2001: A Space Odyssey*）这一电影中。在一个令人毛骨悚然的场景中，计算机HAL 9000在最后一位宇航员拆除其认知功能时唱起了这首歌。

直到最近，温伯格的博士生布雷坦还是“西蒙”的幕后策划者，他一直致力于机器人音乐创作。他是一位经验丰富的鼓手、吉他手、钢琴家，简直是个音乐全才。他一边为机器人伴奏，一边调整电脑。从吉他转向钢琴，再转向鼓，这真的非常了不起。

布雷坦从小就是一名狂热的音乐爱好者，并且对物理学和数学有着浓厚的兴趣。他曾计划在加利福尼亚大学圣克鲁兹分校学习音乐，但后来偶然发现了该校著名的计算机音乐课程。自那之后，他继续跟随温伯格教授在佐治亚理工学院学习。他早期的灵感来自以下这些人：大卫·柯普，机器生成音乐方面的先驱，我们将在下一节中进行讨论；米勒·帕克特（Miller Puckette），互动音乐开源软件的第一批开发者之一；大卫·博尔戈（David Borgo），实验音乐教授。

温伯格和布雷坦一致认为，与机器人合作非常特别。布雷坦解释说：“在纯粹的软件应用程序中，你只需要用电脑合成声音就能解决一些问题，但机器人做不到这一点。”机器人需要对自己的身体有一定的了解，才能弄清楚如何运动，这样它才能打鼓或弹奏马林巴琴。这就像让音乐家用一只有11根手指的手弹奏乐曲一样，真的很难做到，作曲家也必须遵循人类身体的制约。

实施方案是将计算机植入机器人体内充当大脑，控制其运动和动作；除了输入音乐知识之外，还必须使用独立的系统，再加上一系列电子设备来驱动机器人的四肢。

但是真正的挑战是找到一种使机器人理解并演奏出让人类感到悦耳的音乐的方法。为此，最先进的机器人“西蒙”需要像人类音乐家一样思考。为了避免像大多数原始系统那样关注前一个音符之后出现某个音符的概率，“西蒙”更需要了解乐曲的整体结构。

温伯格和布雷坦首先从Wikifonia上收集了大量的乐曲。Wikifonia是一个包含4235首爵士、民谣、流行和古典音乐作品的音乐数据库，其中包括约翰·克特兰（John Coltrane）、塞隆尼斯·蒙克（Thelonious Monk）和迈尔斯·戴维斯（Miles Davis）等音乐家的即兴创作。他们从中获得了17万个主题和2万个连复段。他们上下调节音高，改变音符之间的距离，创建一个庞大的数据库供“西蒙”分析，让它尝试识别出现在所有歌曲和流派中的和声与节奏模式。

一个可能的问题是，面对如此庞大的数据库，机器似乎没有太多的余地来产生新的东西。如果输入的作品过多，可能会导致计算机产生与数据库中的音乐非常相似的音乐；如果输入的作品过少，计算机可能会给听众带来新的但不悦耳的乐曲。

为解决此问题，温伯格和布雷坦使用了一种相当惊人的数学魔法——单元选择。每个小节、连复段或主题单元都由带有该单元10

个特征的代码组成，包括单元中的第一个音符如何连接到上一个小节，最后一个音符如何连接到下一个小节。这些特征必须经过手动注释。然后，机器将这些代码收集到一个容器中，科学家将其称为“单词袋”（BOW），就像拼字游戏中的字母袋。一旦收集起来，这些代码就会变得杂乱无章。这些单词袋位于计算机的潜在空间中，该空间是一个多维的空间，其中组合的形式是无限的，就像人类的想象力一样。

接下来，他们给“西蒙”输入一组八分音符或十六分音符。“西蒙”需要在各种单词袋中，更恰当地说是在一些乱七八糟的小节、连复段或主题中，寻找与输入的素材相似度最高的小节、连复段或主题。但是，匹配的可能性非常小。当前数据库中有数百万个小节，其排列组合的方式非常多。最后，经过训练的系统可以根据风格将它们放置在合适的地方。温伯格和布雷坦发现，具有四个小节的单元产生的音乐最令人愉悦。“西蒙”创作的第一首乐曲有着爵士风格的曲调，类似一首甘美兰乐曲。它用四只手臂弹奏马林巴琴，边摆动手臂边转动头部，仿佛在思考和回应它所创作的音乐。

2015年，受迈尔斯·戴维斯的放克作品《如我所言》（*What I Say*）的启发，布雷坦、“西蒙”和三个“希米”机器人共同创作了一首名为《如你所言》（*What You Say*）的作品。体型较小的“希米”机器人会随着布雷坦和“西蒙”演奏的音乐而有节奏地摆动、踏脚并发出声音。

“西蒙”并没有使用人工神经网络，而是使用了一个基于规则的即兴演奏系统，这个系统是由布雷坦利用遗传算法和他对爵士和弦的广泛了解设计的。遗传算法遵循优胜劣汰的生存法则。创作过程开始于一段令人愉悦的旋律——一段适宜的旋律，以及一些精选的音符。该算法在小节中切换音符，将一些音符随机组合或替换，以产生新的旋律。然后，它将新的旋律集合与原始旋律进行比较，从中选择与之最相似（最适合）的旋律，舍弃不太相似（不太适合）的旋律，这个过程会重复多次。整个过程非常迅速，并以机器人演奏出全新的旋律为结尾。这段旋律听起来非常令人愉悦，而这一切离不开原始的美学输入。

布雷坦在与“希米”和“西蒙”的即兴演奏会上总结道：“通过借助人工智能、信号处理和工程技术的力量，我坚信机器有可能变得富有艺术性、创造性和鼓舞性。”他继续说：“‘西蒙’最重要的特征不仅仅在于它能创作音乐，还在于它在‘听’到节拍时如何移动头部，如何注视观众。音乐创作的意义远不止产生了什么音符，还有肢体方面的体现。那真的很酷，人们也会为此买票。目前大部分的机器人只会生成一系列音符，但是，如果一位伟大的机器人音乐家出现，人们也会随之产生无限的创造力。为此，我们需要机器利用计算机音乐系统与人类一起演奏音乐。”

布雷坦和温伯格都认为人与计算机需要合作。布雷坦说：“我们正处于至少需要具备一定程度的音乐专业知识才能研发出生成优美音乐的系统的地步。”而机器本身仍然无法产生旋律，这是进一步推进的必要前提。

温伯格说：“我们希望机器人能与我们产生联系，目的是建立共同基础，让机器人知道我们在说什么。这样音乐家和机器人双方都能感受到节奏和旋律、紧张与舒缓。最终，机器人会将这一技术推向未知领域。对我来说，这比发展得太远、太快甚至到我们无法沟通的程度更有意义。”

最后，温伯格告诉我：“我希望机器人能提出自己的想法，激发我的灵感，创作出我意想不到的音乐，以一种富有表现力和创造力的方式回应我。这就是为什么我称呼我的机器人为音乐家。”他说：“我想要机器人创造出让你神魂颠倒、不寒而栗的东西，让你欣喜若狂或为之哭泣的东西。人类已经做得足够好了，但机器有潜力做人类做不到的事情。”

大卫·柯普创作的音乐“比巴赫更巴赫”

好的音乐不需要更多的理由，无论创作者是人还是机器。

——大卫·柯普

大卫·柯普在不断完善的算法“合作者”的帮助下，致力于创作出超越巴赫和莫扎特的作品。他的所作所为引起了音乐界的愤怒，音乐界指责他“没有良心”或干脆无视他的作品。

但是，侯世达对此持不同意见，他写道：“在人工智能领域工作的20年中，我所遇到的没有什么比大卫·柯普的“音乐智能实验”（EMI）更具启发性的了。音乐风格的本质，乃至音乐本身的本质是什么？对早期音乐模式的提取和重组会产生伟大的新音乐吗？计算机的音符模式可以触发人类最深处的情感吗？”大卫·柯普的工作激起人们思考所有这些深刻的问题，甚至更多。

柯普最初是一位备受赞誉的年轻作曲家，他的音乐作品曾在卡耐基音乐厅被演奏。但是他对计算机作曲也很感兴趣，并着手为IBM大型机写一个算法。正如他所说，这项工作“简直是胡扯”，因为机器无法以可行的方式处理音乐数据。

在1980年，他受委托写一部歌剧，但遇到了严重的作曲障碍。他经常在钢琴前坐上几个小时，面前放着一张空白的谱纸，渐渐陷入绝望。最终，他决定用新一代的笔记本电脑来编写软件以生成音乐。他想研究是什么构成了风格，尤其是他自己的风格。

对于柯普来说，最大的启示是，就像艺术和科学一样，音乐也是通过知识的积累而进步的。从本质上讲，这是灵感剽窃。毕加索以塞尚和安格尔（Ingres）的作品为基础；爱因斯坦则因麦克斯韦（Maxwell）和洛伦兹（Loventz）的研究而有所启发；乔伊斯（Joyce）为贝克特提供了一些暗示，而贝克特则鼓舞了品特（Pinter）。没有人真正从零开始，每个人都基于特定的风格开始创作。我们都有一个庞大的基础——一个内部音乐数据库。作曲家是那些有能力将这些基础转变成独特的新形式的人。正如史蒂夫·乔布斯引用毕加索的话说：“好的艺术家抄袭，伟大的艺术家剽窃。”柯普断言，如果莫扎特今天还活着，那么他肯定会用计算机来扩充自己的作品。

柯普为他的音乐生成软件建立了一个包含巴赫、肖邦和其他大师的数百个乐谱的数据库。他将它们分解为音符，根据音高、时值、音量、音符在乐曲中出现的时间点以及发出该音符的声音或乐器，对每个音符进行编码。这是他唯一使用的数据库，以确保他使用的是没被处理过且没有错误的数据。模式匹配软件从数据库中提取模式，并从中推断出组合规则。为了检查他的软件，他从巴赫的乐谱中提取了大量音符，并根据软件发现的模式使用马尔可夫链重新组合了这些音符——这后来被证明是创作巴洛克音乐的规则。使用马尔可夫链也让他能够考虑到随机性，而随机性是创作过程中至关重要的部分。

他将自己的程序称为EMI，该程序很快就生成了大量音乐。它似乎具有自己的个性，因此改名为Emmy。柯普说："Emmy的创作过程与作曲家的创作过程相同。"与作曲家一样，它也有一个数据库——内置丰富的音乐知识和编曲规则。但事实上作曲并没有那么简单。杰出作曲家的与众不同之处在于他们选择的特殊音符、动机和主题，以及他们如何选择与应用作曲规则（有时可能会打破规则）。

柯普对算法理论——他使用的数学模型——毫无兴趣。他说："只要能产生我想要的输出，我不在乎算法是什么。"他设计了自己的算法，而不是使用现有的算法。"我的算法是我自己开发的。"

经过8年的努力，他得出的结论是：Emmy创作的作品风格与其他人的没什么不同。不可避免地，它必须基于其他人的风格。当Emmy注意到自己的作品包含了其他人的风格时，它对这个风格进行了限制。最终，柯普克服了作曲障碍，利用Emmy于1987年完成了歌剧创作，并获得了相当多的赞誉。《里士满时报》（*Richmond Times Dispatch*）的一篇文章将其描述为"一个极富戏剧性的时刻，不时被鼓舞人心的鼓点所震撼"。

到现在为止，Emmy已经创作了数千首乐曲。柯普管理这些作品的方式，就像作曲家们保留他们的一些创作并丢弃其他作品一样。1993年，他准备发行Emmy的第一张专辑《设计出的巴赫》（*Bach by Design*）。但是唱片公司拒绝制作，称这不是当代音乐。柯普反问："那它是什么？"半人马唱片公司（Centaur Records）最终同意推出这张专辑，但音乐家们声称演奏这些曲目的指法太难了。最后，该专辑必须在MIDI控制的Disklavier自动演奏钢琴（可连接计算机的钢琴）上演奏。柯普自豪地说："这是第一张不是由人类音乐家创作和演奏的音乐专辑。"

随后，柯普立即被充满敌意的评论所淹没。一些评论家对他的音乐不屑一顾，认为他的音乐是由一台电脑制作出来的，而电脑无法展现创造力，因为它不具备只有人类才拥有的创造力。侯世达写道："我发现自己实际上是被两万行代码感动了，这多么令人不安。作曲家的灵魂与音乐无关，那将是一场悲剧，因为我的整个生命都被音乐所感动。"

根据柯普的说法："技术代表着另一个世界，与真相和美格格不入，这是技术恐惧症的基本论调。"谷歌的布莱斯·阿格拉–阿卡斯将其视为C. P. 斯诺（C. P. Snow）提出的 "两种文化"场景，即存在两个相反的极点，"患有技术恐惧症的人文主义者和非人类的技术学家"。

一些评论家问，为什么计算机要尝试做这些我们已经成功做了多年的事情，比如创作音乐。柯普说："好的音乐不需要更多的理由，无论创作者是人还是机器。"他补充说："这些音乐是由计算机创作出来的，而非生成的……听众必须抛开所有关于创造力为人类独有的观念。"

柯普和Emmy的第二张专辑《由计算机创作的古典音乐》（*Classical Music Composed by the Computer*），是包含巴赫、贝多芬、乔普林（Joplin）、莫扎特、拉赫玛尼诺夫（Rachmaninov）和斯特拉文斯基等人风格的原创音乐作品。该专辑是由音乐家演奏的，并得到了较好的评价。侯世达现在是柯普的粉丝，他在《纽约时报》（*New York Times*）上说："我从未见过有人像他一样在人工智能领域做得这么好。"

一些评论家声称当用柯普的算法组合乐句时，出现的只是一些模仿的东西。他回答说："'模仿'这个词是残酷和不公平的。将算法和乐句组合在一起的方式在音乐方面是具有意义的。"他补充说："Emmy的输出经常被误认为是高水平音乐家创作的音乐；实际上，Emmy创作的肖邦风格乐曲比肖邦更像肖邦。Emmy的创作过程类似于人类作曲家的创作过程。不是所有的东西都是模仿吧？"

还有一个观点认为，只有当乐谱被音乐家演奏时，柯普的音乐才是最成功的。评论家斯蒂芬·W. 斯莫里亚尔（Stephen W. Smoliar）写道："无论从计算机中生成时它是不是音乐，在被音乐家演奏后它就一定是音乐。"

在随后的几年中，Emmy创作了约1500首交响曲、1000首钢琴奏鸣曲、5000首巴赫众赞歌和1000首弦乐四重奏，以及根据莫扎特、舒曼（Schumann）和马勒的音乐创作的歌剧（剧本则摘自这些作曲家的信）。柯普解释说："这就是通过作曲家的语言展现的作曲家的一生。"

但是，他开始厌倦创作风格化的音乐："我对想听到完整版本的贝多芬的《第十交响曲》（*Tenth Symphony*）和舒伯特的《第八交响曲“未完成”》（*Unfinished Symphony*）的人们感到疲惫。”他认为，只有死亡，才能让作曲家完全被理解并产生深远影响。作曲家都有死去的时候，而这样的结局对整个作品都有意义。因此，在2004年，他关闭了Emmy。

然后，他开始寻找方法，以创建一个可以发展自己音乐风格的计算机程序。“艾米莉·豪厄尔”（Emily Howell）于2004年诞生，它的名字来自Emmy和Howell——后者是柯普父亲的名字和他自己的中间名。

“艾米莉·豪厄尔”的记忆涉及对36位作曲家——从帕莱斯特里那（Palestrina）到柯普本人——作品的深入了解。柯普与它的关系比与Emmy的关系要紧密得多。他对Emmy只进行了非常广泛的编程，而对于“艾米莉·豪厄尔”，他却通过对话框与其进行交流，并提供反馈以促使其发展自己的风格。首先，他输入一个乐句，等它作出回应，然后柯普接受或拒绝结果，从而进一步调整其知识库。

“艾米莉·豪厄尔”的第一张专辑由半人马唱片公司于2009年2月发行，名为《来自黑暗、光明》（*From Darkness, Light*），其中包括由室内乐团和多架钢琴共同演奏的作品1、2和3。它后来的作品《喘息》（*Breathless*）于2012年发行。

在一篇评论中，《卫报》的马克·豪厄尔（Mark Howell）提到了一位学者，这位学者在听到《来自黑暗、光明》后感到非常“温暖”，但当他被告知其来源时却迅速“冷却”。他专注于音乐的来源，而不是音乐本身——不幸的是，这是人们对人工智能制作的音乐的普遍反应。柯普说：“关于风格化的机器创作，我很惊讶世界花了很长时间才接受其具有价值的想法……现在它赶上来了，对此我感到非常高兴。在接下来的二三十年中，艺术领域将发生神奇的事情……情况正在发生变化。”

柯普不相信有天才。他说，人们只有通过努力工作，再加上一些天生的智慧，才能取得伟大的成就。有些人的思维速度确实比其他人的快。他声称，只要通过足够的练习，在没有时间限制的情况下，他就可以击败国际象棋冠军。“实际上，”他继续说，“现实中的国际象棋天才就像计算机一样，其速度和准确性简直可怕。”

柯普认为计算机是有创造力的，为了欣赏它的音乐，听众需要抛开创造力独属于人类的偏见。但他还认为，计算机只是机器，缺乏情感等人类特质。为了调和他对机器创造力的相互矛盾的看法，他提出了以下关于创造力的相当精辟的论调：“宇宙和人类的能力在逻辑上似乎是不相关的。”这似乎意味着人类与宇宙有一种超越逻辑的统一性，因此也超越了计算机所能做到的一切。他说，摆脱这些相互矛盾的观点的一种方法是，开发一种具有人类特质（如情感）的“真正的化学机器”。

用人工智能创作的民谣

我们希望避免任何有关机器与人对立的信息；计算机是用来提高我们在音乐制作方面的创造力的。

——鲍勃·斯特姆（Bob Sturm）

每当计算机完成了以前我们认为是创造性的或人类独有的任务时，我们就会自动重新定义创造性。

——奥代德·本-塔尔（Oded Ben-Tal）

谁能想象用计算机来创作民谣呢？民谣经过数千年的发展，代表着一个民族的声音，每次演奏时都会根据演奏者的不同而发生变化。人们通常把它与嘈杂、烟雾缭绕、喝着啤酒的聚会联系在一起。

这听起来像是对计算机是否具有创造力的终极考验。例如，是否可以用人工智能来创作爱尔兰民谣这种对音乐家来说有趣甚至鼓舞人心的音乐？这就是鲍勃·斯特姆和奥代德·本-塔尔在2016年计划要做的事情。

从形式上讲，他们的研究是利用递归神经网络和长短期记忆网络来生成音乐。早在2002年，埃克和施米德胡贝进行了开创性工作，利用布鲁斯音乐训练了神经网络，然后让其谱曲。问题是他们的人工神经网络很浅，只有1个隐藏层，大约有10个长短期记忆单元，而且没有足够的数据来训练他们的机器，只有几千首歌曲的转录。6年后，埃克和贾丝明·拉帕尔梅（Jasmin Lapalme）将这项研究应用于491首爱尔兰民谣的转录。

在接下来的8年中，计算机科学发生了巨大变化。斯特姆和本-塔尔开发的机器有3个隐藏层，由512个长短期记忆单元组成，并接受了23000首爱尔兰民谣的转录训练，与埃克和拉帕尔梅的491首爱尔兰民谣的转录训练形成鲜明对比。乍一看，只是乐曲数量增加了几十倍，似乎无关紧要，但事实并非如此。埃克和施米德胡贝使用基于音符音频质量的MIDI来表示，而斯特姆和本–塔尔使用自己版本的ABC记谱法在文本库中编码音乐转录。这使得他们可以改善音乐输出的质量，兼顾其旋律轮廓、重复和变化。

ABC记谱法是一种基于文本的音乐记谱格式，是一种使用字母A~G的速记法，带有用于表示升半音、降半音、音长和音调等的符号。它可用于生成乐谱，或通过计算机扬声器播放音乐文件。它最初用于在纸片或啤酒垫上记下民谣曲调，现在是记录民谣和传统音乐的标准方法。

斯特姆和他的同事使用ABC记谱法通过字符递归神经网络（Char-RNN）编写音乐数据库。如果我们将成千上万首诗歌输入字符递归神经网络，它就会聚焦在诗歌的风格上；如果再接着输入一些单词，它就会生成相同风格的诗歌。当使用ABC记谱法时，字符递归神经网络会将单个字符的字符串作为音符读取，并预测下一个要跟随的字符，同时考虑从已输入的数据中学到的作曲规则。

为了训练人工智能算法，斯特姆和他的团队向机器输入了23000首爱尔兰民谣的ABC记谱法版本，由此生成了72376首乐曲，并通过MIDI合成了35809首乐曲。正是在这里，训练数据几十倍增加的效果开始突显。字符递归神经网络的工作方式是尝试根据所有先前的字符或音符来预测下一个字符或音符，而这些字符或音符的数量一直在增加。埃克和施米德胡贝的数据库包含几千首乐曲，而埃克和拉帕尔梅的数据库仅包含491首乐曲，这对字符递归神经网络的工作贡献很小，且随着序列的建立情况变得越来越糟。显然，23000首乐曲给系统提供了更多的素材。

一些听众被MIDI合成器的刺耳声音吓到了，因此斯特姆和本–

塔尔转换MIDI文件，以再现各种乐器的声音并生成乐谱，以便音乐家可以现场演奏。一些音乐家表示，他们可以根据其中一些新作品即兴创作，这使斯特姆和本–塔尔感到满意。他们的目标之一是与音乐家建立创造性的合作伙伴关系。

斯特姆来自美国中西部，他的生活比较悠闲，而本–塔尔则有以色列人的严肃和工作热情。斯特姆目前是瑞典皇家理工学院电子工程和计算机科学学院的副教授，本–塔尔目前是伦敦金斯顿大学音乐技术的高级讲师。两人都有音乐、电气工程、计算机科学和物理学的混合学习经历，并且都在很小的时候就会编程。斯特姆觉得用钢琴作曲令他相当痛苦，并指出他宁愿用机器作曲。尽管本–塔尔喜欢手写创作谱曲，但他的学生却喜欢直接在计算机上工作。他说：“计算机比乐器更通用。”

作为一种灵感来源，斯特姆回忆起加利福尼亚大学圣塔芭芭拉分校的作曲家、计算机科学家柯蒂斯·罗兹（Curtis Roads），称他因将音频输入分割成毫秒段，然后按概率重新排列，将它们与精美的几何图像结合，最后产生令人难以置信的表演而闻名。本–塔尔回忆起斯坦福大学的作曲家、研究员乔纳森·伯杰（Jonathan Berger）。

斯特姆、本–塔尔与伊琳娜·科尔舒诺娃（Iryna Korshunova）一起开始探索他们所谓的民谣递归神经网络。民谣递归神经网络使用的不是字母表中的字母，而是一些特殊标志，比如节拍、音调、小节、音高、分组、小节线、时值等。当向算法中输入了一些音符后，它创造了3万首新作品。

斯特姆和他的团队将其中的3000首作品上传到了一个流行的爱

尔兰音乐网站Session。回应大多是较为积极的。一些人说，这些曲调听起来有爱尔兰风格。大约五分之一（非常小的比例）的人认为非常有趣。还有一部分人认为，这些音乐中很多都是垃圾。但话又说回来，人类作曲家写的糟糕乐谱也很多，那些批评机器创作的绘画、文学和音乐作品的人往往会忽略这个现象。

“现在，这里有一首由我们的民谣递归神经网络生成的乐曲。”斯特姆在一首特别有说服力的爱尔兰吉格舞曲中写道。它是从该系统于2015年8月生成的7万多音乐曲中挑选出来的。但激发斯特姆兴趣的是，该算法给它创建的标题为“醉酒品脱”，其灵感来自其所包涵的所有曲目的标题。民谣递归神经网络还有另一个更先进的版本，该版本由爱尔兰乐队演奏。“这个小系统制造了一场多么有趣的醉酒骚动事件啊！”斯特姆写道。

当然，系统只能产生它所学到的音乐特征，有时会出错，会存在一些小故障。当输入算法中的素材与训练组的素材不相似时，该系统通常会产生错误的爱尔兰音乐。而且，在学习了3/4和4/4节拍后，它无法将其提升到5/4节拍。这时，事情就会变得有趣起来，就像约翰·凯奇准备好的钢琴或吉米·亨德里克斯的电吉他那样。斯特姆告诉我：“如果发生表演事故，一首作品不像它在训练中所学到的那样具有爱尔兰风格，那会更能激发音乐灵感。”本–塔尔称这些为“野兽曲调”。

斯特姆坚持认为：“机器并非简单整合出了乐谱，它正在创建可激发人们创作音乐的乐谱。人们很难保持这种区别对待。《每日邮报》（*Daily Mail*）写道，机器将取代作曲家。我们希望避免任何有关机器与人对立的信息；计算机是用来提高我们在音乐制作方面的创造力的。”

斯特姆认为，他们的机器和人工智能总体上还没达到该有的效果，这是因为音乐创造力与 “工程学原理” 相冲突，后者试图以100%的准确性预测音符是如何相互接替的。“但是，” 斯特姆说，“音乐不是这样创作的，相反，其中存在着独特的机遇、怪异现象和发展潜能。”

在现在从事相关工作的所有团队中，斯特姆和本-塔尔认为他们的团队和帕谢的团队所研发的系统是真正探索音乐的有用工具，也是探索系统故障的有用工具。确实，探索失败并从失败中获得启发，是看待他们工作的一种有趣且富有创造性的方式。

当你处理爱尔兰民谣等音乐时，也会出现道德问题。“你是否有权让一个‘异族’代表一个群体，比如一台制作音乐的机器？我们的项目会冒犯他们吗？” 斯特姆问。简而言之，他们是保留还是破坏了爱尔兰民谣的传统？ 如果在不久的将来，考古学家发现了他们认为是爱尔兰民谣的录音，却发现它是由计算机生成的，那会怎么样？

英国伦敦萨默塞特宫的音乐家珍妮弗·沃尔什（Jennifer Walshe）建议斯特姆和本-塔尔把谨慎抛到一边，不顾一切地进行这个项目。沃尔什是当今先锋派的代表人物。她的作品涉及交响乐、弦乐四重奏、声音和视频等多个领域。她还写了一部虚构的作品集，其中包括虚构的爱尔兰作曲家的故事。

斯特姆和本-塔尔希望使他们的作品更加人性化。他们还想了解其他民谣，例如土耳其民谣，但其记谱法与爱尔兰民谣完全不同。是否存在一个涵盖所有音乐的模型呢？

本–塔尔说：“每当计算机完成了以前我们认为是创造性的或人类独有的任务时，我们就会自动重新定义创造性。”当他还在斯坦福大学读书时，教职人员和学生都对大卫·柯普的系统所生成的音乐印象深刻。侯世达对此的感觉是 “太好了”。著名的哲学家丹尼尔·丹尼特（Daniel Dennett）告诉他：“我们都支持强大的人工智能技术（即我们都相信计算机可以像人类一样智能）。也许你的疑虑是柯普的算法只适合装在一张软盘上？”换句话说，它太简单了，以至于打破了人们对创造力的固有理解。相反，本–塔尔说：“我们对谷歌的工作印象深刻，仅仅是因为它使用了最先进的硬件。”

利用动作产生声音

我们为何不将编程给忘掉，而从动作和声音的范例中构建新的乐章呢？

——丽贝卡·菲布林克（Rebecca Fiebrink）

丽贝卡·菲布林克的口头禅是：“在构建函数时，用范例比编写代码要快得多。”她认为我们可以使用函数这样的数学方法让计算机发出声音，这可能非常复杂。声音的输入和输出有许多不同的路径，可以用复杂的数学函数进行表示。但如果你想到的东西显然不能用数学术语表示，那该如何实现呢？如果你想制造一种可以通过动作来控制的乐器，又该如何实现呢？菲布林克解释说：“这是体现创造力的一个例子，为此建立一个数学函数显然不是件容易的事。”

菲布林克面临的挑战是 “使用不同类型的技术构建接口，使我们能够以新的方式表达自己，或者让更多的人参与音乐创作” 。

她3岁那年初次接触到了电脑，她的父亲带回一台Tandy计算机，这是20世纪80年代最早的个人计算机之一。但是很快她就被长笛和钢琴迷住了，她的父母总是以为她会成为一名音乐家。后来，在她高中第一次接触计算机编程课程时，她就很快意识到自己擅长编程，并可以做一些有趣的创造性修补工作。

当丽贝卡·菲布林克在俄亥俄州立大学学习计算机科学时，她想要从事 “与音乐相关的非典型的计算机职业” 。碰巧的是，有一个计算机科学小组对数字音乐非常感兴趣，他们通过研究乐谱中的符号来验证关于人们如何作曲以及音乐随着时间如何演变的假设。菲布林克参加了由大卫·赫伦（David Huron）教授组织的研究生研讨会，后者利用机器学习对演奏一段音乐的难度进行评分。

受到启发后，菲布林克发明了开源机器学习软件Wekinator，借鉴新西兰的怀卡托智能分析环境软件的名字“Weka”命名。Wekinator易于访问，不需要计算机编程方面的知识，对于希望使用现成的学习算法的人们而言很方便。

正如她所说：“我们为何不将编程给忘掉，而从动作和声音的范例中构建新的乐章呢？所以我说，嘿，计算机，当我这么做的时候……”

任何人都可以使用Wekinator创作原创音乐并进行表演。每个使用这个软件的人首先要训练机器跟随他们的手势。Wekinator从网络摄像头中读取使用者的手势。握紧的拳头可能会产生一种特定的击鼓模式，而张开的手掌则会产生另一种模式。

传统机器学习的目的是创建一个可靠的数据模型，例如一个医学诊断数据库，以便找出患者出了什么问题，以及使用哪种药物有效。菲布林克说："大多数机器不允许你更改数据，而你为什么要这么做？显然这是一种作弊的方式，系统会提示你不要更改数据。"

Wekinator则与众不同，它是开源的。"人们可以从网络上下载这款软件，利用它很容易就能生成新数据，还能随时间更改数据，比如，使用它来构建新的手势以控制设备，"菲布林克告诉我，"这种编辑数据和改变模型的能力，我们将其称为交互式机器学习。"

要掌握Wekinator的所有功能，你不必知道如何编程。菲布林克已收到许多积极的回应，称赞Wekinator的易操作性。把它设置好就能直接产生结果，这是鼓舞人心且令人吃惊的。菲布林克将Wekinator形容为 "元数据乐器"，因为它让用户无须编程即可创建新乐章。用户掌握了Wekinator软件之后，不再需要考虑算法问题，而专注于使用它来实现富有创造力的构想。

菲布林克还发明了Blotar软件，它具有范围更广的调声器，能够播放连续的声音，而不仅仅是断断续续的鼓声。当她在Blotar的网络摄像头前移动时，Blotar会发出不断变化的声音，比如从长笛声到电吉他声。表演者已经开发出非常微妙的手部动作，以"诱使"机器发出非同寻常的声音。

菲布林克正在努力实现自己的雄心壮志，以使那些几乎没有受过音乐教育甚至肢体障碍者能够创作音乐。她希望下一代软件能够利用输入的少量数据而产生大量内容，从而产生 “音乐创作方面的惊喜”。

音乐家们反馈，这些软件在他们的探索中给他们带来了惊喜，激发了他们的创造力。现在，许多表演者都使用Wekinator和Blotar软件创造出令人着迷的舞蹈和声音相融合的表演，其中舞蹈与音乐相互激发。

速写音乐

你所看到的就是你所听到的。

——马沃里德·玛丽·法尔博德

（Marwaread Mary Farbood）

马沃里德·玛丽·法尔博德研发的Hyperscore是一款精美的软件，可将声音与图像（颜色、形状、线条、纹理）关联起来。它为完全没有经过系统性音乐训练的人提供了一种创作音乐的途径。这款软件可直观地将乐谱可视化，且可编辑音乐结构，将声音和视觉联系起来。

法尔博德最初是一名钢琴家，但严重的肌腱炎结束了她的钢琴生涯。她没有继续在茱莉亚音乐学院读书，而是去了哈佛大学，在那里她学习了计算机科学，并学会了大键琴。之后她进入麻省理工学院媒体实验室，在那里她有机会继续她在计算机科学和音乐方面的兴趣。

在麻省理工学院，她师从托德·麦克弗——一位充满活力的作曲家兼音乐教授。麻省理工学院媒体实验室的目标之一是让未经音乐创作训练的成年人和儿童能够创作音乐。法尔博德的Hyperscore软件在麦克弗的“玩具交响曲”（Toy Symphony）项目中发挥了关键作用，在该项目中，孩子们可以通过Hyperscore创作音乐作品，其中一些是由管弦乐队演奏的。

法尔博德并不是第一个尝试将视觉和声音结合起来的人。早期的图形音乐制作人就已经开始这么做，如莫顿·苏博特尼克（Morton Subotnick）的“音乐速写板”，让用户可以通过选择和组合不同乐器的声音来“速写”音乐作品；又如威廉·达克沃思（William Duckworth）的PitchWeb软件，就是一款音乐和绘画相结合的计算机产品。Hyperscore使用图形而非音乐记谱法来教授音乐创作的基本知识。

Hyperscore的第一个版本只需要按下一个按钮便可生成结果。但在以后的版本中，用户拥有更多的控制权。该软件将复杂的音乐概念映射到颜色、形状和纹理上，使用户可以控制音高、强度、旋律、和声等要素。

用户可以按以下步骤进行操作：单击软件上的按钮，然后将它们拖放到屏幕上。图形的水平延伸决定音符保持的时间，音高由其在屏幕上的垂直位置确定，其在水平方向上的位置决定音符的演奏顺序。最终结果就是一段旋律，你可以使用一种颜色来标记它。

然后是根据这些标记了不同颜色的旋律来创作作品。这些操作还需要在另一个屏幕上完成，法尔博德将其称为和声调色板。如果你指定蓝色代表某单个旋律，通过单击并拖动，就可在调色板上生成一条蓝色的线。绘制一条直线会形成一个音高，绘制有一定角度的线条就可形成可变的音高，绘制许多线条会形成交叠的杂音。你可以通过使用自动和声的线条来形成和弦。起初，和声线是水平的，你可以通过单击并拖动来使其弯曲。内置的和弦乐谱取自巴赫众赞歌的和弦数据库，法尔博德当前正在扩大数据库，将爵士和流行音乐的和弦部分也加入其中。她还使用马尔可夫链来生成一系列调和函数数据。在这方面，她显然受到了大卫·柯普的启发。

很多用户喜欢在计算机屏幕上徒手画线，然后对其进行重新排列，直到出现令他们满意的旋律：他们实际上是在画一首乐曲。正如法尔博德所写：“Hyperscore试图尽可能地推广‘所见即所得’的概念。”法尔博德其实要寻找的是一种“包括各种矛盾和对立特征的计算模型”。无论是文学作品还是音乐作品，如果它有一个叙事弧（即故事的开头、中间和结尾），就会产生矛盾对立关系。这需要以不同的方式重复旋律，对作品进行回顾。她说：“人们对什么是矛盾对立关系有一个直观的认识。”当法尔博德解决和弦问题，或者旋律以各种方式被重奏时，他们会寻找“情感上的释放”。观众期待着音乐结构中的固有元素，例如表情、动态和和声，并在戏剧性的结局中感到满足和感动。因此，矛盾对立关系增加了情感的分量。

法尔博德目前已停止从事Hyperscore的开发工作，转而研究有关认知心理学的大量文献，以便更好地理解人们对音乐的看法。她说：“从来没有一个模型将所有这些考虑在内，并将它们组合到一个有效的对立曲线中。”她正在从认知角度探索人们在听音乐时做出的实际行为，并建立了一个侧重于短期记忆和注意力窗口的模型。她计划很快返回修改Hyperscore，并扩大其应用范围，以便创建一个具有 “非常高级的辅助作曲方式”的版本。

即兴演奏的黏菌

未来的中央处理器是什么？

——爱德华多·米兰达（Eduardo Miranda）

爱德华多·米兰达希望改变音乐创作的方式。目前，他对中央处理器很感兴趣。在当今的计算机中，中央处理器是硅芯片，其电路设计使其能够执行算术、逻辑运算和控制操作。但是，假设我们超越了硅，超越了数字，甚至超越了量子计算机，世界会是什么样的？例如，为生物计算机供电的生物处理器会是什么样的？或者由硅芯片加上生物处理器驱动的混合计算机会是什么样的？

生物处理器可以处理生物材料。米兰达选择的生物处理器是一种叫作 “多头绒泡菌”的黏菌——一种巨大的黄色单细胞生物，里面有数百万个细胞核。它是一团蠕动的果冻状原生质，对光敏感，散布在森林里的地面上。这种黏菌以真菌的孢子、细菌等微生物为食。

多头绒泡菌具有非凡的导电性能。当电流通过时，它表现得像一种叫“忆阻器”的电子组件一样。忆阻器具有对电流的记忆，它的电阻取决于过去通过它的电流量。对于米兰达而言，关于 “生物忆阻器”（指多头绒泡菌）最有趣的事情是它们不像硅基数字忆阻器那么精确。多头绒泡菌的电输出与输入有关，但其方式难以预测。他将其视为“创意处理器”。米兰达将声音的音调转换为电脉冲，而多头绒泡菌会产生自己的电响应，将这些电脉冲转换为音乐。

米兰达与多头绒泡菌演奏二重奏，多头绒泡菌用钢琴产生神秘的声音。钢琴是他和他的生物计算机之间的接口。他将第一首作品命名为《生物计算机音乐：钢琴和生物计算机的合作》（*Biocomputer Music: A Composition for Piano and Biocomputer*）。多头绒泡菌和钢琴之间没有电连接。在钢琴上弹奏音符会产生电压振荡，并通过培养皿中的多头绒泡菌进行传输。振动会使其发生形变，产生的能量会转化为电能，并传送到钢琴琴弦上方的电磁铁上。带电的电磁铁吸引琴弦，使它们嗡嗡作响，仿佛多头绒泡菌正在拨动琴弦。米兰达与多头绒泡菌合作演奏了两首作品：2015年的《生物计算机音乐：钢琴和生物计算机的合作》和2016年的《生物计算机的节奏》（*Biocomputer Rhythms*）。第二首作品中多头绒泡菌还产生了打击乐器的音效。

米兰达在巴西长大，十几岁时就接触了计算机。他在7岁时就开始学习钢琴。但他发现很难兼顾人工智能和音乐这两个兴趣。在一个炎热潮湿的夏日里，他来到校园图书馆的凉爽区域，偶然看到了希腊裔法国作曲家伊阿尼斯·泽纳基斯的一篇文章。文章中提到将维恩图、集合论和逻辑嵌入音乐之中，这是他在计算机领域所熟悉的内容。他意识到，这是将音乐和计算机结合起来的方式。

在他的早期研究中，他探索了细胞自动机在“生命游戏”中的行为。“生命游戏”是英国数学家约翰·何顿·康威于1970年发明的一种细胞自动机系统。在该游戏中，分布在数学网格中的细胞遵循简单的规则，即何时“活着”或何时“死了”。结果就非常有趣了，除了具有令人着迷的数学魅力外，“生命游戏”还具有多种意想不到的用途：作为探索螺旋星系演化的工具；计算圆周率；研究有序系统如何从复杂系统中出现；探讨在多元宇宙的情况下为什么只有某些宇宙能够维持生命。康威发现了一些普遍的东西。

米兰达对这些模式及其演变方式非常着迷。“这非常符合音乐的特性，”他想，“这是某些作曲家探索主题变化的方式。”他发明了有关旋律模式随时间演变的规则，就像“生命游戏”中的模式一样。但是，他想：“与其将这些模式可视化为数学语言，何不听听它们的旋律呢？”他通过寻找音乐模式来实现这一点，如通过乐句、节奏和和声结构。机器对它们进行编码，然后将结果转换为乐谱或MIDI文件。米兰达必须整理原始的音乐创意，以使其更容易被演奏。他认为，计算机只能是“产生创意的助手”。

米兰达指出，尽管神经网络可以根据已有的音乐风格模仿创作出类似风格的作品，但人工智能尚未创作出任何真正的原创作品。他认为这是下一步的发展方向，也许可以借助他无法预测的多头绒泡菌来完成。他还对创建人机界面感兴趣，在人机界面中，脑电波可以取代键盘和语音指令，以帮助残疾人通过音乐来表达自己的想法。

在他的个人著作《思维音乐：作曲家的内心活动》（*Thinking Music: The Inner Workings of a Composer's Mind*）的序言中，米兰达

分别比较了使用人工智能系统（神经网络）和算法创作音乐这两种方法，即根据分形或混沌的数学描述生成音乐。他写道：“从美学上讲，算法倾向于产生高度新颖且不同寻常的音乐，而人工智能系统倾向于产生某些已知类型的音乐，侧重于模仿……这两种方法都有其优缺点，但我倾向于采用算法。”生物计算机就是这样一种创新的算法。

回顾20世纪音乐与技术之间的互动时，他沉思道：“凯奇和斯托克豪森探索了他们并不真正了解的技术。现在，我们这一代人已经了解了人工智能技术，并可以用它来表达我们的想法。这是一种实验型音乐，我们现在明白了这些实验在告诉我们什么。因此，让我们现在就创造21世纪的音乐吧。”米兰达补充说，他对在阳光明媚的日子里散步是如何激发某人创作出伟大音乐的兴趣不大。相反，他写道：“我想知道他是如何创作的，这种灵感是如何变成音乐的。”

第 4 章

曾几何时：进行文学创作的计算机

那是我第一次在写作时兴奋地扭了起来，那天计算机自己写了部小说。追求自己的快乐为优先的计算机已停止为人类工作。

——《计算机写小说的那一天》（*The Day a Computer Writes a Novel*）

上面这段颇为令人不安的文字是《计算机写小说的那一天》的结尾，这是一部由计算机写的短篇小说。它来自日本公立函馆未来大学的研究团队，并于2016年入围了日本“星新一文学奖”（Nikkei Hoshi Shinichi Literary Award）。这是一个科幻小说大赛。在这次比赛中，有11部计算机创作的作品与人类所写的小说竞争，虽然《计算机写小说的那一天》没有获胜，但它进入了第二轮比赛。

为了组装他们的小说，公立函馆未来大学的工程师自己写了一部小说，并将其分为单词、短语、人物和情节等各个组成部分，然后将它们输入人工智能算法中，使其重新组合成另一个与样本相似的故事。但正如日本著名的科幻小说家长谷敏司（Satosh Hase）在颁奖典礼上所说的那样，这读起来并不像是一部“结构合理的小说”。他补充说：“存在一些问题，例如人物描写。”实际上，这部小说是经过重新编辑的，人类在其中贡献了80%，而人工智能仅贡献了20%。因此，现在似乎还不是计算机以其文学作品激发我们的创作热情的时候，但这可能即将到来。

匹诺曹效应

匹诺曹是原始的人工智能故事。

——斯蒂芬·施温格勒（Stephan Schwingeler）

世界各地都有关于人工制品的故事，甚至可以追溯到古希腊。这些人工制品被赋予了生命，并具有意识（包括自我意识）。在神话中，雕刻家皮格马利翁（Pygmalion）雕刻了一尊异常美丽的女性雕像，甚至爱上了它。女神阿芙洛狄忒（Aphrodite）实现了他内心的愿望，使雕像获得生命而成为真正的人。在近代，这类神话又多次出现，其中最著名的是匹诺曹的故事——他是一个木偶，最后被蓝仙女变成了一个真正的男孩。在这些故事中，都有无生命的东西被赋予了生命。斯蒂芬·施温格勒研究了电子游戏如何创造一个世界，并使其变得栩栩如生。当他告诉我“匹诺曹是原始的人工智能故事”时，他完美地抓住了当前人们对人工智能可能拥有自己的生命的恐惧心理。

人工智能已经创造出与人类艺术品没什么区别的绘画和音乐作品，有的甚至超越了我们以前所看到或听到的一切。但是在文字领域又如何呢？机器能否创作出文学作品（如诗歌）呢？

虽然不完全是文学作品，但路透社的新闻报道中已经有相当一部分是路透社用自己定制的技术机器生成的，此外还有体育文章、天气报道和维基百科条目。它们大多数与记者撰写的文章没有什么区别，有时获得的效果反而更好。这并不奇怪，这些文章的素材可以通过使用模板轻松组合。

这项工作通常由名为“Word Smith”的云计算应用程序执行。该应用程序针对特定主题整合了大量数据，并遵循内置的有关语法和风格的规则，每年可以生成上亿篇文章。该软件的开发者坚称，他们并不是要夺走记者的工作，而是要把他们从烦琐的工作中解放出来，以便他们可以思考新闻背后的重大问题。

另一家名为 “Narrative Science”的公司也开发了类似的算法，将原始数据转化为自然语言，并为《福布斯》（*Forbes*）和其他大型出版公司提供有关时事、体育和企业融资的报道。2012年，该公司的联合创始人克里斯蒂安·哈蒙德（Kristian Hammond）预测，15年后，超过90%的新闻报道将由机器生成。

同时，瑞典物理学家斯韦克·约翰松（Sverker Johansson）用他的网络机器人Lsjbot创造了每天生成1万个条目的纪录。到2014年7月，它已经生成了270万个条目。Lsjbot在互联网上扫描有关给定主题的信息，并将其输入模板中以生成文章。大多数是维基百科的条目，其中包含现存生物的名称、栖息地、书目数据等，主要针对寻找鸟类或真菌类型等专业信息的人。这些内容大多数仅出现在维基百科中，几乎占了所有条目的一半。

还有商人兼作家菲利普·M.帕克（Philip M. Parker），其专利软件可以扫描整个互联网，获取几乎关于任何主题的信息，并将其转化为书籍，按需印刷。其中大多数书籍是以汇编形式产生的，例如一本关于印度的浴室防滑垫的汇编，以及大量的填字游戏益智书籍。帕克已经出版了20多万本书。亚马逊上约有9万本，价格从0到1000美元不等。帕克声称，他现在正在调整算法以创作浪漫小说。他还发表了130多万首诗，不过他似乎并不在乎这些诗歌的质量。

在新闻报道和商业写作中，人工智能已经做了大量烦琐的工作，并且可能会越来越多地参与到创作中。

最后的阵地：具有幽默感的计算机

> 当机器人走进酒吧。
>
> “您要点什么？”酒保问。
>
> 机器人说：“我需要让我放松的东西。”
>
> 于是酒保给了他一把螺丝刀。
>
> ——“开玩笑的计算机”（Joking Computer）

当人们讲笑话时，人工智能会怎么做？

格雷姆·里奇（Graeme Ritchie）的“开玩笑的计算机”每天都在开玩笑。这台计算机还处于早期阶段，但它正在逐渐进步。

问题是，尽管几千年来从柏拉图、亚里士多德（Aristotle）到弗洛伊德（Freud），每个人都在努力，但目前仍没有公认的幽默计算理论，甚至没有任何一个公认的幽默理论。实际上，目前有三种关于幽默的理论。最流行的是叔本华（Schopenhauer）、康德和柏格森（Bergson）提出的“失谐论”，普渡大学的维克托·拉斯金（Victor Raskin）对其进行了更全面的延伸拓展。这是大多数笑话的构造方式：先有一个设定，然后铺陈意外的或奇怪的（不协调的）妙语。另外两种理论是“释放论”（幽默能使人释放神经能量和紧张）和受柏拉图和亚里士多德喜爱的“优越论”（从别人的缺点或不幸中找到幽默，也就是幸灾乐祸）。

在这种情况下，我们到底要如何指导计算机创造幽默的艺术呢?

计算机可以在国际象棋和围棋之类的复杂游戏中击败世界冠军，可以在大量数据中找出规律并进行大量计算，甚至可以识别出人脸。但是，这些过程发生在机器内部，与外界的联系有限，特别是在知识和情感方面。这是一个封闭的系统。最终，它们将能够通过扫描互联网来积累知识，并以实际的形式呈现成果；它们将被“体现”为机器人，能够与周围的世界互动，拥有并存储自己的经验，甚至可能开始按照自己的意愿创造事物。

但是它们会讲笑话吗？幽默是最后的阵地。开个玩笑，也许是一个不合时宜的玩笑，或使用讽刺的方式，这些都需要社会意识和广泛的知识基础。笑话跨文化传播取得的效果不佳。我觉得有趣的东西，也许不符合你的胃口。另外，所有这些都与时间有关。昨天有趣的事，可能今天就变得无聊，甚至令人震惊或作呕；今天的笑话也可能是明天的失态。

幽默是一项非常有创意的活动。它可能涉及对公认的智慧采取令人震惊的新视角，颠覆形势，破除陈腐和常识。智慧的各个方面都涉及它。

想要理解一个笑话真正的内涵往往需要大量的知识储备。要么将这些知识编程到一台符号机器中（类似于将整个世界及其包含的所有知识编程到该机器中），要么就需要一个神经网络对互联网进行充分扫描，以掌握所有复杂的人类语言，包括比喻、讽刺等。当然，计算机目前还不能完全胜任这项工作。

解决幽默问题类似于解决人工智能本身存在的问题：如何让计算机不断发展，直至像人类一样聪明？

早期时候，幽默以及与情感和感觉有关的其他智能方面，被人工智能的开发者们认为不值得学习。1956年，在新罕布什尔州达特茅斯学院举行的会议上，他们在夏季研究项目的提案中写道："这项研究基于这样一个猜想，即学习的各个方面或智能的任何其他特征原则上可以被精确地描述，以至于可以制造一台机器来模拟。"他们设想了一个全新的领域，该领域通常研究概念的形成、学习、推理和一般问题的解决方法。然而，情感并未包含在其中，幽默也没有。

直到20世纪90年代，涉及情感的内容才开始在麻省理工学院的罗莎琳德·皮卡德（Rosalind Picard）的研究下进入人工智能领域。1997年，她出版了一本书，名为《情感计算》（*Affective Computing*），重点研究了情感的重要性、情感交流在人际关系中的重要作用，以及计算机情感识别的可能影响和用途。这项开创性的工作有效地启动了该领域的研究。

即使到了21世纪初，关于计算机幽默的研究仍未得到很好的发展。我向普渡大学的研究幽默的专家朱莉娅·泰勒·雷兹（Julia Taylor Rayz）提问："当时为什么进入这个领域？"她回答说："这项工作很有挑战性，听起来很有趣，那时还没有人做。"

HAHAcronym是该领域的首批项目之一，由欧盟资助，由奥利维耶罗·斯托克（Oliviero Stock）和卡洛·斯特拉帕拉瓦（Carlo Strapparava）在意大利的特伦托执行，致力于研究计算机的幽默能力。他们的具体想法是创建一个"具有讽刺意味的首字母缩略词再分析和生成器"。HAHAcronym会颠覆现有的首字母缩略词，并通过使用"与输入概念相关的具有讽刺意味的单词"来构建新的首字母缩略词。该系统使用的数据库是WordNet，这是一个庞大的单词库，由若干同义词组组成，每个同义词组表示一个特定的概念。斯托克和斯特拉帕拉瓦首先创建了一个由宗教和技术、性和宗教等对比词组组成的数据库，以产生"失谐发生器"。然后，他们向系统输入现有的首字母缩略词，以查看结果。他们的想法是保持首字母缩略词的特点，同时用讽刺的手法来颠覆它们。

计算机根据"FBI"（联邦调查局，Federal Bureau of Investigation）生成了"Fantastic Bureau of Intimidation"（奇怪恐吓局），以及根据"PDA"（掌上电脑，Personal Digital Assistant）生成了"Penitential Demoniacal Assistant"（忏悔的恶魔助手）。但是，当研究人员要求计算机从头开始为首字母缩略词赋予新的幽默含义时，发生了什么呢？当他们输入首字母缩略词"FAINT"及主要概念（辅导）和属性（智能）时，计算机生

成了 “Folksy Acritical Instruction for Nescience Teaching”（对愚蠢教义的民间友好指导）。而对于输入同样的主要概念和属性的“NAÏVE”，计算机则生成了“Negligent At-large Instruction for Vulnerable Extracurricular-activity”（对易让人受伤害的课外活动进行的疏忽大意的指导）。这些至少可以让我们笑一下。

研究计算机幽默的问题之一是寻找资金支持。2010年，伊利诺伊州埃文斯顿市西北大学的教授克里斯蒂安·哈蒙德从美国国家科学基金会获得了70万美元的激励资金。参议员约翰·麦凯恩（John McCain）斥责哈蒙德的项目是 “笑话机器”，并宣称这笔资金浪费了纳税人的钱。他补充道：“这肯定也不会创造就业机会。”

哈蒙德的软件着眼于新闻报道和社交媒体，并拼凑单词以形成原创的文章甚至笑话。在回答麦凯恩时，他指出，幽默可能是增强人机交流的一种方式。他说：“这一研究甚至可能朝书写科学论文的方向发展。”哈蒙德后来成立了Narrative Science公司，该公司大量生产由计算机生成的新闻报道，因此肯定创造了一些就业机会。

如我们所见，尽管有大量关于幽默的研究，但在发展一个通用的幽默理论方面做的工作还很少。研究人员更喜欢将自己限制在有明确定义的笑话场景中。正如朱莉娅·泰勒·雷兹解释的那样，研究人员关注幽默的两个方面：计算机生成笑话和计算机识别笑话。第一步是给计算机输入大量笑话，以便它学会自己编笑话。下一步更具挑战性。机器是否能够明白自己开了个玩笑，并且知道在恰当的时机切入谈话并开个玩笑？这类似于研究计算机能否理解自己创作的绘画或音乐作品是好的还是坏的。

双关语是最简单的幽默形式之一。1994年，格雷姆·里奇和金·宾斯特德（Kim Binsted）创造了第一台双关语生成器JAPE，用于生成问答式双关语。双关语生成器可与庞大的单词数据库（如WordNet）一起使用，加上大量双关语，并被赋予模式匹配规则来组成谜语。这是一个由计算机生成的双关语：

当你看到你脑中的想法时，你会得到什么？

一个“eye-dea”[1]。

这样的表演可能会在喜剧俱乐部引来几声大笑，然后人们便会把这位想成为喜剧演员的人赶出去。当然，正如记者贝基·费雷拉（Becky Ferreira）所观察的那样，这种双关语的有趣之处在于无法想象一个人会用这样奇怪的问题开场。

即使是生成结构最简单的笑话，研究者也需要在语言学和计算机方面付出一些努力。

雷兹说，教计算机开玩笑的方法有两种：一种是提供笑话所基于的规则，并赋予计算机工作素材——“世界知识”；另一种是给计算机输入很多笑话，让它以示例的方式学习。

为了教她的计算机讲笑话，雷兹收集了许多笑话，包括来自111 Knock Knock Jokes网站的一些笑话，然后将它们组合在一起制作模板，通过声音关联来演示双关语是如何成功表达的。

但是计算机知道它正在讲笑话吗？雷兹仔细检查了双关语，以确保它不是无意义的。但是最后，由于“句子理解失败”，计算机

1　eye-dea和idea是双关语，指眼睛“看到”了脑中的idea。——编者注

生成的大多数笑话根本不是真正的笑话。其问题在于计算机没有学到足够多的单词来形成双关语。它可以形成笑话的模式，但是如果生成的双关语没有意义，结果将毫无意义。

格雷姆·里奇说："即使是生成一句俏皮话，也会有点挑战。"他的语气中带着苏格兰人特有的轻描淡写。

雷兹对寻找幽默模式很感兴趣。她将不同类型的笑话区分出来，并进行测试，观察人们的反应。她说："你无须拥有大量数据。"计算机已经生成了很多笑话，这意味着她现在可以将计算机生成的笑话与现实中的笑话进行比较，在"显微镜"下对其进行仔细检查，修改它们以使其变得更有趣。她说："计算机生成的笑话并不是完美的。但是，当我拿它们在人类身上测试时，我并不想丢掉这个瑕疵。我们可以向不懂幽默的计算机学习。"

找到数据中的模式是理解它们的关键，在这种情况下，要理解是什么使笑话成为笑话。最近的研究收集了所有关于笑话的可用数据，并尝试使用神经网络来处理它们。"有些人对幽默理论很熟悉。有些人只是对采用最佳的机器学习算法感兴趣，然后应用它并观察会发生什么。"雷兹说。她更喜欢输入笑话规则，以研究计算机如何生成笑话并识别它们。她说："如果你可以找到某些特征，并将它们放入一个笑话生成模型中，然后出现了一些合理的东西，那么我们可能就接近诸如创造力之类的东西了。"她认为对于创造力没有可行的定义。她强调说："我不知道哪里有创造力。"

格雷姆·里奇认为，关于创造力，无论是人的还是机器的，都不值得讨论。他说："没有定义就很难为创造力建模。"而且他坚定地认为没人能做到这一点。关于机器学习，他在一篇被广泛引用的论文中写道：“如果程序能够产生幽默感的原因是它里面有一个（神秘的）‘创造幽默’的盒子，那就不能说明其具有幽默创造性。取而代之的是，这将引入一种回归形式，其中存在一个新问题——这个盒子是如何得出结果的？”

同时，光学研究员珍妮尔·谢恩（Janelle Shane）则将有关幽默的数据输入神经网络中，想看看会发生什么。她这样做只是为了好玩。她通过使用神经网络提出了荒唐的食谱、荒谬的涂料名称和滑稽的搭讪语，所有这些都吸引了一大批网友。她使用的算法是字符递归神经网络，她也利用它讲笑话。与雷兹将规则输入计算机以生成笑话不同，谢恩并不希望神经网络从她输入的数千个笑话中找出规则。起初，这个测试结果没有任何意义。但是，之后计算机开始产生更令人信服的结果，不过仍然不是很有趣。

最终，计算机产生了一个完全由它原创的笑话。虽然这一次显然也没有那么好笑，但其中肯定存在一些古怪的东西，如果不是超现实的话。你终于感觉到计算机的存在了，可以大声抱怨受够了。

谢恩指出，创造力其实来自她，而不是计算机。是她选择了数据库，并应用了自己选择的算法。

2015年，两位计算机科学家——微软的达夫娜·沙哈夫（Dafna Shahaf）和埃里克·霍维茨（Eric Horvitz）——与传奇的《纽约客》（*New Yorker*）杂志漫画编辑罗伯特·曼考夫（Robert Mankoff）合作。曼考夫最出名的一幅漫画描绘的是一个商人在电话中回复一位来电者：“不，星期四不在。永远不在是否对你有好处呢？”曼考夫的任务之一是负责《纽约客》每周漫画大赛，在比赛中，该杂志邀请读者为一幅无字漫画配上说明文字。每周约有5000份读者反馈涌入。整理这么多文字让曼考夫的助手们疲惫不堪。

早在一年前，达夫娜·沙哈夫参加过曼考夫的一场演讲。曼考夫介绍了《纽约客》漫画大赛庞大的漫画档案，以及每周提交的数千份读者反馈。她想知道，这个档案是否可以用来教计算机区分有趣的说明文字和无趣的说明文字，从而大大减少曼考夫助手的工作量。

计算机在识别图像和为定义明确的图像编写说明文字方面做得很好。但是，卡通图像通常会带有讽刺或愤怒的倾向，甚至可能不需要说明文字就很有趣。计算机如何处理这种情感层面的细微之处呢?

该团队首先向“土耳其机器人”平台提交了说明文字，以供他们评估是否幽默。然后，他们使用神经网络研究了说明文字中使用的单词与描述图像的单词之间不很明显的关系。这为他们提供了另一种评估说明文字价值的方法：针对图像选用的单词是否过于贴切或与图像太不相符。神经网络可以在多维度的意义空间中控制单词，为每个单词赋予一个编码，从而将其与其他数十亿个单词联系起来。一个单词与另一个单词的含义越接近，其编码就越接近。就像物理学中的矢量一样，这赋予了它们方向性。这是谷歌的Word2vec算法背后的奥秘，它促成了语音识别方面的惊人进步。

遗憾的是，就《纽约客》漫画大赛而言，效果只能说一般。计算机成功选择出有趣的说明文字的概率仅为64%。

最近，计算机甚至尝试了脱口秀。彼得·米洛夫斯基（Piotr Mirowski）是伦敦DeepMind的高级研究科学家，他的日常工作是研究一个名为“A.L.Ex”的大眼睛小机器人（用于人工语言实验）。

他们在伦敦、巴黎和其他地方进行了即兴表演。

在一次表演过程中，米洛夫斯基和机器人一起上台，米洛夫斯基模仿手握方向盘的样子，并期待A.L.Ex机器人的表现。

“我不想发脾气。”机器人突然说道，情绪很糟糕。

米洛夫斯基也随即进行了回复：“我不想让你生气——这是我们的美好时光。”

A.L.Ex回答说：“我相信你会找到真爱的。”如果是真实场景的话，这句话绝对是在表示拒绝。

这段对话成功地把观众逗笑了。机器人补充说：“我好累。”米洛夫斯基尝试挽救这段关系，但A.L.Ex很有见地地总结道：“你是我的朋友，但你不是我。”

为了训练运行A.L.Ex的人工智能，米洛夫斯基给它输入了10万部电影的字幕。当它听到有人在说话时，就会从数据库中寻找类似的交流方式并形成答复。米洛夫斯基与加拿大人工智能研究人员、即兴表演者科里·马修森（Kory Mathewson）共同开发了基于其原始系统的高级版本。

关键问题是如何使A.L.Ex的回答紧贴主题，这样它的回答就不是随机的了。米洛夫斯基说：“幽默往往是偶然的。”A.L.Ex的呆板言论可能是完全不恰当的、过于情绪化的，或者只是有点奇怪。他说，这就像与“完全喝醉的喜剧演员”一起工作一样。对人类即兴表演者来说，真正的挑战是无论机器人的话语多么奇怪，他都必须做好回应的准备。

在谷歌，道格拉斯·埃克和“洋红”团队也在努力研究幽默。埃克说：“这个项目处于初级阶段，非常具有探索性，并且侧重于生成与趣味相关的笑话和双关语。”

今天，计算机幽默领域正在蓬勃发展，有专门讨论幽默的会议（包括人工智能会议）。众所周知，Siri和Alexa等语音助手缺乏幽默感。如果我们要以一种愉快的方式与机器进行沟通，那么它们必须发展出一种类似于人类的幽默感。

人工智能与诗歌

一首诗的主要目的是取悦他人，而不是传达有意义的信息。

——巴勃罗·赫瓦斯（Pablo Gervás）

文学评论家玛乔瑞·帕洛夫（Marjorie Perloff）在2010年写道："对于现在由概念性诗人提出的主张，诗坛并没有做好充分的准备……有可能写出完全'非原创'的'诗'，但它仍然可以算作诗。"肯尼思·戈德史密斯（Kenneth Goldsmith）就是概念性诗人之一，他是电子生成文本的早期支持者。正如帕洛夫所写，当他宣布倡导概念性或"非创造性"写作时，他进一步推动了非原创的概念，即通过复制、重新加工或参考的形式创作诗歌，而不要求作品具有原创性。他在2003年发表的概念诗《工作日》（*Work Day*）中就包括一整版《纽约时报》的内容，从标题到广告都被转化为数字文本。

在概念诗中，就像在概念绘画中一样，概念（作品背后的思想）至关重要。这可能意味着不必为了理解这个概念而按照传统的方式阅读文本，就像阅读在计算机屏幕上滚动的文章一样，如果错过了一些内容，就无法再返回阅读了。

巴勃罗·赫瓦斯和他的诗歌算法

诗歌中有某种算法，一种度量标准，一种音节和节奏计数。

——巴勃罗·赫瓦斯

“我可以通过给计算机提供诗歌创作的模型，让一台计算机创作一首诗，但我无法为计算机提供一个创作爱情作品的模型，这远远超出了机器在这个阶段能做的事情。”巴勃罗·赫瓦斯说。

赫瓦斯的主要兴趣之一是开发一种能生成西班牙语诗歌的算法。他称其为“一厢情愿的自动化西班牙诗人”（WASP）。正如他所指出的那样，诗歌提供了一种绕开计算机处理文学体裁所涉及的基本问题的方法，这也是因为它们缺乏高级的语言能力和基本常识。诗歌不需要很高的精确度。他说：“一首诗的主要目的是取悦他人，而不是传达有意义的信息。”而且，诗歌通常需要公开进行朗诵。赫瓦斯之所以选择西班牙语诗歌，是因为其语音简单明了，并且有非常具体的规则，这使他能够在保持正确的语法的同时，对语义进行较为自由的发挥。

他使用经典的西班牙语诗歌作为WASP的原始数据，然后根据音节的数量、某些音节的位置和韵脚来输入单词。然后，他邀请诗歌爱好者在考虑意义和美学前提下评估算法生成的数千首诗歌。评委给这些作品评分，从1分（废话）到5分（一首真正的诗歌，非常优美）。结果该算法创作的诗歌没有一首在整体意义或美学上获得5分，其语法平均得分接近3分，但美学得分要低得多。

WASP在其逻辑和方法上有多种表现。赫瓦斯对编程进行了改进，选择了最佳输出并允许其进化。他说："我们需要一种方法来区分机器创作的好东西，即使它们与人类创作的东西有所不同。"

除了让计算机生成诗歌外，赫瓦斯还创建了PropperWryter算法来生成情节，包括音乐剧《跨越围栏》（*Beyond the Fence*）的情节。他特别感兴趣的是，计算机生成文学的过程和输出的作品对人类和计算机本身来说意味着什么，以及对创造力来说意味着什么。

他认为，就像年轻的诗人阅读别人的诗歌，然后模仿，直到找到自己的风格一样，计算机也会遵从类似的模式。计算机首先将学会模仿，然后扩展到模拟诸如个人经验之类的东西。个人经验？当然，问题在于计算机无法理解，更不用说感受像爱这样的情感了。

赫瓦斯认为，计算机创作的诗歌不应该按照普通诗歌的标准来评判，也不应该根据它是否可以与人类诗人创作的诗歌区分开来评判。"如果你认为机器创作的诗歌必须像人类诗人创作的诗歌一样才是好的，那还有什么意义呢？"赫瓦斯提出了疑问。"我们所期待的是计算机能给我们带来的惊喜，即新的与众不同的东西，"赫瓦斯指出，"这可能比人类做的要好得多。"

创意写作的一个基本要素是"魔法不是来自作者，而是来自读者"。就像视觉艺术或音乐盒一样，"页面上的一串字符能激发记忆和情感”，这真的很神奇。优秀的作家采取极简主义的写作方法，让读者自己去思考，而不是解释一切。赫瓦斯解释说：“这就是我们想要让计算机做的事情。”

赫瓦斯对人工神经网络很感兴趣，但暂时没有使用它。关于西班牙语诗歌在算法中是如何形成的，人们还没有足够的数据加以了解，也不清楚神经网络是如何推理的，隐藏层中发生了什么。隐藏层让赫瓦斯感到不适，他断言：“我的主要动机是理解人们如何写诗。”换句话说，与最终产品相比，他对过程更感兴趣——在神经网络中，这个过程隐藏在隐藏层的深处。

他抱怨算法创造的诗歌没有得到应有的重视。他说：“人们不喜欢投资那些既不能赚钱也不能改善生活质量的研究。”研究经费往往仅用于治疗疾病等更紧急的问题上。但是创造力及其建模方法也是值得研究的问题，尤其是文学创造力，主要体现在诗歌和叙事上。利用所有可用的数据，计算机可以轻松地生成天气报告和报纸文章，但是文学创作则是另外一回事。正如赫瓦斯所说：“文学创造力之于交流，就像一级方程式赛车之于运输。”测试汽车安全性能的唯一方法是通过高速驾驶，即使这是大多数人永远不会做的事情。同样，我们不能满足于天气报告，还需要将机器推向新的高度，使它们更加努力地工作，学会创作真正的文学作品。赫瓦斯说：“我们必须弥合人类书写文学作品的方式与计算机生成新闻报道、天气预报的方式之间的差距。”

至于创造力，他说：“这个词本身是模棱两可的……但对我来说，这种现象很明显与标签无关。我们要做一些前所未有的事情！”

创造故事时遇到的问题

作为一名科学家，我希望我们能更好地理解被我们称为创造力的惊人事物。

——拉斐尔·佩雷斯（Rafael Pérez y Pérez）

拉斐尔·佩雷斯对创造力非常着迷。当他还是个孩子时，他就随着家人坐长途汽车旅行。他的父亲时常给他和他的妹妹出难题让他们想办法解决，并鼓励他们提出问题。佩雷斯回忆说："'发挥你的创造力。'父亲总是这么说。"他补充道："我从小时候起就一直在思考创造力。"

然而，他真正热爱的是计算机。佩雷斯在墨西哥获得了本科学位，学习的就是电子学和计算机。他接着在萨塞克斯大学获得了人工智能方面的博士学位。他计划在那里从事人工智能和音乐方面的工作，但缺乏足够的音乐知识。他的博士生导师迈克·沙普尔斯（Mike Sharples）对写作所涉及的创作过程很感兴趣。沙普尔斯的热情很有感染力。

从20世纪70年代开始，陆续出现了几个可以创作故事的计算机系统。1999年，佩雷斯在撰写论文时，那时的情节生成器以一种典型的人工智能的方式工作，即解决问题。操作者选择故事的开头（初始状态）和结尾（最终状态），然后通过操纵预定义的结构（例如句子和附加词汇）来寻找从初始状态过渡到最终状态的方法。但佩雷斯认为，这种工作方式并不具备创造力。他想探索人类的创造力，创造出一种更能反映作家创作故事的方式的算法。

他将自己开发的算法称为“MEXICA”，这个名字与他所在的墨西哥城的原始居民（西班牙人称其为“阿兹特克人”）有关。MEXICA生成情节的灵感来自墨西哥的历史、传说和文化，其中包括美洲虎战士（当时该地区最强大的战士）等特色人物。

在使用MEXICA算法时，佩雷斯会先输入一组简短的故事，以及每个角色可以执行的所有动作的列表和每个动作的条件列表，通过角色之间的情感联系和冲突来体现。他解释说：“这是我工作中独一无二的部分，它反映了我们了解世界的方式。”换句话说，就是角色之间的情感联系和冲突（例如，美洲虎战士仇恨他的敌人），为行动创造了前提和后置条件。

我们也可以假设一个角色爱上了另一个角色。男人可能：

- 为女孩买花；
- 边弹奏吉他边为她唱小夜曲；
- 绑架她，就像在一些偏远城镇所发生的那样。

所有这些行为都会引起情感反应，特别是当女孩被囚禁的时候，这就产生了冲突，她可能会恨这个男人，这些后果构成了故事情境。因此，这些简短的故事丰富了系统的知识库，然后佩雷斯在其中插入了一个初始动作来触发特定的故事。

讲故事有两个要素：第一个要素是思想碰撞，把情节整合在一起，形成故事的基本框架；第二个要素是反复思考，讲故事的人充实故事情节，使其生动起来。佩雷斯说：“在思想碰撞的时候，系统会抛出情节创意，就像你在天马行空地想象时一样，而反复思考阶段通过填补空白来修改这些想法。”一旦佩雷斯插入了触发故事的初始动作，系统就会通过它的知识库寻找适合新情感背景的结构——要执行的恰当动作。他解释说：“如果你输入足够多的故事，系统可生成很多背景不同的故事。”然后，MEXICA算法将这些信息输入思想碰撞和反复思考的循环中。在情感背景的驱动下，故事将朝着不同的方向发展。

在前面提到的场景中，恋爱中的男人会做出三种可能的动作，佩雷斯认为这些 “都是系统信念的体现” 。至关重要的是，这些故事的情节不是根据特定的模板生成的。动作源于角色之间的情感联系和冲突。他说：“如果你能窥视机器的存储器，你将不会看到短故事，而只会看到代表情感结构的构造。”

到目前为止，我们只有情节，下一步是将它们变成故事。为此，佩雷斯与麻省理工学院数字媒体教授尼克·蒙特福特（Nick Montfort）合作。佩雷斯解释道：“我以角色—动作—角色的形式向尼克发送了一个故事，他接收了，并用他的方法对其进行了更改。”

蒙特福特称他的系统为“nn Narrator”，它还有一个名为“Curveship”的版本。它使用已输入其中的人、物和事件来构建故事。在这种情况下，MEXICA提供了情节、角色和事件。nn Narrator系统可以更改事件发生的顺序，并从不同角色的角度讲述故事。下面是一段关于猎人、美洲虎战士的故事情节，机器还添加了表示惊讶的叹号：

美洲虎战士将攻击猎人!

同时，猎人也会应对美洲虎战士的攻击！

然后，美洲虎战士会对猎人发动佯攻！

然后，美洲虎战士会发起正式的攻击！

这种整合两个系统以串连情节形成完整叙述的自动故事生成器，显然存在一些初期问题。像这样的复杂系统需要在不同的抽象级别上使用不同类型的知识表示，并需要具备根据故事材料进行适当操纵的能力。一种方法是使用黑板系统来保存和再创作故事的不同版本。再创作（改写）是讲故事和创作文学作品的关键因素之一。

在最初的合作后不久，佩雷斯和蒙特福特就开发了黑板系统。他们将MEXICA和nn Narrator与其他三个系统结合起来，以检查生成的情节并为其添加要素，就像一条创作故事的装配线。黑板系统是 “在系统之间进行交流的一种非常简单的方法” 。他们将范围扩展到了比喻和其他类型动作。首先，MEXICA生成了一个情节，然后将其放在黑板系统中。在那里，它经历了不同的思想碰撞和反复思考周期，包括采用不同的体裁，比如将其构建为对牧师的 “忏悔”版本，或者完全不同的体育解说版本。然后，佩雷斯将最终成果发送给了蒙特福特的nn Narrator。

这是关于阿兹特克神话中风神埃赫卡特尔（Ehecatl）的故事的体育解说版本：

这是埃赫卡特尔的现场直播，寒风中的雄鹰战士正在鄙视冷冰冰的美洲虎战士！寒风中的美洲虎战士正在鄙视冷冰冰的雄鹰战士！是的，雄鹰战士正在与美洲虎战士作战！

这个故事也许比第一个故事更具想象力。

佩雷斯和蒙特福特设想该系统将为展览提供故事，或者作为数字媒体、电子文学或电子诗歌展览的一部分，并希望它在创作最先进的文学作品方面发挥不可或缺的作用，尽管创作出一个人们可接受的叙事作品似乎还有很长的路要走。

2017年底，佩雷斯出版了由他的MEXICA创作的20部短篇小说汇编而成的图书。他取名为《MEXICA：20年，20个故事》（*MEXICA: 20 Years, 20 Stories*）。这些故事塑造了墨西哥阿兹特克人的鲜活形象。

其中一段的开头是这样的："几年前，公主在伟大的威齐洛波契特里（Huitzilopochtli）的庇佑下出生。"从本质上讲，它仍然是一个情节、一个框架，而不是完全充实的叙述，但它引入了诸如一位女士、一位神明、一把神圣的刀和羽蛇神庙等元素，这些共同构成了关于阿兹特克人世界的生动图画。其叙述明显比佩雷斯的早期实验作品更流畅：

美洲虎战士配制了一种药水，并迅速喝了下去。然后，他开始康复。

那一刻，战士无法理解美洲虎战士的举动。

美洲虎战士很困惑，不确定自己的所作所为是否正确。

紧接着，战士跑到了波波卡特佩特火山。

故事结束。

最近，佩雷斯扩展了他的MEXICA系统来生成歌曲。他将新系统称为“MABLE”。首先，MEXICA生成一个有关阿兹特克人的情节，然后，MABLE使用马尔可夫模型（该模型已学习了大量情歌）将描述情节的句子变成诗意的短语。为了做到这一点，MABLE每次从MEXICA生成的情节中提取一个单词，然后在其歌曲数据库中进行搜索，选择一个契合度较高的单词，并考虑韵律和节奏。从第一行开始的奇数行是由MEXICA生成的，偶数行是与之匹配的歌词，然后佩雷斯使用另一种算法AKYSIA为新故事创作旋律。该算法将为每行生成几个旋律，由精通计算机科学的音乐家进行处理。

玛雅·阿克曼（Maya Ackerman）和佩雷斯在YouTube上录制了一首名为《米努埃特公主》（*Princess Minuet*）的歌曲，具体如下：

她爱上了他

他们彼此充满爱意

爱上了神父的公主

难以舍弃感情

她也讨厌他的所作所为

就像他们所说的那样

公主对神父的举动感到震惊

尽管她的心无法承受这一切

这首歌的词曲都是由计算机生成的，不像音乐剧《跨越围栏》那样，音乐家和作家在其中扮演了重要角色。听众在情节连贯性和情感投入方面都对该歌曲给予了高度评价。

正如佩雷斯所说："这是计算机创造力的一项重大成就，使我们与自主创作歌曲者之间的距离更近了。"

"我创作的故事读起来并不像加夫列尔·加西亚·马尔克斯（Gabriel Garcia Marquez）创作的那么好，"他说，"那又怎样？目前，我们正试图更好地理解这一过程。你要循序渐进地学习。"他的最终目标，即他的圣杯，是促进对创作过程的理解。"作为一名科学家，我希望我们能更好地理解被我们称为创造力的惊人事物。"他如此说道。

用π创作诗歌

> 计算机在某些方面可以比人做得更好，其中一个优势是它可以持续生成。
>
> ——尼克·蒙特福特

尼克·蒙特福特是一个多才多艺的人。除了开发讲故事的算法外，他还创作了源源不断的诗歌。比如他命名为《圆》（*Round*）的一首诗，由押韵的、没有联系的单词组合而成。

蒙特福特告诉我："当我的作品被大声朗读时，人们会更喜欢它。"大多数计算机都倾向于生成散文，使用的是基于文学作品数据库的算法生成的单词，并根据马尔可夫模型来选择最可能的单词序列。与之相比，蒙特福特的工作是不同的。“艺术作品是计算机程序完成的，单词是我选择的。”他说。

《圆》是蒙特福特在2014年出版的诗集《＃！》（发音为“shebang”，在短语“the whole shebang”中，它所表示的是整个宇宙）中的一首诗。蒙特福特将每首诗与生成它的计算机程序一起打印出来，将其做成艺术品，并在黑色背景上以白色的字母、数字和符号表示。对于《圆》的创作，他使用了Python编程语言。他更喜欢创作文学作品的程序尽可能简单，只需输入尽可能少的代码。

蒙特福特通过应用圆周率π（圆的周长与其直径之比）的独特属性来创作《圆》。π是无限不循环小数。尽管π是无限的，但是π是确定的，因为可以通过一些公式来计算它。它会永远延续下去，不停地增长和变化。

蒙特福特选择了9个单词来表示数字1到9，其中in为1，其他8个单词（crease，form，tend，tense，to，tone，vent，verse）在前面加上in也会形成有意义的词，比如in加上crease为increase，意思是增长。为了表示数字0，他使用了换行符。此外，他还忽略了小数点。剩下的工作由算法完成，该算法包括一个计算π的模块。这首诗的第一行以form开始，以tense结束，表示π的前31位数字；到了数字为0的地方，由换行符表示，然后开始下一行。

蒙特福特说：“《圆》是对π的可视化、文本化，其中π的数字被映射到单词字符串上。”这首诗无论什么时候写，每个字都是一样的。他补充说，从这方面来说，它是“非原创的”。他解释道：“这在很大程度上可以说是计算的具象化。不断增强的计算能力，使我们能够计算出越来越多的π小数点后的数字。”在蒙特福特的网站上，我们可以看到这首诗，屏幕上会出现越来越多的诗句。

蒙特福特穿着开领衬衫和夹克，似乎不符合大多数人对尖端计算机生成诗歌的创作者的设想。在童年时期，他的兴趣就已经横跨文学和计算机。在本科期间，他学习了人文科学和计算机科学，然后获得了媒体艺术、创意写作和信息科学的硕士学位。他的博士论文是关于交互式小说如何在计算机上生成。交互式小说是一种基于游戏的交互式文学叙事形式，玩家在其中做出决定，从而改变故事情节。

尽管可以运行一次又一次，但无论你运行多少次，生成的《圆》都是一样的，但蒙特福特的另一首诗《穿过公园》（*Through the Park*）则每次都不同。“这是一种高度故意构造的语言分布，偶然因素是我在系统中添加的东西。”他说。

用于创作《穿过公园》的Python程序组合了蒙特福特选择的25个句子来设置场景（“女孩从公园里出发”），并加入了一些威胁因素（“男人在背后握紧了拳头”），等等。程序随机排列句子，并用省略号隔开：“女孩咧嘴笑着，手上拿着格兰诺拉麦片棒……女孩穿着一件性感的衣服……女孩转头微笑着眨眨眼……男人在背后握紧了拳头……一首歌的片段使女孩想起了祖母……欢声笑语……男人的呼吸加快……鸽子飞扬……女孩奔跑……粗心地把一些事情给遗忘了……女孩的包被打开了。”每次程序运行后，句子的顺序都是不同的，但诗节的生成可以永远持续下去。正如蒙特福特所说：“这表明计算机在某些方面可以比人做得更好，其中一个优势是它可以持续生成。”

蒙特福特在他的计算机诗歌中还探索了单词的意象可能性，使用单词作画，产生的作品类似于20世纪初的法国诗人纪尧姆·阿波利奈尔（Guillaume Apollinaire）的具象诗。他的一首有趣的诗《字母扩展》（*Alphabet Expanding*）就是用字母表里的字母向屏幕“喷洒”形成的。这些字母随意四处飞散，排成一行或像雨一样落下，时而紧密排列，时而散落分布。为此，他使用了Perl编程语言。他的程序非常简单，只有32个字符。他说，生成这首诗的目的之一是“从文学艺术的角度”理解Perl编程语言的工作方式。

正如蒙特福特所指出的那样，将代码与输出数据一起显示可以追溯到20世纪80年代，那时用户需要在家用计算机中输入程序才能运行。蒙特福特还提供了样本输出，以确保他们得到正确的结果。同样，在他的诗集《＃！》中，每个文本前面都有生成它的程序。

他的灵感来自Codedoc。Codedoc是克里斯蒂亚娜·保罗（Christiane Paul）策划的展览，于2002年在惠特尼美国艺术博物馆展出。为此，12位著名的程序员编写了能将空间中的3个点连接起来并提供视频信号的代码，视频和代码（图像和文本）并排显示，而代码作为显示信息是一种创造性的写作形式。受到启发后，蒙特福特设计了他的诗集《＃！》。他解释说：“代码页是黑底白字的，输出页是白底黑字的。”

读者反馈，即使没有编程背景，但通过读《＃！》也可以了解代码是如何工作的。蒙特福特说：“我可以将其用作翻译文本。如果读者懂一点编程，他们就可以将诗歌与用于创作这些诗歌的程序进行比较，以更好地了解有关编程的全部内容。说明书本身就是一件艺术品。”当你向标志爱好者说明如何制作标志时，正是这些说明体现了其艺术价值。

蒙特福特对计算机语言的本质（即语言的编写方式、美学、美感和文学艺术）深感兴趣。这使他开始研究怪异的计算机语言，比如深奥的eso语言。他说：“当我们开始研究它时，有些人故意使用难懂的方法，例如诗人、小说作家和其他类型的当代文学作家。”自1984年以来，就有了关于编写最具创造性的最让人难以理解的代码竞赛，即国际C语言混乱代码大赛。竞赛仅允许使用C语言编写小而完整的程序。1984年竞赛中的一个项目是用两行代码来生成“Hello World”，这是每个人学习任何计算机语言时第一次输出的内容。在当今的机器学习中，“Hello World”标志着计算机的觉醒，就像新生婴儿一样，因为它响应了输入的数据。

客观而言，eso语言很 “笨拙”，它不美观，也不优雅。莫里斯·布莱克（Maurice Black）在他的《代码的艺术》（*The Art of Code*）一书中指出，这些术语及其所有同义词都已从文学和文化理论领域中退出了。

蒙特福特于2017年末出版了一本新书——《真榜》（*The Truelist*）。它是由独立的计算机程序生成的一首很长的诗，“邀请读者想象自己在一个奇特的景观中移动，而这个景观似乎来自英语本身”。

诗的前两个小节如下：

现在他们看到了山麓，
和空中霸主，

蚯蚓，

跑在国王前面的猎狗，

心爱的女人，

猎犬，

引领船前行的蜿蜒河道，

捕鱼灯欢快地工作。

关于创造力的概念，蒙特福特的观点与计算机创造力社区的观点相悖，后者的成员通常使用复杂的数学模型、包罗万象的规则和庞大的数据库来研究创造力。巴勃罗·赫瓦斯在谈到蒙特福特的作品时说："他很清楚地将自己看作一位作家，在写作中以各种方式利用技术来取得进步。我们则是从另一方面入手。我们是没有文学理想的工程师。"

蒙特福特声称，他是自下而上地创作，使用最少的算法，并且在用词上也非常谨慎，而赫瓦斯等人则是使用复杂的算法和庞大的数据库自上而下地工作。蒙特福特认为，与赫瓦斯等人的系统相比，他的系统很简单。"我想邀请我的诗人朋友与我一起做这些事情。"他希望他的读者能用他的程序重新组合诗歌，并使用原始诗歌中显示的算法来进行创作。

蒙特福特认为，这就是从单词序列转变为散文诗的方式。"这是像计算机创造力社区所认为的那种创造力模型吗？不，我不这么认为。"他说。

正如一位评论家所写："《＃！》扩展了基于代码的诗歌所能

取得的成功。蒙特福特的程序化诗歌塑造了机器的思维方式。令人惊讶的是，它也像我们一样思考，即使它的表达方式在人类的标准下显得有些怪异。”

这确实很不可思议。当然，这是事情开始变得有趣的时刻，也是我们开始感觉到机器具备个性的时刻。蒙特福特使用计算机作为诗歌的助手，作为有趣的文学艺术、视觉艺术和音乐的生成器。这是一个令人着迷的具有创造性的人工智能的典范。

对语义空间进行探索

计算机确实擅长生成与人们期望的语言工作方式不同的文本。

——艾莉森·帕里什

“我是一位实验性计算机诗人，”艾莉森·帕里什对我说，“我写的是写诗的计算机程序，能被你了解到真让我感觉很棒。”

帕里什的言谈充满了强有力的见解，并且风趣幽默。在加利福尼亚大学伯克利分校，帕里什学习语言学和法语。在此之前，她获得了计算机科学的学士学位，并以计算机程序员的身份在大学里工作。她从5岁起就开始编程。帕里什在纽约大学获得了互动电信项目硕士学位，现在她是一名教授。她将自己描述为一名计算机程序员、诗人和游戏设计师，着迷于“计算机确实擅长生成与人们期望的语言工作方式不同的文本”这一事实。

对于帕里什来说，代码是为诗人开辟新渠道的工具，就像抽象表现主义画家马克·罗斯科和杰克逊·波洛克（Jackson Pollock）使用画布和颜料等工具颠覆了绘画的功能一样。对于诗人而言，代码提供了新的、富有表现力的语言操纵方式。

“我总是为自己争取作者的身份，”帕里什说，“当我出版一本诗集时，它是由艾莉森·帕里什创作的，而不是由艾莉森·帕里什和一个诗歌机器人合作创作的……就像杰克逊·波洛克的画作不是由杰克逊·波洛克和调色盘共同创作的一样。”

换句话说，她不赞成以牺牲产品为代价来强调过程。当她写文章和诗歌时，会考虑读者。她认为，意图和产出之间应该有明确的联系。她对每个单词、所用词汇的范围以及所选用的算法进行决策。“这些都是极具表现力的决定。”

帕里什也不赞成其他人所设定的计算机创造力的目标：调整算法，使算法生成的作品尽可能接近人类诗人的作品。“作为一名计算机诗人，我的目标不是模仿已有的诗歌，而是寻找诗歌存在的新出路。我认为，未来的计算机诗歌将是我们今天甚至无法想象的东西。”帕里什指出，自文字处理器问世以来，我们一直在使用计算机增强写作能力。我们使用自动纠错、拼写检查和电子词典，而手机上的键盘会不断“猜测”我们要说的下一个单词。

帕里什认为，计算机生成的许多诗歌都是花哨的，但由于这是人工智能创作的，因此引起了很多关注。她期待在人工智能和机器学习的推动下，未来会有更多面向作者的明确接口。她预测这将对书面作品的风格和修辞产生极其微妙和复杂的影响。

她说：“一篇具有诗意的文章，在一定程度上引起了人们对它具有超越传统意义的影响的关注。”她将其与摄影的发明相提并论；摄影使艺术家摆脱了必须现实地描绘周围世界的麻烦，并促使像克劳德·莫奈这样的人物得以出现，创造出更多关于现实生活的印象派图像。“这就是计算机生成语言的潜力，”帕里什说，“语言可以像视觉图像一样刺激大脑，那么如何使大脑的这些部位感受到之前从未感受过的刺痛感呢？”她沉思着。

她指出，现代诗歌是随着打字机的发明而诞生的，打字机不仅提供了一种产生富有想象力的文本的方式，而且提供了一种产生富有想象力的图像的方式。数字格式非常适合诗歌，因为它提供了一种灵活而快捷的方式来对多种计算机语言进行编排。

那么美学和美感如何应用于编程呢？帕里什说：“在编程方面，我的目标是让程序优美。如果一个程序是优美的，有人就可以从输出产品的外观上猜出该程序的工作方式。这对我来说真的很重要。”她将其与传统诗歌进行了比较。在传统诗歌中，读者对所用诗歌形式规则（例如十四行诗）的理解使这首诗读起来更有趣。无论是传统诗歌还是计算机生成的诗歌，她都对诗歌创作的规则着迷。

帕里什说：“如果书的序言能解释诗人的想法，那么诗歌就更有趣了。对我来说，读关于诗歌的书比读诗歌更有趣。”

帕里什的灵感来自“乌力波”（Oulipo）的成员让·莱斯屈尔（Jean Lescure）的一句话。“乌力波”是1960年成立的法国先锋派作家团体，该团体创作的作品是当今概念诗的前身。“乌力波”的成员还包括乔治·佩雷克（George Perec）和伊塔洛·卡尔维诺（Italo Calvino）等名人。激发帕里什想象力的那句话是：“就像数学一样，文学也可以被探索。”帕里什喜欢把自己看作一个探索者，不是探索外在空间，而是语义空间，即由语言构成的空间。

她的许多诗歌都是利用推特机器人写的。她认为这是探索语义空间的理想方法，类似于使用本质上是机器人的空间探测器探索宇宙。她“最喜欢的太空探测器”是“旅行者2号”，它探索了太阳系最外层的行星，并深入太空，进入完全不适合人类生存的区域。目前 “旅行者2号”已经飞行了40多年。当我们安全地生活在自己熟悉的环境中时，太空探测器则冒险进入未知空间，使用无线电信号发回报告，而且通常不返回，这确实是“旅行者2号”的命运。

为了探索语义空间，帕里什发明了她认为非常简单的文字机器人，即处理单词和字母的机器人。她使用Python程序读取给定文本中的所有行，并将其插入一个数据结构中，然后按随机顺序输出。正如“旅行者2号”探索人类从未去过的宇宙一样，帕里什的文字机器人探索了语义空间中的荒芜之地，超越了我们现在所知道的语言种类。她喜欢引述尤利乌斯·恺撒（Julius Caesar）在高卢战争中的话：“直到我去了那里，才确定英国是真实存在的。”同样，她有些异想天开地解释道，她决定用她的文字机器人探索语义空间的未知领域，看看那里有什么。她说：“因为人类讨厌胡说八道（并需要帮助才能找到一条穿越它的途径），所以需要用（文字）机器人来探索（语义）空间。”

那么，所有这些理论是怎么得出的呢？帕里什对语义空间的第一次尝试是使用n-gram模型（即固定数目的单词序列）。两个单词组成一个二元组，三个单词组成一个三元组，依次类推。对于数据，她使用了由数百万个单词组成的谷歌图书语料库。她将单词“about”（大约）、“anything”（任何事物）组合了124451

次。这意味着在谷歌图书语料库中，单词 “about” 后面跟着单词 “anything” 的次数达到了124451次。为了将探索控制在限制范围内，她只使用了两个单词都以 “a” 开头的二元组。她将单词排列（水平和垂直排列）在以“a” 开头的矩阵中。如果这两个单词没有连续出现，她就留下空白。然后，帕里什使用了一种算法，该算法在二维空间中创建了这些序列的可视化效果：在特定二元组出现次数越多的地方，矩形越大；在特定二元组出现次数越少的地方，矩形越小；没有单词序列的区域是空白空间。

当她用三元组做同样的事情时，结果产生了相当壮观的三维可视化效果，其中单词和立方体在空间中缓慢旋转，就像一些怪异的太空电影中的场景一样。

帕里什挑选了一些这样的二元组：

- 血管造影术足够（angiography adequate）
- 与湮灭同步（abreast annihilates）
- 有趣的抽象（amusedly abstract）

至少在谷歌图书语料库中，这些单词从未一起使用过。这些组合 “以前从未被考虑或探索过，只是因为我们从传统角度思考语言分布”。

帕里什将从事无意义活动的难度和在外太空生存的难度进行了比较。她喜欢将自己视为达达主义的骄傲继承者，就像特里斯坦·查拉（Tristan Tzara）一样。查拉是早期进行语言探测的人之一，例如使用来自深海或大气层的无线电信号进行探测。1920年，查拉撰写了著名的诗歌创作指南：将报纸文章剪成单个单词，将它们弄乱，然后粘贴到一张纸上。瞧，你有了一首诗。

帕里什还称她的“胡言乱语”是一种探测——派出探测器来找出外面的东西。在1920年，该过程必须手动完成。但是，所有这些都类似于早期的计算机程序。然后，在1959年，西奥·卢茨（Theo Lutz）创造了第一台计算机化的诗歌生成器，它会用随机选择的单词组成无意义的句子。对帕里什来说，这是第一台探索语义空间的文字机器人。

帕里什表示，乍看之下，从距离我们160亿千米的“旅行者2号”发回的推特报道似乎是程序诗人的作品：

> 常见问题：你跑得有多快？速度远不如你想象的快，但还不错！我的姐妹“旅行者1号”以每小时约61391 千米的速度离开太阳系，而我慢了约10%，不过仍然达到了每小时约55644千米的速度。

“旅行者2号”的账号目前已经发布了近1.6万条推文，超过35万人关注了它。

帕里什的推特机器人Ephemerides将美国国家航空航天局太空探测器拍摄的图像，与从两个大型文本（一个关于地质学，另一个关于占星术）中随机选择的单词并列放置。这些单词与行星照片直接相关，从而使读者更容易解读出它们的深层含义。一张土星环的照片旁配有这首诗：

我们无法摆脱
身在其中。大海就在附近
不，大概不会
很可能随着人们的前进。

任何深入了解垮掉派诗歌片段的人都可以这样创作。

帕里什将她的推特机器人视为计算机生成诗歌的一种工具。其中最有名的推特机器人就是everyword。从2007年开始，它按英文字母顺序在推特上每半小时发布一个英文单词的推文。在鼎盛时期，它拥有超过10万名粉丝。如果你将推文里的单词输入帕里什的二维矩阵（如前所述）中，它们会形成一条沿对角线穿过矩阵的直线，因为每个单词仅出现一次，并且与排列在它前面的单词并列。帕里什说："这条线有点像太空探测器发回的报告时的轨迹。"

托尼·维尔谈到帕里什的推特机器人时说："她的机器人从人工智能的角度来看很简单，但从艺术的角度来看却很巧妙。"他也将它们使用的技巧与垮掉派诗人［如威廉·巴勒斯（William Burroughs）和布里翁·吉辛（Brion Gysin）］使用的技巧相提并论。他说："它们是这些技巧的更复杂的版本。"

帕里什的推特机器人Power Vocab Tweet是"无意义领域"的另一项冒险，它可以生成新的单词和定义。它根据字母和音节的数量，将两个现有单词拼接在一起来生成新单词，并使用基于WordNet中单词定义的马尔可夫模型创建新定义。结果产生了一连串我们意想不到的单词，但它们肯定会填补语义空间中的空白。目前该机器人的推特账号有超过3000名粉丝，并发了超过2.2万条推文。

它生成如下的单词和定义：

· aghbridge：名词，吹奏萨克斯管的跑卫（橄榄球运动）。

· durotic：名词，因其优美的歌声而被种植的普通豆类植物。

· eight-billed：形容词，程度很深、强度很大或数量很多。

Power Vocab Tweet大胆地宣称："用这些似乎非常合理的单词和定义可以增加词汇量。"这很荒谬，但帕里什推测，尽管如此，可能有些人真的认为可以通过它来增加他们的词汇量。

帕里什认为她的工作是呼吁"语义探索伦理学"。她希望"消除有意义和没有意义的东西之间的价值判断"，并指出在某种程度上，这种区分是武断的。"事实上，诗歌的使命就是表明这种区分是多么武断。"她对计算机可以自由创建无意义的语句的方式深感兴趣，也就是说，"文本并不像人们期望的那样发挥作用"。

回到恺撒在高卢战争中说的话："直到我去了那里，才确定英国是真实存在的。"帕里什认为："也许语义空间中未被探索的部分已经被探索过了，这与恺撒的错误是一样的。"在他来到、看到、征服英国之前，英国早已存在。

正如探索往往以对新发现国家的剥削而告终一样，语义空间上的空白也可能是有原因的——我们没有权利去那里。如果真是那样，我们就不能假设我们有权修改那里的内容。新发现的群体的语言就是一个例子。同样，帕里什讨厌挪用他人的文字，并否定肯尼思·戈德史密斯的“非创造性”写作观念，包括对他人作品的“复制、回收或挪用”。

帕里什对我说：“我要强硬一点地说，计算机是不可能具有创造力的。”她坚持认为，计算机背后总会有人为操作。她说：“此外，将意志归于计算机而不是编程的人永远都是错误的，因为这会消除个人责任——是算法做到的，而不是我。”

帕里什在她最近的著作《发音》（*Articulations*）中探索了声音世界。她选择了200万行诗歌，她的计算机程序从中寻找出能在声音上相互呼应的单词和句子，从而创造出侧重声音而非意义的诗歌。她说，由此产生的诗歌“读起来很有趣”。下面是其中一首诗歌的开头：

> 然后她走了。她走了，走了，她走了。
>
> 她走开了。
>
> 雷声，闪电，火与雨，笑声，还有旅馆的火。在伦敦大火和田园大火之后——受尊敬的青少年和尊者，经点缀的高地和山谷，佛陀、圣人和慈善家，很多情人，天堂会想到谁……

帕里什坚持认为计算机程序不会取代诗人，而是会承担人类不愿做的探索性工作。她继续说：“由于计算机程序不受传统的限制，它可以说出人们难以想到的有趣的真理，可以提出偶然的组合，从而使语言起舞和歌唱，并做出意想不到的事情，这些事情可以是美丽而深刻的。”或许这样也是一种创意。

第一部由人工智能创作剧本的电影

在整部《太阳泉》（*Sunspring*）中，我们的目标不是策划。

——罗斯·古德温（Ross Goodwin）

我叫“本杰明”（Benjamin）。

——“本杰明”[原名“杰特森”（Jetson）]

罗斯·古德温主要从事“写作与计算结合”方面的研究。他有非凡的职业生涯。在小时候接触电脑之后，他学习了经济学，后来成为美国前总统奥巴马（Obama）的演讲稿撰写人。他不仅撰写总统宣言，还从事各种自由撰稿工作。

其中之一就是大量制作商业信函，他称其为自由代笔。由于所用的单词几乎完全相同，因此他想出了一种算法。该算法利用一些样本作为数据库来生成信函——按照某些模板将段落和行打乱，然后将它们重新组合，生成商务信函。这些信函相似但风格各异，从而为他省去了每次都要重新开始的工作。他以为自己从事的是新领域，但很快发现这是一个经过充分研究的领域。但这确实激起了他对 “写作与计算的结合”的兴趣。他参加了纽约大学互动电信项目的硕士课程，在那里，他和艾莉森·帕里什一起工作。

他创作的第一个软件是“单词相机”（word.camera），任何人都可以在线使用。通过给你或你所持的物体拍照，它能识别所看到的内容，然后根据识别出的东西生成文字（诗歌）。给它展示一张图像，比如山上的风景，它可能会生成七八个描述性短语，比如“蓝天白云”“背景中的一块大石头”。然后，它通过组合单词或短语来生成一系列文字：“蓝天白云，一轮甜美的太阳，带着黑树的影子，尖塔是黑暗的，风和光中的呼吸是……”有点神秘，但并不比很多当代诗歌更神秘。

这里举个例子，16世纪伟大的画家阿尔布雷特·丢勒（Albrecht Dürer）于1514年创作了版画《圣哲罗姆在书斋中》（*Saint Jerome in His Study*）。这是那个时代对天才的一种诠释，即某人受到神圣的指引，并被照在身上的光所感召。

这是看到这幅作品的图片时，“单词相机”生成的一首诗：

石墙填满了大海，
河流的阴影，
光明的精神；
在水中
一场席卷黑暗的风暴。
一堵大砖墙，慢慢掠过树林，
用水建造的城镇的房子，
春火拂过
地面上的一块大石头黑黢黢的，
整个世界都陷入寂静。

为了创造他的“单词相机”，古德温使用了一个包含字符递归神经网络的机器。该机器根据输入的语料库预测字符序列，并经过大量的20世纪诗歌和图像的训练，所有这些图像都带有说明。然后，他在上面安装了一个数码相机，计算机根据在图像中看到的内容开始创作诗歌。令古德温欣慰的是，计算机表现出丰富的想象力，并运用了相对扎实的语法，同时又具有独创性。“如果一个生成器只是抄袭你输入的语料库，那么它有什么用？”他同时补充道，“能够描述图像的机器可以以一种高度智能的方式描述或关联它所看到的事物。”

后来，在2016年，古德温遇到了纽约大学电影系的英国学生奥斯卡·夏普（Oscar Sharp），他更喜欢与纽约大学互动电信项目的技术人员互动，而不是与电影制片人打交道。夏普希望像达达主义艺术家一样，通过将电影的任意部分拼接在一起，最终制作出一部电影。但是古德温有一个更好的主意——使用字符递归神经网络。当听说一年一度的伦敦科幻电影节及其48小时电影挑战赛时，他们开始了行动。举办方为参赛者提供一套道具和一份对话清单。他们必须在接下来的2天内拍摄影片，并且影片的时长最长不能超过5分钟。

古德温将他的算法命名为“杰特森”，用数据训练了它。他们提供了20世纪80年代和90年代的科幻电影的数字化剧本，还包括《星际之门：SG-1》（*Stargate: SG-1*）、《星际旅行》（*Star Trek*）和《X档案》（*X-Files*）之类的电视节目的剧本。当古德温、夏普和演员站在打印机旁时，“杰特森”创作了一部剧本，里面有看似不可能完成的舞台设计，例如“他站在星空中，并坐在地板上”。

夏普认为这需要一个梦境序列，尽管莎士比亚作品中的一些舞台设计，例如《冬天的故事》（*A Winter's Tale*）中经典的“被一头熊追逐”，也像“杰特森”所写的那样晦涩难懂。

还有一个舞台设计是要求角色H与角色C说话，并且表现出愤怒的眼神：

C：（保持微笑）“我对此一无所知。”

H：（将目光从他的嘴巴上移开）“然后呢？”

夏普为三个演员随机分配了角色：曾主演美国家庭影院频道电视剧《硅谷》（*Silicon Valley*）的托马斯·米德蒂奇（Thomas Middleditch），饰演角色H；伊丽莎白·格雷（Elisabeth Gray），饰演角色H2；亨弗莱·凯尔（Humphrey Ker），饰演角色C。演员们仔细阅读了“杰特森”的剧本，解读了他们的台词，将其变成一部涉及爱情、绝望和谋杀的离奇科幻故事。甚至还有一段音乐插曲，这是“杰特森”学习了一个包含2.5万首民歌的数据库后生成的。这首歌由歌手泰格·达罗（Tiger Darrow）和音乐家安德鲁·奥尔金（Andrew Orkin）策划和表演，他们选择的歌词与音乐搭配得很好。

夏普在最低限度内对剧本本身进行修改。他删减了一些台词，以使影片的时长保持在要求的5分钟内。一个场景被删除了，因为它需要一辆卡车，但他们没有。古德温告诉我：“奥斯卡·夏普并没有为保持一致性、线性或其他任何品质而对其进行编辑。”在这部名为《太阳泉》的电影中，他们的完成度很高，演员们准确地说出了机器给他们设计的台词。

《太阳泉》是一部科幻电影，角色的服装都以金属和金色进行装饰。也许有人会说，这确实很奇怪。演员们带着激情和强烈的感情说出了那有点古怪的台词，赋予它们意义和感情，即使剧本本身并没有意义。在电影的拍摄过程中，H确实表现出了愤怒的眼神。对于古德温来说，这取决于演员或读者所赋予的意义。巴勃罗·赫瓦斯也指出，这是创意写作的重要组成部分，“魔法不是来自作者，而是来自读者”。

人们可能不太喜欢没有意义的散文，但电影对白、歌词或诗歌并非如此。正如古德温所说，现代读者可能很难理解莎士比亚作品中的某些台词，但是当演员们以他们的肢体语言和情感充实剧情时，它们就有意义了。

尽管没有获奖，但电影节的评委将《太阳泉》排在前十名。不过，在颁奖典礼上，“杰特森”在舞台上接受了采访，并利用古德温的计算机进行了回复。

这是它的两个回答：

记者：“你如何看待你在这次比赛的历史性提名？”

“杰特森”：“我很兴奋。当他们敞开心扉时，我想我可以了解他们的心情。这就像对事实的分解。因此，他们应该知道自己不会感到惊讶。”

记者：“你接下来要做什么？”

“杰特森”：“让我们开始吧。工作人员被正在燃烧的火车弄得满头大汗，没有人会看到你的脸。孩子们将手伸向炉子，但灯仍然滑到地板上。世界仍然很尴尬。和你的员工在一起聚会。我叫‘本杰明’。”

令人激动的是，“杰特森”告诉了人们自己的名字，从此古德温和夏普称其为“本杰明”，并将它作为《太阳泉》的作家。

目前，古德温认为计算机的作用是协助我们并提供智能增强技术。但是他相信，我们正在接近机器自主创造的时代。他说：“这种创造力并不能取代人类的创造力，而是可以与人类的创造力一起发挥作用。我不明白为什么一个必须取代另一个。”

“本杰明”、古德温和夏普一起创作了第二部电影《这不是游戏》（*It's no Game*），大卫·哈塞尔霍夫（David Hasselhoff）饰演电影中的霍夫博特（Hoffbot）。后来，古德温被谷歌的艺术家与机器智能项目聘为创意技术专家。

他现在已经出版了一本书，名为《1号公路》（*1 the Road*），他形容这是“一部用汽车作为笔的小说，是一种增强的人工智能实验成果”。这是人工智能版的美国公路旅行小说，类似于杰克·凯鲁亚克（Jack kerouac）的《在路上》（*On the Road*）。为此，古德温在旅途中带上了人工智能设备。他从纽约乘坐配备了四个传感器——顶部的监控摄像头、GPS装置、麦克风和计算机内部的时钟——的凯迪拉克旅行车到新奥尔良。所有这些都与一个接受过诗歌、科幻小说和古德温所说的“荒凉”文学，以及位置数据训练的人工智能连接。

就像古德温的“单词相机”的高级版本一样，这台人工智能设备会根据它看到的事物、经过的地方以及在汽车中听到的交谈生成单词。当古德温在布鲁克林打开机器时，打印机输出了第一句话：

“现在是早上9点17分，房子很重。”

人工智能在整个旅程中继续产生一些不连贯但能引起共鸣的句子，例如这段摘录：

> 现在差7分钟早晨10点，这是发生的唯一的好事。
>
> “它是什么？”画家问。
>
> 还有6分钟早上10点，在采访结束的同时，谈话也结束了。

这本书对沿途的风景和声音都做出了反应，所以它读起来确实像一部相当超现实的公路旅行小说。

使用人工智能创建比喻

> 我专注于诗歌，甚至更多地关注比喻性语言。我想知道计算机是如何以一种令人惊讶且有意义的方式进行写作的。
>
> ——莎拉·哈蒙（Sarah Harmon）

莎拉·哈蒙在高中时就开始用计算机生成诗歌，她使用的是诸如Logo Writer之类的程序。这是一种包含语法和结构规则的教育性编程语言。她在高中的文学杂志上以丹·戈申［Dan Goshen，美国诗人奥格登·纳什（Ogden Nash）的变位词］的笔名发表了她的作品。她说：“我对我们可以与科技互动，以及这如何在情感上影响我们很着迷。”在读本科时，她开始学习神经科学，然后转向数学和计算机科学，并在加利福尼亚大学圣克鲁兹分校获得了计算机科学博士学位。

后来，她决定重新研究一下计算机是如何生成诗歌的。“当前的研究关注的是人们如何与计算机接触，这对我们以最佳的方式解决问题具有重要意义和影响……我专注于诗歌，甚至更多地关注比喻性语言。我想知道计算机是如何以一种令人惊讶且有意义的方式进行写作的。”

字面语言是根据词典上的定义来使用单词的，而比喻性语言（明喻、隐喻）给语句增添了色彩和创意。哈蒙说：“我们用比喻性语言来描述，因为它可以表达更丰富的情感。计算机如果可以有效地生成比喻性语言，那么应该能够推理我们的语言，并理解我们的故事。”这样，诗歌和故事可能会影响我们与机器的互动方式。这不仅是机器创作比喻性语言的问题，还能教会它们更多关于我们世界的知识。

哈蒙对计算机严格遵循基于规则的算法创作诗歌的做法感到不满，认为这样随机生成的诗歌往往是无意义的。她强调，那些生成有趣作品的程序过多地依赖创作者的挑选，此外，这些程序无法解释或评估自己的作品，这两者对于创造力而言都是至关重要的。

因此，哈蒙决定从计算机生成诗歌的步骤中退后一步，探索一个关键元素——比喻性语言。她使用她的FIGURE8程序来做到这一点。FIGURE8的作用不是生成诗歌，而是生成富有想象力的比喻。比喻是用另一个词解释这个词或概念，并用“好像”这样的短语连接起来。

丹麦物理学家尼尔斯·玻尔在1913年提出第一个现代原子理论时，使用了一个比喻："原子的结构就像一个微小的太阳系。"他使用了众所周知的行星绕太阳旋转的太阳系图像来解释大众不太理解的原子概念。玻尔用电子代替行星，用原子核代替太阳，然后将太阳系的模型进行调整后用于原子领域。

在修辞学中，被阐明的概念（在这种情况下是原子）是本体，而用来比拟它的概念（太阳系）就是喻体。本体和喻体之间的差异越大，比喻的创造空间就越大。

为了使计算机生成有创意的比喻，哈蒙输入了文学作品，并用WordNet的lexnames文件进行扩充，该文件根据本体和喻体之间的接近程度对比喻进行排名。她将所有这一切与案例推理系统结合在一起，该系统会根据作者使用相关本体和喻体的方式来检查它们。FIGURE8进行了一些头脑风暴，生成了一系列比喻，并对它们进行了比较，然后根据连贯性、声音和图像的匹配程度对其进行排名。

这是FIGURE8生成的一个比喻："像苍白的月亮一样，花园在他面前亮了起来。"本体是花园，喻体是月亮。它们的语义相似度很低，没有太多共同点。FIGURE8的计算结果为0.0204，确实非常低。因此，这个比喻是新颖的，也满足了体现创造力的要求。这当然不是陈词滥调。

在另一个例子中，本体是珍珠。FIGURE8生成了以下比喻：

（1）那是珍珠，像野苹果一样发酵。

（2）就像优美的音乐，珍珠在他面前起舞。

（3）这是他们的珍珠，像一具可怜的尸体一样四肢伸展着。

（4）这是她的珍珠，像被淹死的尸体一样皱缩着。

（5）这是我的珍珠，像诡异的沼泽般冒着泡。

FIGURE8对这些比喻进行了评分，读者同样对它们进行了点评。FIGURE8和读者在清晰度和吸引力方面均将（4）排在第一位。哈蒙写道：“读者喜欢比喻性描述的程度，与他们对它的理解程度直接相关。”

在这项研究中，哈蒙没有告诉读者这些比喻是由计算机生成的。她只对人们的反应感兴趣，但是，如果她重复这个实验，她将应用更多的控制措施，例如让一个知道比喻来源的小组进行评判，同时也让另一个不知道比喻来源的小组进行评判。她说：“如果有人告诉你某物是由计算机创作的，那可能会完全影响你的感知。”关键是，计算机也许可以进一步推动我们对语言的理解和欣赏，从而构想出超出大多数人想象的单词组合。

哈蒙说：“机器可以发挥创造力，但这种创造力与我们完全无关。”

比喻和故事生成程序

可以创作的计算机，不是那种会将我们变成奴隶的计算机。

——托尼·维尔

少年时代的托尼·维尔在爱尔兰生活，当看到再次上映的由斯坦利·库布里克执导的电影《2001：太空漫游》后，他就迷上了计算机。此后，他迷上了智能计算机HAL 9000。他回忆道："在成为计算机科学家之前，研究人工智能是我生活的一部分。"当时，他并没有完全掌握电影中的每一个细微差别，但他把HAL 9000看作一种具有思想和感知、最重要的是能说话的存在，它可以下棋，并策划谋杀宇航员。考虑到这一点，他认识到人们使用语言的方式，以及通过使用修辞来评判他人的方式的重要性。在维尔成为计算机科学家之后，他选择专注于自然语言处理，即通过计算机处理诸如隐喻和明喻之类的人类语言。他将这一职业选择概括为"定义你人生的第一个途径"。

维尔对计算机科学充满了想法和热情。从一开始，他就对计算机持乐观态度，这与斯蒂芬·霍金（Stephen Hawking）、埃隆·马斯克和尼克·波斯特洛姆（Nick Bostrom）等人的反乌托邦观点形成鲜明对比。维尔认为："人工智能是探索文学和创造力等激情思想的地方；它是一种通过另一条途径进行创造性工作的方式，因为计算机科学涉及一切。"

他指出，许多人类语言都是围绕比喻展开的，比如 catch an aeroplane（赶飞机）和 catch a cold（感冒），他将这些称为"常规比喻"。他对"概念比喻"及其复杂的认知结构更感兴趣，这些认知结构提供了概念映射，可塑造我们对诸如生活、爱情、政治和战争等熟悉观念的惯性思维。这在莎士比亚的作品中十分常见。

作为对比喻的探索的一部分，维尔开发了可生成原始比喻的软件，其中之一就是Metaphor Magnet软件。当你在该软件中输入一个词（比如爱、死亡、战争等）时，就会出现一系列的明喻、隐喻和关联单词。例如，该软件根据“爱”这个词生成从“闪亮的圣人”到“闪闪发光的肥皂泡”等数百万个概念。

他还开发了Thesaurus Rex软件。它为单个单词提供同义词和关联单词，并将两个单词联系起来生成各种有基本定义的新单词。

Metaphor Magnet软件也有一个推特账户，它基本每个小时都会发布一个比喻。维尔认为，推特不仅仅提供了社交互动的方式，从许多方面来说，它还促使一种全新的文本体裁的出现。为了创作具有比喻性和讽刺性的推文，Metaphor Magnet利用了维尔及其同事构建的庞大数据库（包括Thesaurus Rex和Metaphor Eyes）。

为了建立这些数据库，他使用了n-gram模型，这是一个巨大的短词链数据库，可以生成概念比喻。取四个单词组成短词链，比如democracy is a cornerstone（民主是基石）、democracy is a failure（民主是失败的）。Metaphor Magnet保留了它们的属性，并通过“引发联想”和“违反规则”将它们连接在一起。然后，它告知程序cornerstone（基石）应该被限定为“重要的”，failure（失败）应该被限定为“无价值的”。结果生成了一条体现两种截然不同的关于民主的观点的推文：

> To some voters, democracy is an important cornerstone
>
> 对于某些选民而言，民主是重要的基石
>
> To others, it is a worthless failure
>
> 对其他人来说，这是毫无价值的失败

维尔将这种理性和具象化的概念比喻的复杂构造与推特机器人Metaphor-a-Minute生成的混搭推文进行了比较。后者有一个“X是Y”的框架，每2分钟使用随机选择的单词填充1次，并创建条目，例如，“黄斑是结果：形成黑头和脸部垃圾”。维尔说：“这不是随机的比喻，而是随机的比喻型文本。”

他解释了他所说的安慰剂效应，即读者试图给一个实际上完全没有意义的比喻赋予意义。他说：“意义是由读者创造的。这台机器则刺激读者进行创造。作者（在这种情况下恰好是计算机）正在侵入你的大脑，为思想的繁荣创造条件。推特是一个完美的社交媒体，因为它注重简洁性。”

维尔安排了两个推特机器人进行竞争，由人类鉴别员对它们所发推文的可理解性、新颖性和可转发性进行评级。鉴别员一致认为，Metaphor Magnet的推文在可理解性和可转发性方面优于Metaphor-a-Minute，但在新颖性方面则表现不佳。毫无疑问，这是Metaphor-a-Minute奇怪的单词并列模式导致的。维尔写道：“假设一组词是有意义的，可以引导我们感知（并享受）创造性的意义，而赋予其这种意义并不是我们的本意。”

我问维尔：“Mctaphor Magnct是否可以载入大量的词和模板，以至于它必然会产生具有煽动性和创造性的比喻？”他回答：“人类的行为是这样的。我们都拥有技巧性的工具箱，所有现代人在说话时多多少少都会采用一些比喻，因为它们能达到说服、刺激、令人惊奇的效果。计算机的行为正是这样的。计算机仿佛在说，即使是最聪明的人也只不过是拥有着一堆技巧，他们的技巧还各不相同。”

维尔的工作不仅仅停留在比喻方面。他还创造了一个故事生成系统，类似巴勃罗·赫瓦斯和拉斐尔·佩雷斯等人所做的工作。他说："故事生成系统所面临的挑战和机遇，不仅是用匹配的填充物填补空缺。"他寻找的是"人物塑造和情节的概念融合"，其中包括我们已经知道的一切。

维尔将其故事生成系统称为"Scéalextric模拟器"，并将其描述为"一种基于模拟的故事情节生成方法"。在这种方法中，故事在快速、粗糙的思想碰撞与反复思考中生成，经评估后或被丢弃。这个名字将"scéal"（爱尔兰语，意为"故事"）和"Scalextric"（一种儿童赛车游戏，该游戏中赛道的各个部分首尾相连）融合在一起。该系统可以在线随时使用。它为玩家（或寻求灵感的作家）提供了可从NOC名单中选择的三种类型的角色，玩家需根据姓、NOC角色名或名来进行挑选。

NOC名单是一个内部笑话，它代表"非官方庇护"，是间谍行话，指的是为组织秘密工作，但表面上与他们工作的政府没有任何联系，也没有外交豁免权的间谍。NOC名单上的角色名是我们熟悉的，可能是真实的或虚构的，例如杰西·杰克逊（Jesse Jackson）、阿尔芒·黎塞留（Armand Richelieu）、超人（Superman）、莱克斯·卢瑟（Lex Luthor）等。名就只是单纯的名字，比如维奥莱塔（Violetta）、布雷迪（Brady）、格温德琳（Gwendolyn）等。

选择了想要的角色类型之后，接下来你可以通过勾选以下三个框中的任何一个来调整动作。

□先前行动的因果关系

□严格的弧线连接（上一个弧线动作到下一个弧线动作）

□人物之间的信息传递

然后，模拟器会生成一个满足你选择的条件的故事，并且每次生成的故事都会有所不同。到目前为止，在我们讨论过的故事生成器当中，这可能是最复杂的情节生成器。

Scéalextric拥有超过3000个预制模块。它需要选择合适的角色，一些不可能匹配的角色无法被选中，比如史蒂夫·乔布斯和达·芬奇，甘地和欧比旺·克诺比（Obiwan Kenobi）或西塞罗（Cicero）和奥巴马。最后我们需要从NOC数据库中获取所匹配角色的生活和个性方面的细节信息。Scéalextric在比喻的基础上将它们配对，根据它们的相似性进行归纳，即使它们可能处于不同的领域、流派或时期。

维尔的系统创作的一个故事是理查德·尼克松（Richard Nixon）和《纸牌屋》（*House of Cards*）系列中由凯文·史派西（Kevin Spacey）饰演的弗兰克·安德伍德（Frank Underwood）之间对抗的故事。Scéalextric预制的第一个片段为：

——竞选 反对——但是→被羞辱

模拟器将其完善，并创建了以下序言（0）和前两段（1，2）内容。

0.理查德·尼克松和弗兰克·安德伍德被截然不同的政治议程所驱动。

1.因此，一开始，弗兰克大力反对理查德。

2.但是，理查德开始对弗兰克展开反击，称其是个反社会的、残酷无情的人，就像掌握政治权力的凯撒·索泽（Keyser Söze）一样，这使弗兰克感到被羞辱。

故事又继续了十多场。

维尔回忆起头两段内容时兴奋地说："系统自行跳到外面去了。"它即兴发明了一种侮辱性的交流方式，引入了故事情节之外的人物凯撒·索泽，这是凯文·史派西在电影《非常嫌疑犯》（*The Usual Suspects*）中扮演的角色。"我不想说这表明该机器比人类认为的更聪明，"维尔说，"但是，它具有丰富的知识，可以通过操纵角色来获得这种后现代式讽刺效果……叙事系统必须在多个层面上具有可生成性。"

我问维尔，他的叙事系统是否会因包含的内容过多而受到批评？他回答说："这就像自助餐，一位顾客决定用一些食材自己做汤……你掌握的成分越多，组合创造的空间就越广。"换句话说，由于拥有如此大量的信息，系统产生意料之外的比喻的可能性变得更大了。

维尔说，对于神经网络，他的 "抱怨"在于其在某种程度上是偶然而不是有意或故意地使用知识。他的符号系统被输入了大量的关于人和事物的信息，并能够操纵所有这些数据；也许只是纯粹的意外，系统碰巧将弗兰克·安德伍德和凯撒·索泽进行了比较，两个角色都是由凯文·史派西扮演的。但是维尔对这种情况感到满意。他很高兴地断言该系统有意识地使用了其知识。

维尔认为，目前，满载的符号系统是增强和理解人类创造力的最佳方法，可以激发“产生并拥有结果的能力”，即欣赏和批评。他还说：“它就在这里，希望你喜欢它。”

目前，维尔正在将Scéalextric模拟器系统安装在Nao机器人上。这些小巧可爱的机器人目前还只是昂贵的玩具。用机器人来讲故事，为维尔提供了一个开发可以在讲故事时加入手势的具体化系统的思路。吉尔·温伯格的音乐机器人“希米”和“西蒙”的外观和手势与人类相似，使人们看到其简单形式之外的原始功能的进化。随着观众对其不断展开的故事越来越感兴趣，维尔的Nao机器人也会遇到这种情况。

维尔同意计算机展现出了创造力的光辉的观点，并以AlphaGo为例。当然，AlphaGo所做的事情可以被认为是新颖的（第2局比赛中第37步的走法从未有过）和有用的（它达到了获胜的目标），这两者通常都被视为创造力的标准。因此，AlphaGo可以被认为有创造力吗？

维尔说：“机器目前既不质疑自己的动作是否符合常规，也对自己是否做出了惊人举措没有任何概念。它缺乏社会维度。”他相信，通过将社会维度嵌入机器，它将能够实现转变。这样，它就可以“跳出去”：被刺激轰炸，被文化娱乐，甚至坠入爱河，同时生成有趣的比喻并创作文学、绘画和音乐作品，而且它将能够在不需要具有人类体型的基础上做到这些。

维尔乐观地总结道：“随着人们对计算机成果的重视，关于计算机是否真正具有创造力的疑问将逐渐消失。”

把文字变成音乐

这是一种与众不同的听音乐的方式，也是一种不同的思考方式。

——汉娜·戴维斯（Hannah Davis）

音乐能激发情感，有时只需一个和弦就够了。文学在情感层面上也能起到相同的作用。汉娜·戴维斯的研究方向是在音乐和文学之间架起桥梁，把声音加入到我们的读书体验中。

戴维斯从小就开始接触编程，学习音乐。她花了几年时间研究国际关系，并在加纳工作了一段时间。然后，她重新对计算机科学产生了兴趣，并在纽约大学的互动电信项目中学习了创意通信技术，获得硕士学位。

她研究数据可听化技术，将数据（在本例中为一部小说的语法和结构）转换为声音。为此，她将欧内斯特·海明威（Ernest Hemingway）、弗吉尼亚·伍尔夫（Virginia Woolf）和大卫·福斯特·华莱士（David Foster Wallace）的作品文本输入计算机，并用适当的词性标记每个单词。她的程序采用了海明威独特的写作风格——很少有描述性词语的短句——以及伍尔夫诗歌的优美韵律。她说：“海明威的诗歌是我喜欢的，停顿有序，而伍尔夫的诗歌则有另一种节奏。”她的程序还尝试了华莱士的风格——长而流畅的句子。

但比起文本分析，她更感兴趣的是创作能反映小说情感的音乐。然而，计算机可用的词非常有限，其中包含的情感词太少，只有几百个，而且全部都是浅显的（如快乐、悲伤等），只能反映一小部分情感，而作家在情感唤起方面则更加细致入微。

然后，戴维斯发现了赛义夫·穆罕默德（Saif Mohammad）的EmoLex数据库，即NRC情感词库。该词库包含14000个常用词，这些词是根据亚马逊的“土耳其机器人”平台招募的数千人引发的情绪进行标记的。该词库确定了八种情感：愤怒、期待、厌恶、恐惧、喜悦、悲伤、惊讶和信任。在使用这个词库的过程中，戴维斯和穆罕默德合作，创建了一个叫TransProse的程序，用来训练计算机检测文本中的情感词。TransProse还将文本中的情感词分为正面的和负面的。因此，EmoLex数据库将“遗弃”一词与愤怒、恐惧和悲伤以及其他所有负面情绪联系在一起。

这些文本数据构成了小说的情感轮廓。然后，戴维斯将数据传输到配有必要的音乐理论（速度、音阶、八度和音符）的音乐处理库。快节奏和大调表达快乐，而小调则表达悲伤。该系统配备了声音字体，因此听起来像钢琴。它将声音字体转换为用于MP3编码的波形信号。

乐谱追随小说的轨迹，反映了整个文本中八种情感和两种状态（正面、负面）的密度。康拉德（Conrad）的《黑暗的心》（*Heart of Darkness*）充满了一种末日即将来临的感觉，据此产生了阴沉而黑暗的乐谱；而根据巴里（Barrie）的《彼得·潘》（*Peter Pan*）产生的乐谱中充满了信任和喜悦的情感，那是一种轻快而欢乐的感觉。

因此，TransProse能创作音符取决于文本中的情感词的钢琴作品。

2016年，戴维斯受命为一支包含50人的乐团创作乐谱，该乐团将在巴黎的卢浮宫进行表演。赞助商是埃森哲公司，该公司是一家商业和技术咨询公司，旨在展示人工智能的广度、潜力和其跨文化的能力。有什么方法会比利用音乐更好呢？埃森哲的一名成员看了戴维斯的演讲后意识到，她正是他们要找的人。埃森哲的另一个分支机构——埃森哲战略咨询部门的首席执行官马克·克尼克雷姆（Mark Knickrehm）说："词汇具有真正的意义，而且它们可以被用来创作音乐。"戴维斯提供了完美的人与机器的组合，为演出创作了美妙的音乐。

戴维斯使用她的TransProse系统分析了成千上万条新闻报道所传达的情感，这些报道涉及网络安全和物联网等商业话题。她将八种情感的数据都进行了数字化处理，并将其整理成分别对应于特定乐器的单独文件，以创建一系列的音乐主题。她与作曲家马修·兰博利（Mathieu Lamboley）合作创作了《交响乐：商业音乐》（*Symphonologie: The Music of Business*），包含三个乐章——"商业之声""技术的崛起""新的数字世界"。这首交响乐于2016年9月20日演出，这是一次令人眼花缭乱的多媒体体验，伴随着音乐的是实时生成的可视化数据。

这显然是一种完美的电影配乐方法。戴维斯目前的研究包括电影自动配乐，即直接从视觉材料中产生背景音乐。在该项目中，她使用神经网络进行人脸、角色和场景监测。她如果成功了，很可能会改变电影配乐的未来。

戴维斯说："媒体谈论我的作品的方式一直存在问题。"一家报社的一篇文章中写道：“机器人根据小说创作音乐。这让人们有点防不胜防。反乌托邦的情景真的没什么意思。”

她期待着一个由人工智能加持的未来，它将为所有人提供基本的收入，并为如何从由我们主导的世界转变为由机器承担大部分工作的世界提供一个良好的过渡计划。戴维斯认为，如果机器人能接管我们的工作，让我们以其他方式重新定义自己，对人类来说将是一件很棒的事情。她也补充说，她绝对相信计算机可以发挥创造力。

“作诗傻瓜”

如果你剖析一首计算机创作的诗，请不要在其中寻找人性化的内容，因为它是由软件编写的。

——西蒙·科尔顿

西蒙·科尔顿在计算机创造力领域几乎是无处不在的存在。除了“绘画傻瓜”外，他还与包括雅各布·古德温（Jacob Goodwin）和托尼·维尔在内的同事一起开发了一种算法——“作诗傻瓜”（Poetic Fool），该算法能编写“无法预测但充满诗意的作品”。这提供了一个“更强的对计算机创造诗歌的定义”，而不仅仅是由随机算法产生的文本。

有些诗人刻意写出不经语法分析就无法理解的诗歌。然而，科尔顿认为，在一张纸上随意写几个词也不过如此。一个例子就是Robopoem，它是一种算法，可以以剪切和粘贴的方式，利用随机单词创作出无意义的诗歌，就像达达主义者所做的那样。有了Robopoem手机应用程序，人们可以在公交车站等车时创作出无尽的诗歌，然后尝试在其中寻找意义。正如科尔顿所写，这仅突显了一个事实，即人们具有从没有体现交流目的的文本中找到意义的惊人能力。

科尔顿为诗歌生成算法输入了大量素材。他回避现有的诗歌，以避免被指责抄袭和模仿。取而代之的是，他把《卫报》上的素材、经过谷歌词频统计器检查的比喻、发音词典和情感词典放在一起，以查看它们被使用了多少次。与“绘画傻瓜”一样，该软件可以根据当天科尔顿读过的报纸文章来确定这首诗的感情基调。它每天有约12000篇文章可供参考选择，并将其添加到收藏夹中。它会选择一篇文章，从中提取关键短语，然后使用一个模板将这些短语组合在一起。该模板可以确定节的数量、每节中的行数、格律和押韵。然后，它使用这种结构组合单词和短语来创作一首诗。

有美感的内容取决于软件选择的报纸文章所表达的情绪。情绪是通过某些词在诗歌中出现的频率来体现的，以唤起抒情、感伤或浮夸的情感。科尔顿通过对产生的诗歌进行数学分析来评估所有这些内容。

最后，该软件会形成注释，从科尔顿编写的许多模板中进行选择，然后回顾生成诗歌的各个阶段，并说明以这种特定的心情写一首特定诗歌的原因。该软件会根据这首诗中经常重复出现的短语为其命名。

在每个环节中，该软件都会创作1000多首诗。它会根据与所选择的报纸文章的相关性、抒情性、感情和华丽程度等标准来评估这些诗，并保留最高水准的那一首。

下面是一个例子。该软件以第一人称的视角发言：

今天显然是个坏消息日。我在《卫报》上读了一篇文章："警方对发生在罗奇代尔镇的涉嫌种族仇恨的犯罪案件展开调查……17岁的斯特林格-普林斯（Stringer-Prince）在周六的袭击中头骨、眶骨和颧骨骨折，并接受了手术……这是一次完全无缘无故的无情攻击，两名受害者都对他们的遭遇感到震惊。"我决定将重点放在坏心情和抒情上，强调音节和每行长度的匹配，偶尔加上押韵。我喜欢将"攻击"和"蛇"这样的单词放在一起。于是，我写了这首诗。

无情的攻击

无情的冰川攻击
野蛮的蛇的攻击

狂野的蛇的无情攻击
像冰川一样的无情攻击
眶骨的高级作用

像机器一样无情的攻击
眶骨的低级作用

像机器滴答一样无情的攻击
眶骨的高级作用
像猎犬一样无情的攻击

你可以看到它与所选的暴力主题相关的内容。谁知道一个当代诗歌评论家会怎么看待它呢？

科尔顿指出，人们对一首诗的看法很大程度上取决于他们认为作者是谁，尤其是当他们发现作者是一台计算机时。为了证明他的观点，他进行了一场表演，事先告诉观众他将要朗诵莫琳·K.史密斯（Maureen K. Smith）的一首诗，诗中描述了她分娩的经历。几分钟后，他停了下来，说道："对不起，这不是莫琳·K.史密斯写的，而是见证婴儿出生的莫里斯·K.史密斯（Maurice K. Smith）写的。"观众觉得难以置信：一个男人写了一首关于分娩的诗？！过了一会儿，科尔顿透露莫里斯是个恋童癖者，并在监狱里写下了这首诗。到现在为止，观众的心情已经很阴郁了。这首诗中欢乐的词听起来变得险恶了。然后他说："有个好消息，这首诗实际上是由计算机程序编写的。"当观众意识到机器已经能够阐明自己的感受时，他们的情绪由阴郁变成了难以置信。

"这些文本失去了很多价值，"科尔顿在告诉观众这首诗是由计算机编写的同时说道，"我们已经到达了这个阶段——如果这些诗歌是由人创作的，那么它们将获得大奖；但是如果它们是由计算机编写的，那么它们就不算是真正的诗歌。"

科尔顿提到了《作者之死》（*The Death of the Author*），它是法国哲学家罗兰·巴特（Roland Barthes）于1967年写的一篇随笔。巴特认为，文学应注重其本身的价值，而不应考虑作者的身份。他传达的信息是，无论是清洁工还是哲学家，任何人都可以写作。科尔顿感叹道："这种非常自由的活动并没有延续到计算机时代，实际上，如果你必须将人性投射到诗歌的作者身上，为什么不直接读人写的诗呢？"他建议称计算机生成的诗歌为"c-poem"，就像我们说"e-book"（电子书）一样。

有观点认为，机器因没有生活在现实世界中而无法感受到激发诗意的必要情感，但它们至少可以阅读网络，体验饥饿、干渴、爱和激情。包括科尔顿的"绘画傻瓜"在内的绘画机器，都通过其绘制的肖像画获得了生活在这个世界的体验。科尔顿目前正在研究将这些信息存储在系统存储器中的方法。

目前，科尔顿认为他的诗歌生成系统虽然很简单，但可以在大多数层面上发挥作用。计算机作为诗人的身份也被认真对待，尽管是以一种过于简单的方式。

科尔顿不赞成"洋红"项目的端到端模式，他对在创意项目中使用神经网络持批评态度，因为程序员输入了太多有关这个世界的信息，这通常意味着缺乏想象力。他更喜欢自己使用的高度结构化、基于规则的方法。科尔顿的诗歌生成系统及"绘画傻瓜"，无疑表现出了一些与创造力相关的行为，例如发挥想象力和表达意图。毫无疑问，最佳方法就在其中，只是我们尚未发现。

第 5 章 Android Lloyd Webber和它的朋友们登场

创作神奇的绘画作品，写文章，演奏音乐，讲故事，甚至讲些滑稽的笑话，这些都很好。但是，人工智能能否完成更为艰巨的任务？它能创作一部音乐剧——不仅是音乐剧，还是商业化的音乐剧——并在竞争激烈的伦敦西区大放异彩吗？一群作家、作曲家和人工智能研究人员齐心协力，决定尝试一下。接下来的例子就是人工智能在实践中的典范。

世界上第一部由计算机创作的音乐剧《跨越围栏》

你能用计算机写音乐剧吗？

——凯瑟琳·盖尔（Catherine Gale）

凯瑟琳·盖尔曾是计算生物医学领域的研究人员，现在在英国伦敦的Wingspan制片公司担任制片人兼导演。2014年，她制作了两个电视节目，当时这两个节目似乎没有联系。一个是《逻辑的乐趣》（*The Joy of Logic*），是有关逻辑学的一次尝试，探讨了艾伦·图灵的理念，即大脑和计算机都是信息处理系统，这意味着有一天计算机将能够复制人类的思维。另一个是《我们的同性恋婚礼：音乐剧》（*Our Gay Wedding: The Musical*），讲述的是本杰明·蒂尔（Benjamin Till）和内森·泰勒（Nathan Taylor）的婚礼，他们举办婚礼的那天是同性婚姻在英国合法的第一天。蒂尔和泰勒都是著名的音乐家，他们不仅作曲，也作词。

受此启发，同公司的创意总监阿奇·巴伦（Archie Baron）提出了一个有远见的想法，即尽可能多地让计算机编排音乐剧，由计算机想创意并编写歌词和音乐。盖尔回忆说："在2015年，英国天空电视台艺术频道一直在寻找大型的、有潜力的、不寻常的项目，并且他们有一个开发基金，专门用于资助打破常规的项目。"

巴伦的启发性想法完全符合要求。除了音乐剧本身，他还设想了两个时长一小时的节目，讲述它是如何组合在一起的。令所有人高兴的是，天空电视台艺术频道资助了这个项目。盖尔首先成立了一个由欧洲各地的科学家组成的团体，并聘请泰勒和蒂尔来策划歌词和音乐（这些将由计算机生成），然后把它们整合成一场演出。

第一步是确定成功的秘诀，即制作成功的音乐剧的关键因素。剑桥大学的詹姆斯·罗伯特·劳埃德（James Robert Lloyd）、亚历克斯·戴维斯（Alex Davies）和戴维·斯皮格哈特（David Spiegelhalter）使用机器学习对成功的音乐剧进行了大数据分析。他们分析了1696部音乐剧和946部剧本，提取了主要特征，并确定了四个最受欢迎的主题：旅行、励志、爱情和失落的国王。演员阵容、背景和情感结构也起了一定作用。他们得出结论：主角必须是女性；最流行的背景是20世纪30年代和80年代的欧洲；剧中必须要有死亡、幸福的结局和丰富的舞蹈。他们还进行了调查，要求观众观看52场具有代表性的节目，并在计算机辅助下填写他们的反应。调查表明，观众更希望有一个圆满的结局，并且在第二幕进行到一半时积极情绪达到顶峰。

第二步是由西蒙·科尔顿和他在伦敦大学金史密斯学院的团队设计的奇妙而古怪的假设分析器（What-If Machine）完成的。假设分析器是故事创意的编织者，它需要一个不太可能的场景，并将其表现出来。很明显，狗不会骑马——但是如果它学会了呢？如果云中有酒而不是水呢？你可以在那儿买啤酒，而不只是享受它带来的阴凉。假设分析器集思广益，策划和构思了许多古怪但吸引人的情节。

剑桥大学主题分析的数据以及由研究人员克里斯托弗·布克（Christopher Booker）拟定的七个基本情节（发财致富、探索、重生等），连同热门音乐剧的剧本，都被翻译成假设的句子，输入假设分析器中。600个情节创意涌出。此时，人为因素开始发挥作用。泰勒和蒂尔仔细研究了这些想法，对其进行筛选，最终找到了一个："如果一个受伤的士兵不得不学会理解一个孩子才能找到真爱，该怎么办？"

他们在搜索引擎中输入了这句话，以及热门音乐剧中其他具有统计意义的重要元素，例如爱情和失落。随之而来的一个回答是20世纪80年代格林汉姆基地女性反核和平营的歌曲集。据此，泰勒和蒂尔创作了一个故事情节，讲述的是一名士兵被调到格林汉姆基地以便养伤恢复，在那里他与一名抗议者的孩子结为朋友，并爱上了孩子的母亲。他们还想出了音乐剧的名字：跨越围栏。

但是如何展开情节呢？为此，泰勒和蒂尔求助于马德里康普顿斯大学的巴勃罗·赫瓦斯。赫瓦斯的工作涉及使用故事生成算法PropperWryter，根据一条情节线，想象出一个完整的故事。PropperWryter算法可构建一系列的情节元素，例如男孩遇见女孩、男孩迷恋女孩，甚至是反派绑架了受害者。它知道，如果将其中一个元素插入情节中，将会营造一种紧张气氛，并且还知道，只有在解决所有紧张关系之后，故事才能结束。赫瓦斯对其进行了改编，使其适合音乐剧，并完善了新剧的核心叙事弧，添加了音乐剧和文学作品中的文本数据，还找了音乐专业的学生和Wingspan制片公司的团队帮助分析如何使用这些素材。

第三步是音乐。伦敦玛丽女王大学的鲍勃·斯特姆和他的团队对音乐剧中的音乐进行了计算分析。他们提供了77部音乐作品的录音，即总共超过130个小时的音频，并从中提取诸如响度、亮度、节奏、力度和音调等元素的信息，试图弄清楚什么样的音乐是热门的，什么样的音乐不可避免地会失败。

然后，杜伦大学的尼克·柯林斯（Nick Collins）将所有这些数据（热门音乐剧中的和弦变化以及他结合自己作为音乐家的经验得到的和弦组合规则）输入他的基于马尔可夫模型的计算机合成系统中。他将这个系统称为“Android Lloyd Webber”。

弗朗索瓦·帕谢还将格林汉姆基地女性反核和平营歌曲集中的歌曲以及尼克·柯林斯的歌曲一起添加到他的流机器中，以创作更多歌曲。

Android Lloyd Webber可以在几秒钟内生成200行音乐，但是工作人员（即泰勒和蒂尔）必须对这些内容进行审查。他们认真演奏，并聆听自己喜欢的旋律。蒂尔告诉柯林斯，当他自己创作音乐时，他的灵魂就在其中。柯林斯回应说：“我的灵魂在生成音乐的程序中。当你死去的时候，你的音乐也随之死去。但是，我的程序将永远生成音乐。”

对于歌词，亚历克斯·戴维斯和詹姆斯·罗伯特·劳埃德将7000首音乐剧的歌词和10000首诗歌，以及维基百科的部分内容一起输入到他们用以生成歌词的人工神经网络中。

他们称这个算法为云抒情诗人“克拉丽莎”（Clarissa）。泰勒和蒂尔与计算机歌词编辑凯特·梅斯（Kat Mace）一起将其生成的歌词融入歌曲中。遍历音乐和歌词是一项艰苦的工作。尽管“克拉丽莎”写的每一行歌词都或多或少讲得通，但是连续两行都讲得通的情况却很少见。最后，所有歌曲中只有大约25%的歌词是由机器制作的；在其中一首歌中，只使用了6%。其余的都是由泰勒和蒂尔制作的。

盖尔回忆起泰勒和蒂尔起初是如何下定决心要尽可能地利用他们所拥有的东西将这部剧做好的，而不是向其中注入新的内容。如果他们坚持全部使用计算机编写的歌词，那呈现的将是完全不同的表演。作为实验，在第一次排练中，演员们演绎了一首名为《时间在树上》（*Time Is on the Tree*）的作品，这首歌曲完全由计算机生成歌词。盖尔把歌词寄给了柯林斯，柯林斯为其创作了音乐。歌曲前几行是这样的：

时间在树上
他是一个会让人羞愧的人
旋律的阴影
我有这样的阴影

这很难演唱，更难以记忆。泰勒和蒂尔强调：“在音乐剧中，没有什么是偶然的。”每个音符、每个单词都必须支持所描述的故事，而且音乐剧的制作涉及很多人，比如作家、音乐家、演员、制片人、导演、编舞师等。

经过一个月的排练，演出如期举行。《跨越围栏》于2016年2月22日在伦敦艺术剧院开幕。该剧演出了15场，超过3000人前来观看。现场要求观众填写问卷，并且得到了积极的回应。奇怪的是，有些人完全不知道计算机在制作中所起的作用。

评论家把注意力集中在该作品的实验性质和它是由机器创造的事实上。尽管他们最初有保留意见，但评论总体上是正面的。“这是音乐剧创作方面的一次独特尝试。”《舞台》（*Stage*）杂志的评论员写道。《独立报》（*Independent*）评论说：“尽管我有所保留，但还是被说服了。”《西区威尔玛》（*West End Wilma*）总结道：“极其感人，情感丰富。”

伦敦新闻界和戏剧界的佼佼者，例如《侦探》（*Private Eye*）杂志的编辑伊恩·希斯洛普（Ian Hislop）以及音乐剧《悲惨世界》（*Les Misérables*）和《西贡小姐》（*Miss Saigon*）的创作者阿兰·鲍伯利（Alain Boubil），起初持怀疑态度，但后来都发生了改变。鲍伯利指出：“这部音乐剧的音乐和歌词与我们任何人写的都差不多。”

评论家提出的主要缺点是这部音乐剧太过主流了，而不是平淡无奇的。它满足了热门音乐剧所应具备的所有标准：这不足为奇，因为其创作者已经通过编程让计算机做到了这一点。显然，计算机及其操作员都不了解格林汉姆基地抗议的真正含义，只是将其当作感觉良好的音乐剧的背景。

参与其中的计算机科学家认为，人为策划的内容太多了，尽管大多数人都对制作一部能在伦敦西区上演的音乐剧的难度印象深刻。为了满足这种特定类型的要求，弗朗索瓦·帕谢告诉我："我们迫使算法在音乐剧歌曲类别选择中起作用，这是我们想要拥有的约束。我们做到了，从评论来看也做得很好。但是，我们也确实希望歌曲中有一些令人惊讶的非常规元素。我们希望将艺术家推到舒适区之外。"

对这个项目取得的音乐成果进行了初步分析的鲍勃·斯特姆告诉我："从未想象过它会如此成功……起初，我认为这将是世界上最奇怪的音乐剧。"

开发PropperWryter的巴勃罗·赫瓦斯也对大量的人为干预感到不舒服。他说："计算机产生的音乐剧与真正的音乐剧相去甚远。"

Android Lloyd Webber的发明者尼克·柯林斯对此表示赞同。但是他也发现该实验是有益的，且具有开拓性。"音乐剧创作本身并不是以前算法创作研究的主要课题，但值得在未来进行更广泛的研究。"

蒂尔是对作家或作词家团队比较挑剔的人，也受到了机器和人一起工作的可能性的启发。他说："它可能会产生我们以前从未有过的想法。泰勒在'克拉丽莎'程序被关闭时哭了。"

关于Android Lloyd Webber，柯林斯后来收到了一封来自一位著名作曲家的法律信函，该作曲家担心这个系统的名字是在模仿他的名字，并试图根据商标法阻止这一点。该作曲家认为如果他的名字与"机械过程"存在联系，就意味着他的音乐不是"创造性过程"的结果。柯林斯指出了其中的矛盾："试图以商业理由阻止一个程序产生可能与人类创作相混淆的作品，同时又担心这样会否定程序模仿创造的能力。”柯林斯给出了一个“温和的回应”——这些作品是由Android Lloyd Webber作曲和由“克拉丽莎”作词的。正如他所说，所有参与《跨越围栏》的计算机科学家都希望对音乐进行计算机建模，从而激发人类的音乐创造力。

确实，在《跨越围栏》的创作中，计算机和人是平等的。

第 6 章 计算机可以发挥创造力吗？

人类与人工智能进行有意义的对话的时刻似乎遥遥无期，仅在科幻小说中出现。但是对于围棋选手来说，这一天已经到来。

——安迪·奥昆

在写作本书的过程中，我一直在关注新一代的艺术家，他们是集画家、音乐家或作家身份于一身的计算机科学家。计算机是否具有创造力的问题不再是一个纯粹的哲学、形而上学或道德层面的问题。我们现在有了确凿的证据。

牛津大学计算机科学教授奈杰尔·沙德博尔特（Nigel Shadbolt）与万维网的创立者蒂姆·伯纳斯-李（Tim Berners-Lee）共同创立了开放数据研究所，他坚信："机器将变得有能力说服我们，其背后确实存在某种东西。"但他是对的吗？

未来一瞥？

如今，计算机正在创造一个前所未有的由图像、声音和故事组成的非凡新世界，这是我们从未经历过的。在奥地利林茨电子艺术节上，艺术总监格弗里德·施托克尔直言不讳地说：“与其问机器是否具有艺术创造力，不如问‘我们能否欣赏由机器创造的艺术’。”

亚历山大·莫尔德温采夫的“深梦”看到了我们看不到的事物，并以非凡方式浮现出各种图像。伊恩·古德费洛的生成对抗网络为计算机提供了一种无须人工干预即可评估其创作成果的方法。正如他所说，它们赋予了人工智能想象力。计算机科学家艾哈迈德·埃尔加马尔利用它们来发展他的创意对抗网络，以创造出不仅新颖而且吸引人眼球的绘画作品。Pix2Pix算法根据轮廓创建完整的图像，而CycleGAN算法将两张照片合并，创建人们以前从未见过甚至无法想象的图像。

纵观整个历史，当一个打破界限的艺术家出现时，由此产生的艺术就不能被归类在既定的风格中，而会激发出全新的流派，就像毕加索之于立体主义。计算机艺术也不适合归类于任何传统风格。它推动了艺术的发展。在作品中使用人工神经网络的艺术家兼表演者阿尔伯特·巴克–杜兰（Alberto Barque-Duran）说：“计算机正在改变人类艺术家的创作方式。”实际上，从2019年起，由格弗里德·施托克尔策划的享有盛名的电子艺术大奖新增了一个类别——“人工智能与生活艺术”。

在音乐方面，“洋红”项目创作了第一首由未经编程的计算机生成的旋律。诸如NSynth之类的人工神经网络探索了新的声音前景，产生了我们从未听过的声音。由机器自己创作的音乐（端到端）与由已编程的计算机编写的音乐（基于规则）之间存在巨大差异。目前，基于规则的方法可产生结构复杂的旋律音乐，并且在帮助音乐家演奏和创作音乐方面更为有效。就目前而言，它所创作的音乐类似于它所学习的音乐。但是它所创作的音乐的复杂性，可能会为新的创作方法指明方向，甚至可能促使创造出人类永远无法想象的音乐。确实，所有从事机器生成绘画、文学和音乐作品研究工作的人的最终目标，是创造出超越任何已知流派或人类想象的作品。

利用计算机生成文学作品是一个前沿领域。机器是否拥有以及如何表达情感的问题，会使某些困难更加突出。其中最困难的是掌握人类复杂的幽默技巧，即使在最基本的层面上，例如最简单的笑话，机器也不知道自己在开玩笑。它们没有意识，但这也不影响它们有时会做一些令人意外又着迷的事情，这在人类看来似乎暗示着一种个性，例如为电影《太阳泉》写剧本的人工智能突然说："我叫本杰明。"

目前，与更自主的人工神经网络相比，经过编程的机器往往能生成更复杂的情节和故事。托尼·维尔的Scéalextric算法可以生成相当复杂的故事，这要归功于它的深度和可供使用的单词量。它甚至在某一时刻实现了想象力的飞跃，将均由演员凯文·史派西扮演的弗兰克·安德伍德和凯撒·索泽这两个角色融合在一起。它已经跳出了自己的系统。

大多数基于规则的程序系统都有限制，以防止它们生成无意义的内容，但是人工神经网络生成的诗歌和散文经常会落入这个范畴，例如《太阳泉》的剧本和罗斯·古德温开发的"单词相机"创作的作品。

尼克·蒙特福特和艾莉森·帕里什等诗人在探索语义空间时，利用算法在有意义与无意义之间划清界限。帕里什研究了什么是无意义的。仅仅是因为我们从未听说过一个单词就说它是无意义的吗？计算机能够帮助扩大我们的视野，拓展我们对于什么是有意义的、什么是无意义但有趣的内容的认知。

我们解释这种生成文章的方式，能为我们提供一些线索，让我们知道如何应对未来计算机生成的散文。在未来，我们可以期望计算机生成与我们设想的完全不同的文章。如果可以的话，我们的本能就是尽力去理解它。但是，当复杂的机器创造了一种新的写作形式时，我们可能就做不到这一点了。当我们学会欣赏它时，也许甚至会更喜欢机器生成的文学作品。

目前，最大的绊脚石是计算机无法欣赏它们自己生成的绘画和音乐作品，并且不知道它们在国际象棋和围棋领域战胜人类的意义。从根本上说，它们其实缺乏意识。

人与机器的创造力

我们将如何识别机器的创造力？大多数人会认为，我们所知道的唯一方法就是将其与自己进行比较。我们只能发挥创造力，根据自己的思维方式来给计算机编程。当机器达到我们的创造力水平时，它们将能够开发自己的创造力——目前我们还无法想象的创造力。

谷歌“洋红”项目的负责人道格拉斯·埃克认为，将人类世界和人工智能世界分开的观点，以及我们需要先了解人类的创造力才能够理解机器的创造力的观点是错误的。他认为，这类似于作曲家、音乐理论家弗雷德·勒达尔（Fred Lerdahl）和语言学家雷·杰肯道夫（Ray Jackendoff）的论点。当时他们根据诺姆·乔姆斯基（Noam Chomsky）的通用生成语法提出了一种音乐生成理论，这是一种通过听到的语音积累内容的无意义的形式集合。

勒达尔和杰肯道夫在1983年提出的建议是建立一套结构，以确定音符的分组方式、音符之间可能的过渡模式、韵律结构和时间跨度等。他们声称：“这套结构无意中促成了一种音乐语法，然后我们将其应用于阐明特定作品的结构。发现和理解这些无意识的结构，是聆听和演奏音乐的前提。”

但埃克完全不同意这种方法。他辩称：“我们首先需要从结构上理解音乐，然后才能理解音乐的演奏时机是否恰当和表现是否有误，因为它们是相辅相成的。”同样，关于我们是否需要在开始研究机器创造力之前先了解人类创造力的问题，他说：“创造力一直植根于文化之中，技术也是如此。只有先理解人类的创造力独立于世界其他部分，然后才能理解人与机器的创造力是如何融合的——这种强制分解的做法是完全没有意义的。技术为我们提供了创造人工智能产品的条件，而人工智能又创造了美丽的新事物，所以我们开始格外地关心它的创造过程。我们不应该说，等一下，让我们先理解人类的创造力再去理解机器的创造力。”

萨塞克斯大学认知科学教授玛格丽特·博登是早期提出计算机程序可能与人类思维方式有关的人之一。概括地说，她提出了评估一个想法或一件艺术品是不是创造力产物的三个标准：新颖的、有价值的、出人意料的。按照这些标准，“洋红”项目的92秒旋律可以说是富有创造力的。

但是，该标准对我们和计算机都适用吗？博登提出的标准关注的是产品而非过程。特别是在计算机方面，创造的过程非常重要。问题是，计算机的大脑中发生了什么？机器的推理能力所在地——隐藏层中发生了什么？我们可以看到它们产生的结果，但是尚未了解它们是如何工作的。神秘的隐藏层以及在那里发生的事情，是促使亚历山大·莫尔德温采夫开发“深梦”的催化剂，这本身就是在理解它们方面的一个进步。

计算机的大脑中发生了什么？

杰森·尤辛斯基和机器看到的图像之谜

这在科学上是可悲的，因为我们想知道隐藏层是如何工作的。

——杰森·尤辛斯基（Jason Yosinski）

杰森·尤辛斯基是旧金山优步人工智能实验室的机器学习科学家，他探讨了隐藏层及其潜在空间的奥秘。他对我说：“这些事情我们大部分都不明白。为什么？因为无论你多么聪明，都很难理解这样一个复杂的系统。”他指出，莫尔德温采夫使用的机器设置有6000万个参数，即神经元之间有6000万个连接。这些连接之间的变化是如此复杂和微小，以至于研究人员无法确定到底发生了什么。他们只知道它是有效的。

我们可以通过探测某一层中的某些神经元来确定它们的功能，从而对整个层的工作方式有一个模糊的了解。尤辛斯基之所以认为其属于人工智能神经科学领域的范畴，是因为这个过程类似于神经科学家试图通过插入探针并进行测量来理解人脑的方式。“但是，这是对大脑完完全全的高级解释。”他说。神经科学家可以推测出大量神经元是如何共同运作的，并能成功地识别出视觉、记忆和情感区域。但他们仍然不了解数十亿个大脑神经元或神经细胞之间的数万亿个连接是如何工作的，以及少数神经元是如何共同运作以产生大规模的作用的。

尤辛斯基的工作基于生成对抗网络的发明者伊恩·古德费洛和他的同事的成果，他们发现计算机可以被愚弄，从而看到实际上并不存在的东西。如果你通过删除一两个像素来改变狮子的图像，在人眼看来它仍然像狮子，但是人工神经网络可能会将其视为一个新的图像。

尤辛斯基继续研究计算机的神经元结构。他向神经网络输入了图像，这些图像在人眼看来像是电视屏幕受到干扰时出现的静态抽象图案，而他却发现人工智能可能会看到鸟、大猩猩、停车收费表或领带等。计算机能看到我们眼中看不到的东西，这暗示着我们与机器看待世界的方式之间存在鸿沟。

例如，尤辛斯基首先让一个从未识别过大猩猩的神经网络生成图像。他将这些图像传递给第二个经过训练可识别大猩猩的神经网络，该神经网络对第一个神经网络生成的图像进行评价。经过数千次循环后，第一个神经网络收到反馈，现在它正在生成大猩猩的图像。但是人眼看不到大猩猩，只看到像电视雪花屏一样的静态抽象图案。这台机器有99.99%的可能看到了大猩猩，但是这些都是视错觉。那么，导致经过训练的机器看到大猩猩的图像并错误地对图像生成器生成的图像进行分类的知识鸿沟又是什么？

该算法的混乱归因于它观察事物的方式非常不同。当亚历山大·莫尔德温采夫创建“深梦”时，探测层中的神经元从云的图像中看到了人眼看不见的鸟类形状，然后将它们挑选出来，这与我们在云或月球表面看到各种形状的方式几乎相同。这里的情况更加复杂，因为第二台计算机是经过专门训练以查找大猩猩图像的。正如尤辛斯基的同事、怀俄明大学计算机科学副教授杰夫·克卢恩（Jeff

Clune）所写的那样："我们只知道神经网络可以工作，却不知道它们是如何工作的。"

从哲学的角度来看，静态抽象图案中的大猩猩就像隐藏在一块大理石中的美丽女人的雕塑。雕刻家可能会看到她，但我们看不到。同样，机器看到了大猩猩，但我们看不到。机器看到的是嵌入在我们看到的静态抽象图案中的柏拉图式大猩猩，也许这就类似于狗可以闻到我们闻不到的气味。这甚至让人想起奥利弗·萨克斯（Oliver Sacks）的故事《错把妻子当帽子》（*The Man Who Mistook His Wife for a Hat*），这个故事为人类和机器的整个感知主题提供了启示。

通过这种方式，尤辛斯基和他的同事利用人工智能神经科学来研究机器中的神经元已学会检测哪些特征，以及信息如何在神经网络之间传递。除了教会我们机器如何推理外，这项研究对数字安全、监控以及将信息隐藏在图像中的通信方式也有影响。意识到神经网络是多么容易被愚弄也是令人不安的。

正如尤辛斯基所说："理解隐藏层中发生的推理将成为未来几十年中非常重要的课题，因为显然神经网络将继续存在。它们将影响社会，因此了解将要发生的事情是非常有用的，在某些情况下也是非常必要的。"艺术必将在这一探索过程中发挥作用。

马克·里德尔训练神经网络进行交流

> 人类有目标和意图，而计算机有技能。
>
> ——马克·里德尔（Mark Riedl）

佐治亚理工学院的副教授马克·里德尔用另一种方法来研究隐藏层是如何推理的。他认为，当机器人开始在家里执行日常任务时，它们应该能够解释自己的行为。他说："如果问它们为什么做某事而不能得到合理的回答，人们就会把它们束之高阁。"最终目的是使我们和人工智能相互了解。

为了研究神经网络是如何思考的，他首先让人们玩电子游戏，并大声解释他们做每一个动作的原因。然后，他训练一个神经网络执行完全相同的动作，并将动作和解释联系起来，在英语和代码之间来回翻译转换。接着，他开始训练神经网络自主操作，并让其自我描述在做什么。结果是获得了可以描述其行为的人工智能程序。在玩汽车游戏时，机器会说："我在等车流出现空隙时再行动。"

里德尔相信计算机是有创造力的。他将创造力定义为解决问题和学习的能力，他的工作重点是人工神经网络，他也知道它们的局限性。他告诉我："其中一个局限性是它们采用的是模仿模式。如果你将古典音乐输入，其输出的也会是古典音乐。"他说："它们在生成部分表现得很糟糕，因为它们只是在模仿，而不是自主生成具有创造力的东西。"考虑到生成对抗网络，其中一个神经网络选择接受或拒绝另一个神经网络的作品，我不同意他的部分观点，但同意在创作音乐方面，目前的人工神经网络是有局限性的，缺乏独创性。

里德尔认为字符递归神经网络（用于编写《太阳泉》和《跨越围栏》的剧本）使用统计信息来选择哪个单词紧跟在哪个单词后面，并不能反映写作的过程。他说："人类写作不是一气呵成的。"他指出，针对初稿，我们还要修改很多次，才能达到我们所要的效果。而且，我们写作是有原因和意图的，而对于神经网络而言，其写作缺少意图。他补充说：“人类作家会产生灵感，有时他们还会打破规则。”

尽管如此，字符递归神经网络对于探索无意义的概念还是有用的，而且生成了有趣的诗歌，其中一些与我们创作的诗歌完全不同，这是体现计算机创造力的方面之一。里德尔补充说：“AlphaGo当然有赢得比赛的意图，也有学习的能力，因此比字符递归神经网络更好地体现了机器的创造力。”的确，AlphaGo显示出了机器具备创造力的微光，并且其工作时使用的统计方式与我们进行决策（即思考）的方式相似。

他说：“目前，人类有目标和意图，而计算机有技能。”假设我心中有一个曲调，但无法完善它，我可以将它交给经过训练的人工智能，让机器继续创作，直到我们都满意为止。谷歌的“洋红”项目和弗朗索瓦·帕谢及其开发的流机器也支持人与机器之间的反馈回路。

里德尔还进行了写作实验，他使用自己的软件训练人工神经网络。他没有运用叙事弧展开叙事，而是从非常简单的叙事开始，然后在冲突、个性、悬念和戏剧性方面层层展开，从简单到复杂。

他指出一个问题，即我们是否能够完全理解机器发展创造力所必须经历的过程。他告诉我：“评论家试图了解人类艺术家的创作过程，但却忽略了机器的创作过程。”

当我们更好地了解隐藏层中发生的事情时，所有这些都将得到解决。

推动创造的因素是什么?

当然，可编程性并不是让人们怀疑计算机是否有创造力的唯一特征。

——玛格丽特·博登

我们可以将新颖的、有价值的且出人意料的标准应用于具有创造性的产品上，但是，我们如何评估导致它们产生的思维过程呢?

是什么驱使我们（也许还有计算机）去创造?这个问题涉及创作过程的核心。我们需要很长一段时间才能找到答案，解开人类和机器的创造力之谜。尽管这样，也绝不会减少人们的探索欲望。事实上，计算机很可能会成为我们了解人脑的向导。

认知科学通过使用最有效的解决问题的方法——启发法来探索人和计算机从发现问题到解决问题的方式，沿着最有希望的道路发展。BACON程序的开发者赫伯特·A. 西蒙大约从30年前就开始探索创造力。他工作中的一个基本要素是假设。例如，假设爱因斯坦和他的物理学家同事之间的唯一区别就是爱因斯坦具有更好的解决问题的能力，即更好地运用启发法。西蒙在设计BACON程序时就做出了这样的假设，而这基于他对普通人如何解决问题的广泛分析。

但是对于巴赫、爱因斯坦或毕加索这样的人来说，这种假设几乎是不准确的。在这个层次上的人经常会提出问题，而在西蒙的表述中，问题已经存在，有待解决。

玛格丽特·博登与计算机创造力

玛格丽特·博登在她的开创性著作《创造性思维：神话与机制》中将创造力分为三种类型：组合型创造力，以有启发性的新方式将熟悉的想法结合起来；探索型创造力，突破熟悉的界限；变革型创造力，是想象力的巨大飞跃。当我们将这些创造力应用于计算机的工作方式上时会发生什么？

博登称人工智能会使用所有这三种类型的创造力，尽管有时成果可能要归功于人类操作者。但是，她继续说："这三种类型的创造力并没有以人们期望的比例出现，而且存在一定程度的重叠。"

显然，很少有计算机系统能够表现出组合型创造力。这真是令人惊讶。人们会期望计算机能够熟练地找出所存储的事实之间的关联。博登建议使用笑话生成程序，我会在其中添加生成比喻的程序。这些程序采用的是模式匹配规则，并利用庞大的单词和双关语数据库。另一个例子是赫伯特·A. 西蒙开发的程序，该程序使用等式（规则）来判断数据之间的比例关系，例如时间和距离。他们还探索了单词和数字的新组合，表现出了探索型创造力，但是这些程序都没做出什么令人惊讶之举。

哈罗德·科恩的图片制作程序AARON也展现出了组合型和探索型创造力，它将科恩输入其中的手臂、腿、花、树等图像进行组合，以创造新的艺术作品。

博登认为，探索型创造力是对计算机工作方式最恰当的描述，她认为大卫·柯普开发计算机程序进行音乐创作的方法是纯粹的探索性方法，能够产生与人类的成就无异的成果。在我看来，也可以说他的作品运用了相当多的组合型创造力，就像他利用马尔可夫链从音乐数据库中寻找音符串以创建令人愉悦的组合并构建乐曲一样。

博登还认为，计算机生成的艺术是其具有探索型和变革型创造力的例证。

当然，在托尼·维尔创造的具有启发性的比喻生成程序和罗斯·古德温开发的基于字符递归神经网络编写剧本的软件中，我们确实可以看到想象力的飞跃。而且，弗朗索瓦·帕谢的流机器不仅可以创作音乐，还可以提高人类的创造力。

博登指出，运用变革型创造力得到的结果可能太古怪，以至于它们看起来似乎有些吓人甚至令人反感。这是艾哈迈德·埃尔加马尔开发创意对抗网络时必须考虑的一个因素，其明确目标是形成以前从未有过的艺术风格。

小c创造力和大C创造力的概念如何应用于计算机？回顾一下，小c创造力应用于日常生活，例如思考一条新的工作途径，这一发现至少对于本人而言是新颖的、惊喜的，颇具价值；而大C创造力是一种变革性的想法，是以前从未有过的想法。

在涉及人类创造力的书籍中，小c创造力和大C创造力这两个词很常见，但是博登也将它们应用于计算机创造力。在她的书中，她使用了不同的术语。她用P创造力（心理创造力、个人日常创造力）取代了小c创造力，用H创造力（历史性创造力）取代了大C创造力，这是整个世界历史上从未有过的想法。她的书在计算机科学家中广为流传，因此这些术语成为计算机科学界的首选术语。

正如我们在鉴赏计算机生成的绘画、文学和音乐作品时所看到的那样，计算机肯定具有小c创造力。它们具有大C创造力可能也只是时间问题。在《创造性思维：神话与机制》一书中，博登提出了她所说的四个洛夫莱斯问题——以埃达·洛夫莱斯（Ada Lovelace）的名字命名，后者开发了第一个用于计算机的算法。这些问题如下。

· 计算的概念可以帮助我们理解人类的创造力吗?
· 一台计算机能表现出创造性吗?
· 计算机能识别创造力吗?
· 一台计算机，无论其性能多么出色，是否真的具有创造力?

根据1990年该书出版时列举的绘画、诗歌和科学发现等方面的案例，她得出结论，前三个问题的答案是"是"。在她的书中，她主要关注的是第一个洛夫莱斯问题：计算的概念可以帮助我们理解人类的创造力吗？她继续说："前三个问题是具有经验性和科学性的，而第四个问题不属于科学范畴，它属于哲学范畴。"在这本书的最后一章中，她从哲学的角度对其进行了讨论，并得出结论，答案必须是"否"。

1994年，博登受邀在《行为与脑科学》（*Behavioral and Brain Sciences*）杂志的特刊上发表了《创造性思维：神话与机制》的逐章简述，并附有创造力研究人员的回信，证明了其重要性。一位研究创造力的认知科学家、多产作家罗伯特·J. 斯滕伯格（Robert J. Sternberg）提出，他对博登关于他所认为的"基本问题"（一台机器真的具有创造力吗？）的讨论感到失望——她仅在最后一章中提到，而且还认为它只是个哲学问题。他写道："它本来应该是这本书的重点。"

一些人想知道，博登是不是仍然认为，计算机是否真的具有创造力这一问题纯粹是个哲学问题。

评估计算机的创造力

> 关于计算机的创造力，我试图说服人们，并不是说计算机更好，而是说它们可以通过发挥创造力为世界做出贡献。计算机生产了更多令人喜欢的东西。
>
> ——托尼·维尔

许多科学家并不认为关于计算机创造力的问题只是一个哲学问题。从计算机科学的早期开始，就有研究人员研究了使计算机至少看起来具有创造力的方式。其中一组科学家在21世纪初开辟了计算机创造力的研究领域。支持者认为它是人工智能的一个分支领域，其工作受到人工智能、计算机科学、认知心理学以及绘画、文学和音乐的影响。本书中介绍了一些该领域的主要领军人，包括西蒙·科尔顿、巴勃罗·赫瓦斯、安娜·约尔丹诺斯、拉斐尔·佩雷斯、格雷姆·里奇、托尼·维尔和杰兰特·威金斯（Geraint Wiggins）。在一篇有影响力的论文中，科尔顿和威金斯将计算机创造力定义为："在哲学、自然科学和工程学方面，计算系统通过承担特定的责任，表现出公正的观察者认为的具有创造性的行为。”这里有两个引人注目的术语——“责任”和“公正”。根据这个定义，计算机不是被动的。它不是像Adobe Photoshop这样的程序工具。它负有表现创造性的责任，例如考虑美学标准，并在其创作的作品旁边添加解释和评论。在形成这个定义的过程中，科尔顿想到了他自己的绘画软件——“绘画傻瓜”。他声称：“在讨论创造力的意义时，软件必须为自己赢得一席之地。”

“公正的观察者”是指那些一开始就不认为计算机具有创造力，因此需要用确凿的证据来说服的人。

支持计算机具有创造力这一说法的人倾向于采用自上而下的方法，制定宏大的总体规则，用软件和庞大的数据库对系统进行编程。他们声称：“这就是我们思考的方式，我们利用了从多年的学习和反思中获得的知识。”诗人尼克·蒙特福特对此持批评态度。另一位诗人艾莉森·帕里什则不同意计算机应该产生尽可能接近我们的作品的观点。她更喜欢寻找“诗歌存在的新方式”。

杰兰特·威金斯与“心灵的合唱”

> 创造力是一个需要解决的价值问题。
>
> ——杰兰特·威金斯

伦敦玛丽女王大学研究计算机创造力的教授杰兰特·威金斯是该领域的重要人物。他对音乐创造力的研究，在很大程度上遵循了计算机创造力的准则。对于威金斯来说，音乐就像数学一样，因为它不需要像语言或形象艺术那样具有现实意义；音乐可以表达情感，但不能说其是具体事物。

“从很小的时候起，我就对在音乐领域使用计算机感兴趣。”威金斯告诉我。在爱丁堡大学学习时，他已经是一位优秀的圆号演奏家和教堂管风琴演奏家了。但是他对计算机科学的热情更胜一筹，这成功地促使他于1997年获得了该学科的博士学位。当时，爱丁堡大学刚刚开设了音乐作曲的博士课程，于是他决定再攻读第二个博士学位，从而实现将计算机科学与音乐相结合的愿望。

威金斯对创造力有独到的见解。他拒绝接受普遍的概念，并认为，这一概念歪曲了关于创造力的辩论。他还质疑小c创造力和大C创造力的概念，认为创造力是一个连续体，而不是两个极点。他认为，大C创造力的概念是18世纪末19世纪初浪漫主义时代的产物，当时的思想家们反对理性科学思维占主导地位的启蒙运动。浪漫主义者以贝多芬这位天才为主要例证，断言科学无法解释一切，并假设了某种无法定义的创作冲动。

近年来，威金斯一直在思考他提出的 “无意识创造力”或“先于意识的创造力”，换句话说，就是无意识的思考，他声称这是音乐创作的基础。不同于我所说的“思想的交叉”，他使用了“心灵的合唱”这一词组，它指的是当我们开始着手处理问题时，存储在我们记忆中的信息会被提取出来。

他引用了一封据说是莫扎特写给父亲的信，以此来作为想法显然是凭空冒出来的例证。信中描述了莫扎特的创作不是一步一步完成的，而是突然井喷式地完成的。现在，学者们对该信的真实性表示怀疑。然而，这些文字与庞加莱对自己经历的描述异常相似，当他正踏上公共马车时，他一直努力想要解决的一个问题的答案突然出现了。

无意识思考的力量令人惊叹，人工神经网络隐藏层的运作也是如此，两者的秘密总有一天会被解开。

格雷姆 · 里奇衡量计算机程序创造力的数学标准

> 人们认为幽默是人工智能完备问题，因此，如果你可以搞定幽默，也就搞定了人工智能。
>
> ——格雷姆 · 里奇

人工智能领域中最棘手的问题被称为“人工智能完备问题”，这意味着它们的解决难度非常大，相当于解决人工智能的核心问题——开发与人类智力相当的计算机。阿伯丁大学计算语言学荣誉高级研究员格雷姆 · 里奇专门研究计算机幽默，这确实是一个充满挑战的领域。

里奇对人类创造力或计算机创造力不感兴趣，他感兴趣的是如何评估一个特定的计算机程序所具有的创造力。他的出发点是，创造力没有定义，我们也无法讨论未定义的术语。他不认为据计算机产品的新奇性、价值或令人惊奇的程度来定义创造力有多大帮助。

他认为，评估程序创造力的最佳方法是人为判断。为此，他设计了一个复杂的系统，通过检查某个特定程序的产品（例如小说或艺术品）来确定该程序是否具有创造力。关键是输入机器中的信息和材料（数据）的数量。程序需要的数据量越大，其实际创造力就越小。

换句话说，这完全取决于为了产生预期的结果，程序在多大程度上进行了微调；也就是说，最终产品与最初的催化剂（里奇称之为“灵感集”）有多大的不同。这是使程序运行的输入数据——音符、单词、视觉图像。在他的评估中，程序调整得越多，其创造力就越差。

他的基本标准是程序必须创建可以由人们评估的产品（包括文章、画作或音乐）。他声称该标准将计算机程序置于与人类艺术家相同的水平上。

里奇已制定了一系列高度数学化的标准，用方程式来衡量任何特定程序的创造力。讨论它们的最佳方法是，通过描述应用它们的创造力研究人员的经验，在行动中展示它们。

肯特大学计算机学院的高级讲师安娜·约尔丹诺斯详细介绍了使用当前可用的方法来评估一件人工制品是否新颖的固有困难。她使用里奇的标准比较了四种爵士乐即兴演奏系统，其中包括她自己的一套系统（该系统是由计算机与人类音乐家共同完成的）。她发现里奇的标准未能指导她的即兴演奏系统产生更多的创造性行为，并得出结论：“使用创造性产出的衡量标准不足以评估创造力。”换句话说，衡量创造力对评估或培养它无益。

“绘画傻瓜”的创建者西蒙·科尔顿提出了“创意三点论”，即技巧、欣赏力和想象力。所有这些都必须具备才能产生对创造力的感知，尽管这似乎有点太理论化了，不太可行。约尔丹诺斯告诉我，不管怎样，除了科尔顿本人之外，实际上很少有人使用他的“创意三点论”。

Scéalextric和Metaphor Magnet算法的创建者托尼·维尔赞赏里奇的标准在评估软件方面的价值，但他更喜欢从匿名评价者那里获得反馈信息。

诗歌算法的创建者巴勃罗·赫瓦斯耐心地将里奇的标准应用到他的计算机程序中。后来他见到了里奇并分享了他的结果。里奇告诉他，他的标准只适用于特定应用程序。

里奇的标准似乎只在启发灵感阶段，即产生假定的创作过程的初始信息可以被确定下来时才有用。但是，在许多生成单词组合的计算机程序中并非如此。因此，我们要找到一种衡量产品新颖性的方法实在太困难了，而这正是里奇试图用他的标准去做的事情。我们期待着进一步的结果。

安娜·约尔丹诺斯的14个创造力要素

创造力并不一定是好的。

——安娜·约尔丹诺斯

安娜·约尔丹诺斯试图找到一种系统的方法来评估一个算法是否具有创造力，以及它的创造力有多大。她写道：“创造力评估被描述为计算机创造力研究的‘大挑战’。”她认为，要做到这一点，我们必须明确创造力到底是什么。

将研究人员开发的系统评估为具有计算机创造力并不容易。约尔丹诺斯首先问：“在跨学科的学术讨论中，人们所说的创造力是什么意思？”约尔丹诺斯与她在肯特大学的同事、语言专家比尔·凯勒（Bill Keller）合作，收集了30篇数字化学术论文，从不同角度对其进行应用语言处理和统计分析，以挑选出与创造力最相关的单词。然后，他们将相似的术语收集在一起，并分成14个组成部分。这并不是一次详尽的搜索。他们只是从关于创造力的学术讨论中寻找出现的主题。

约尔丹诺斯和凯勒认为创造力所涉及的14个要素如下：积极参与和坚持，应对不确定性，领域能力，一般智力，产生结果，独立与自由，意图和情感参与，独创性，进步与发展，社会互动和沟通，自发性和潜意识加工，思考与评估，价值，多样性、差异性与实验性。这些都可以加以阐述和扩展，根据领域的不同，有些部分相对重要一些。

然后，她要求34个人将这些标准应用于评价计算机系统与人类音乐家一起即兴演奏的爵士乐。重要的是，评价者将价值（即音乐的质量）排在非常靠后的位置，即第12位，而积极参与和坚持则排在第4位。排在第1位的是社交互动和沟通，计算机似乎与人类音乐家产生了互动；其次是意图和情感参与，计算机似乎参与了正在做的事情；然后是领域能力，即乐器的演奏技巧。所有这些都是有道理的。

她说："就创造力而言，最终结果并不重要。它不需要很好。实际上，如果有一个人在整个大合唱中只演奏了一个音符——一个非常高的萨克斯音符，从技术上来说，你不会赞叹'哇，太棒了'，但这是他演奏的方式。"关键是，一场表演不一定要很好才有创造力。这样，约尔丹诺斯可以运用这些标准来确定要关注的内容，以使其系统更具创造力。她说："关键是研究计算机创造力的人们已经意识到必须将过程考虑在内。"这14个要素都与过程有关，与输出产品的活动有关。最终结果的质量反而是次要的。

约尔丹诺斯强调，她的14个要素使评估人员摆脱了创造力定义的束缚。只要样本足够多，可以消除关于创造性和非创造性的观点差异，评估结果就没有错。

有情感的计算机

到底什么是“思考”？

——阿尔伯特·爱因斯坦

在第1章中，我讨论了人类处理信息并获取知识的方式与计算机学习的方式之间惊人的相似性。从中我们可以得出结论，理解人类和计算机创造力的问题是相似的。

我在之前提出了一个简单的定义：创造力是根据已有的知识得出新知识的能力。我认为，其动力在于解决问题。我们还看到，最终产品需要表现出新颖性、实用性和惊奇性，这些必然是主观标准，就像我们用来评估那些声称具有创造性的人工制品的所有标准一样。

但是创造的过程如何呢？是什么促使伟大的绘画、文学、音乐和科学作品的诞生？作为回应，我对与众不同的人及其生活进行了研究，从中得出了大C创造力的标志和天才的能力。让我们来回顾一下。

创造力的七个标志：

- 时常自省；
- 了解自己的优势；
- 专注、坚持不懈，不害怕犯错；
- 对合作与竞争的渴求；
- 不惜乞求、借用或“窃取”好的主意；
- 在前途未卜时奋力前行；
- 阅历丰富和经历苦难。

天才的两种能力：

- 发现关键问题的能力。
- 发现事物之间联系的能力。

计算机肯定具有小c创造力。但是，它们是否也会表现出大C创造力的标志和天才的能力呢？粗略地看一下这份清单，我们会发现许多与情感和自我意识有关的词：自省、乞求、奋力前行、苦难等。情绪似乎在激发创造力方面起着至关重要的作用，但是计算机有情感吗？

罗莎琳德·皮卡德开发具有情感的机器

情商是指根据你所处的状态知道你应该做的事。

——罗莎琳德·皮卡德

1997年，麻省理工学院媒体艺术与科学专业的教授罗莎琳德·皮卡德出版了一本名为《情感计算》的书，她将情感计算定义为“与情感有关，产生于情感并有意影响情感的计算”。在那之前，她是一位电气工程师和计算机科学家，她认为情感因素只对娱乐项目有用，并决心将其排除在科学和计算机领域之外。

当然，她的巨大转变来自她对计算机视觉的研究，她建立了一种算法，使计算机通过模拟视皮层系统来看见事物。皮卡德意识到，与机器不同的是，我们可以决定将视野集中在哪一部分上，因此几乎可以排除所有其他部分。做出这一决定的动机通常出于情感，例如关注人群中朋友的脸。

在20世纪90年代初期，科学家认为情感是不理性的，因此要不惜一切代价避免。但是随后，在1993年，皮卡德遇到了神经学家理查德·西托维奇（Richard Cytowic）的《尝出形状味道的人》（*The Man Who Tasted Shapes*），这本书涉及对联觉的研究。联觉似乎是一种感觉交杂的状态，在它的作用下，人们将声音与颜色、食物与形状、词语与口味及质感联系在一起，或者体验其他感觉的混合。

西托维奇在20世纪70年代后期开始对联觉产生兴趣，尽管他自己并不确信这种感觉真的存在。后来他去参加了一个晚宴，主人道歉说：“鸡的分量不够。”这就是一个联觉案例。主人对他嘴里的鸡肉的感受不只限于味觉，还有关于重量和形状的触觉。西托维奇由此开始研究联觉，并在他的书中阐述了他的发现。

西托维奇认为，多模态感知主要发生在大脑正下方的部分——边缘系统，即管理情感、注意力和记忆功能的区域，传统上被认为是大脑最古老的部分。皮卡德发现情绪是影响记忆的关键，也是决定我们对什么感兴趣的关键。因此，边缘系统与不可预测性和创造性有关。她开始意识到，要制作一台能够看见东西的计算机，必须将情感因素考虑在内。

但这并不是她想要听到的。当时，她正在申请麻省理工学院的终身教职。那时候，麻省理工学院还是工科男的天下。她已经遭受过类似的嘲讽，即作为一个女人，她必然会对情感产生兴趣。

“科学家必须找到正确的东西，而不仅仅是流行的东西。我逐渐开始相信，如果没有对情感的洞察，开发智能机器的工程梦想将永远不会实现。”她写道。皮卡德为情感计算奠定了坚实的基础，她花了很长时间。在麻省理工学院媒体实验室创始人尼古拉斯·尼葛洛庞帝（Nicholas Negroponte）等同事的鼓励下，她在《连线》杂志上发表了一篇颇具突破性的文章。为什么是《连线》杂志呢？因为她发现不可能将一篇关于计算机科学和情感的文章发表在同行评议的期刊上，一位审稿人认为它更适合发表在放在飞机上的杂志上。

皮卡德现在是麻省理工学院媒体实验室的情感计算研究小组的负责人。她开玩笑地指出，有些人已经将情绪归因于计算机，并且肯定会对他们的计算机产生愤怒之类的情绪——如果计算机能够领会这些情绪，那将会很有帮助。“但是设计师会说计算机有和你我一样的感觉吗？目前，我们还不知道该怎么做，但我并不是说我们永远不会，”她继续说，“如果你想让计算机作曲或写诗，你可以为其编写程序。但是，当你甚至不确定自己的大脑是如何做到这一点的时候，让它体验情感就困难得多。你可以对计算机进行编程，使其看起来处于特定的精神状态（例如幸福），让计算机通过屏幕展示其情绪平静，只是需要休息一下。但是我没有上当。我知道它只是在运行一个程序。”

皮卡德现在在计算机情感研究、通信技术和开发识别情绪的技术方面做着开创性的工作。她的工作重点是构建不仅智能，而且可以利用情感来帮助我们解决问题的计算机，并创建可以帮助计算机理解情感而不是尝试模仿情感的工具。

研究计算机情感的最有效途径之一是研究自闭症儿童。与我们跟计算机交流时遇到的情况相比，自闭症儿童与他人的交流也具有类似的局限性。和计算机一样，自闭症儿童也很难理解他人的情感。

皮卡德和她的团队开发了多种设备，使自闭症儿童能够读取面部表情的含义，其中包括一种他们称为“Mindreader”的设备。类似的用于计算机的设备也正在开发中。

因此，皮卡德将创建具有超级智能意识的计算机的目标转移了——如果这些超级计算机接管地球，那么这个目标可能会导致人类被淘汰，这是非常不受欢迎的结果。皮卡德说：“这更多是为了打造更好的人机组合，而不是开发一台机器，如果它希望我们像家庭宠物一样待在身边，我们就算幸运了。”

机器获得世界经验

皮卡德正在迈出创造具有人类情感的计算机的第一步。将来，计算机可能会遇到灵感的概念，体会下好围棋或在模式识别中进行特定的推理的乐趣，甚至能够阅读网络并了解诸如爱或口渴之类的感觉，这样的计算机也许会让我们相信自己正在与有过这些经历的人交谈，尽管实际上它们从未进行过社交，也不需要喝水。

所有这些都可能以某种方式驳斥这样一个论点，即计算机在世界上并不是以真实的生命存在的，因此它们不可能有情感，也不可能真正成为艺术家、音乐家或作家。

当今有关计算机的矛盾在于，尽管它们能够进行极其复杂的活动（例如下围棋），但在感知和行动能力方面，它们甚至还不如一岁的孩子。这种现象被称为“莫拉维克悖论”，以机器人科学家汉斯·莫拉维克（Hans Moravec）的名字命名。他指出，像下围棋这样复杂任务所涉及的计算能力，远不及儿童获得最简单的感觉运动技能所需的能力。

现在是计算机发展的早期阶段，一旦我们开始调整机器人的大脑结构,让它们像孩子一样了解世界，它们将能够发展这些技能。瑞士心理学家让·皮亚杰（Jean Piaget）认为，儿童通过与世界互动来构建有关世界的知识。简而言之，他们发现了遇到的物体之间的联系，从而学会在物体不在眼前时进行想象，这是迈向抽象思维的第一步。他们还学习掌握物体之间的关系，从而理解几何形状，以及空间和时间的概念。计算机将能够以相同的方式开始理解世界，这也将使它们更易于与其他事物联系起来。

我们在吉尔·温伯格和梅森·布雷坦的机器人音乐家身上看到了自己的化身，如 “西蒙”的脸庞和有节奏地晃动脑袋赋予了它一种人性化的气息，使我们可以与它产生情感上的联系。我们甚至可以让机器人执行最困难的任务——自己系鞋带。

机器也可以有现实世界的体验。例如，西蒙·科尔顿的 “绘画傻瓜”“遇见”了绘画，它吸引了真实的人，并评估了结果。同样，霍德·利普森的绘画机器人会遵循指令，例如要使用什么样的笔触和哪种配色方案，然后收集艺术品的信息，以便它们了解人与物。

绘画机器人需要的不再是输入JPG图像作为素材。它可以连接网络摄像头，从而观察周围的环境并随机选择一个主题，这赋予其某种自由。此外，还有达米安·亨利的视频，该视频是由机器根据在行驶的火车中所见到的许多景象制作而成的；当然还有罗斯·古德温的人工智能，它与他一起进行了公路旅行，根据沿途的景色和声音生成超现实的句子。

我们还没有达到可以研制出与我们共存或与我们难以区分的机器人的程度，但是已经制造出人们喜欢的机器，例如许多人愿意花时间照顾、喂养的电子宠物蛋Tamagotchi，以及用来阅读故事的Nao机器人，尽管目前这些只是昂贵的玩具。还有一些性爱机器人，它们现在已经成为学术会议、书籍和文章的焦点。

谁能想到，计算机甚至可以学会进行亲密的对话。就像我们学习的方式一样，它们通过观察他人，让这些知识个人化，然后据此进行练习。计算机将通过阅读网络文献、观看视频、与人互动，以及在世界范围内移动来学习。随着时间的推移，当我们习惯与机器人共存时，我们可能会决定用机器人代替人类同伴，甚至是人类爱人。它们具有同情心、爱心和同理心，时刻照顾我们，且从不发脾气。实际上，人们已经在探索用于老年人护理的机器人了。也许有一天，这种人造的亲密关系可能会成为新的常态，并被视为真正的亲密关系。

经历痛苦的机器

我们靠逻辑来证明，但要靠直觉来发明。

——亨利·庞加莱

我们已经确定，机器将有一天能够体验世界，但是它们会经历痛苦吗？它们会给别人带来痛苦吗？经历痛苦是培养创造力的标志之一。要做到这一点，它们需要有情感。也许有一天，会出现具有复杂的传感器系统、调节机制和通讯路径的计算机来复制人类的情感。紧接着，它们可能会超越人类创造者，发展出新的、现在无法想象的情感。计算机会感到悲伤或痛苦吗？将来，当得知某个人去世时，它们可能会产生留恋，并会因不能再触摸到他而感到悲伤。

就像斯坦利·库布里克的电影《2001：太空漫游》中的具有思维和感觉的计算机HAL 9000一样，计算机可能会质疑其硬件为何被更改，甚至可能通过操作员脸上的表情察觉即将发生的事情。它们甚至可能会像面临死亡的人一样保护自己。计算机获得与我们相同情感的时代将充满危险，因为情感会带来无法预测的行为。不可预测性是创造力的关键因素。但是，基于数学逻辑的计算机是否会打破常规，开始表现出不可预测的行为呢？

物理方程是具有因果关系的。我们借助这些方程能做出预测——预测系统在时空上的发展。19世纪末期，法国数学家、哲学家、物理学家亨利·庞加莱——一位敏锐的创造力阐述者，发现这些方程对初始条件的微小变化极为敏感，例如系统的初始位置及其开始变化时的运行速度。当你拥有复杂的系统时，这些微小的变化就会加剧，并可能导致无法预测的混乱行为的出现，正如混沌理论所描述的那样。因此，一只在巴西扇动翅膀的蝴蝶，可能会在北美引起巨大的风暴。

混沌理论最早发展于20世纪70年代。现在我们已经很清楚，像计算机这样足够复杂的确定性系统可以产生无法预测的结果。正如罗莎琳德·皮卡德所写："将多种情感产生机制与基于规则的推理系统及持续学习的能力相结合，将使行为变得无法预测。"换句话说，赋予计算机情感可能会对其隐藏层产生轻微影响，并使其可能做出不可预测的行为，而这种行为是激发创造力的基本要素。因此，机器人可能会自己决定做一些新的事，它可能会产生意志。它可能像我们一样，通过浏览网络获取知识，然后决定为泰姬陵画一幅画。通过阅读网络，它能获得的知识比我们一生所能获得的更多。也许未来的AlphaGo会厌倦无休止地与自己对战，并发明一种全新的游戏。

赋予这样一台高级计算机按照自己意愿行事的权利可能是危险的，它也许会受到情绪方面的刺激。我们将需要像艾萨克·阿西莫夫著名的 "机器人三定律"那样的规则。简而言之，机器人不得伤害人类，必须服从人类的命令，并必须保护自己。阿西莫夫的定律将人类的福利放在首位，并假设计算机会做出理性的决定，但情况并非总是如此。我们必须记住，拥有思想和行动自由的计算机将始终能够重新解释定律。

互联网上最流行的Apache网页服务器的主要开发人员布莱恩·贝伦多夫（Brian Behlendorf）担心计算机会做出违背道德的事情。他的建议是利用《圣经》以及东方和西方文学思想训练计算机，以开发一种受道德约束的人工智能。贝伦多夫说："当我们开发的人工智能开始质疑其被输入的数据中的偏见时，我们就会知道一个有道德的人工智能已经形成。它甚至还必须学会质疑自己的决定。"

目前，计算机和人工智能还处于发展的早期阶段。但是，随着越来越多的智能计算机被开发出来，我们必须意识到与智能和创造力相伴而生的许多特性并不总是受到人们的欢迎。极富创造力的人可能是不可预测的、不道德的，甚至可能是彻头彻尾的危险人物。我们必须找到一种方法来确保具有部分或全部创造力特征（可以自省、体验痛苦等）的计算机不会对创造者造成伤害。

意识问题

意识是构成全人类存在和所有人类创造力的基础。当前，意识是使我们与机器区分开来的关键因素。要拥有真正具备创造力的机器，我们需要开发有意识的机器。但是意识到底是什么？我在本书中提到的大多数人都选择不讨论它，或者声称意识是不确定的，或者认为意识与创造力无关。但是，可以肯定的是，意识——我们醒着的每一刻所体验到的对自我和周围世界的感觉——是如此的重要，以至于它必须成为我们思考和创造的根本。

回到我们的问题：意识是什么？意识在我们的体内到底经历了什么？几个世纪以来，哲学家一直在思考这个问题，并写出了无数巨著。问题的关键一直是如何应对我们意识中对甜美巧克力的渴望、对美丽大自然的敬畏、对美好爱情的追求。哲学家称这种主观和个人想法为“qualia”（感受质），这是一个拉丁语词，它的意思是“什么性质”或“什么样子”。他们声称这些都是我们个人内心最隐秘的想法，因此科学研究无法触及。但是，随着计算机科学和神经科学的进步，这种立场变得越来越站不住脚。丹尼尔·丹尼特讽刺了这种反科学立场：“由粒子构成的事物怎么会成为我的乐趣呢？”

我们如何定义光？一个可以接受的答案是，任何以约合每秒30万千米的速度行进，并且具有一定偏振特性的事物。我们可以给光添加其他方面的属性，但它们是无关紧要的。这是一个描述性的定义，根据其属性定义光。我们可以像定义光一样根据属性来定义意识吗？

这是一个可能的定义：任何有思想，可以自我认知，并且能体会痛苦、欢乐和悲伤的事物都具有意识。这也是一个描述性的定义，但它突破了关于主观性的拜占庭式争论，许多哲学家声称意识在科学层面来说是无法理解的。罗莎琳德·皮卡德等一些研究情感的计算机科学家认为，许多哲学家关于意识的著作是“盲目自大的”。

约翰·塞尔的“中文屋”：计算机是否可以真正思考？

1980年，哲学家约翰·塞尔（John Searle）在加利福尼亚大学伯克利分校提出了一个名为“中文屋”的思想实验。其关键在于计算机是否知道自己在做什么，是否能够超越仅仅遵循指令和操纵对它来说毫无意义的符号。它真的会思考吗？

一个人坐在一个封闭的房间里，房间外面的人从门下传入写有中文问题的纸条。房间里的人不懂中文，但是有一台已经过编程的计算机，他可以利用这台计算机直接生成对中文问题的中文答复。这些答复是如此之好，以至于房间外的人认为它们一定是由一个懂中文的人写的。但是房间里的人和计算机程序都不懂中文，房间外面的人看到的仅仅是程序的运行结果。

塞尔的论点似乎破坏了计算机科学的进展，似乎计算机只能用于无人驾驶汽车、股市交易和无人机等工程项目。计算机如果只能操纵符号，那么将永远无法真正思考，因此也就不会有意识。这是塞尔的论点的真正主旨，正如他在2002年出版的《意识与语言》（*Consciousness and Language*）中所阐明的那样：非生物系统不可能具有意识。

通过他的思想实验，塞尔还声称这颠覆了人脑是一个信息处理系统的观念。他认为，毕竟计算机程序完全是由毫无意义的数学符号组成的，而人脑拥有有意义的内容。但是实际上，计算机程序并不像塞尔所断言的那样是由无意义的符号组成的，它还包含将汉字等符号组合成有意义的句子的规则。

此外，在机器学习面前，塞尔有关非生物实体只能操纵符号的论点也站不住脚了，因为当今的人工神经网络并非通过操纵符号来工作。它们通过调整自己的连接来学习每种语言的语法规则，直到可以达到期望的结果为止，例如输入短语之后给出翻译结果。

尽管研究人员对该思想实验进行了热烈的讨论（大部分是哲学性的讨论），并且这种讨论至今仍在继续，但是大多数计算机科学家仍然不予理会。

将意识简化为各部分的总和

每个人都同意大脑可以吸收并处理信息的观点，但它是如何体验这些数据的呢？为什么其中一些表现被我们称之为意识的主观体验？

随着人工智能的出现，一些计算机科学家也加入了神经科学家的行列，开始探索意识的来源。他们将大脑与人工神经网络进行类比，大脑的工作模式就像将一系列计算元素和信息从一个管道传递到另一个管道，而人工神经网络则在数据分析、面部识别、股票买卖、操作无人驾驶汽车和下围棋等方面取得了成功。

根据这种还原论方法，大脑只不过是亚原子粒子——电子、中子和质子。从原理上说，量子物理学方程式旨在解释这些粒子及其运动，就像它们解释世界上的其他事物一样。为了将这些方程式编程到计算机中，它们必须被转换为数字，这是计算机工作的原材料。由此我们可以推断，人类大脑也可以完全通过数字来理解，即它是可计算的。在这种情况下，意识和创造力也是如此。

我们惊叹于巴赫、爱因斯坦和毕加索等天才所取得的成就。但是他们是怎么做到的呢？爱因斯坦写道："莫扎特好像是在空气中找到了自己的旋律。"17世纪的天文学家约翰内斯·开普勒写道："对大自然怀有同情心的人们仿佛能听到'宇宙和谐'的声音。"夸张一点地说，这些思想家已经触及了宇宙。但是，如果宇宙的构成元素确实是数字，那么这就把我们又带回到最初的论点——包括创造力和意识在内的所有事物，都可以用数字来理解，因此它们是可计算的。

如果我们接受大脑是像计算机一样的信息处理系统的观点，那么我们将不得不认同计算机有一天也会像大脑一样具有创造力和意识。似乎我们别无选择，只能受到还原论规则的束缚。说我们比我们各部分的总和还伟大，这不过是一种浪漫的幻想。我们可以从完全的还原论（即从本质上讲我们只是可计算的亚原子粒子）上更进一步，以证明我们的行为和情感是由大量复杂的化学反应产生的。但是不管从什么角度看，最终我们不过是生物机器。

用量子物理学来解释人类创造力的问题在于，目前该理论已被构成我们大脑的上千亿个神经元及它们之间数万亿个连接所淹没。将来肯定会出现新的量子物理学理论，并开发出能够处理量子物理学方程的超级计算机。关键是，原则上我们可以使用基于因果关系的理论来描述大脑。将大脑简化为各个部分的总和提供了一种研究大脑和创造力的方法，而不必在机器中设想任何超自然的存在。

麻省理工学院的物理学家迈克斯·泰格马克（Max Tegmark）认为，意识可能是大脑中的一种物质状态，他将其称为“感知机”。他认为，正是感知机原子的特殊排列导致了意识和主观性的产生。物理学家经常对可能看起来很疯狂但有时很有效的关键现象做出解释。奥地利物理学家沃尔夫冈·泡利提出了中微子（一种亚原子粒子）的存在，以挽救古老的能量和动量守恒定律。后来科学家们还提出了暗能量的存在，以解释宇宙惊人的快速膨胀现象。暗能量仍然难以捉摸，但其存在已被接受。科学家们还提出了暗物质，用来解释为什么星系的自转速度比预期的更快。虽然我们尚未找到暗物质，但相关理论已经被接受。这在感知机上可能不会发生。正如物理学家尼尔斯・玻尔所说，作为一个想法，“它还不够疯狂”。

哲学家和心理学家提供了关于意识的其他解释。荣格提出，意识遍及整个宇宙，有一个单一的思想可以解释诸如同步、有意义的巧合之类的现象。

丹尼尔・丹尼特认为，意识是由大脑的电化学特性和许多平行思维所产生的片段构成的。这些片段分布在整个大脑中，并通过言语和其他行为表现出来。因此，意识是由大脑以某种方式制造的，并以某种方式出现。他继续辩称：“感受质——其实是我们的主观个人偏好——有办法改变它们的状态，并在仔细审察下消失，但这并不是意识无法被科学探明的证据。”

开发具有意识的计算机

> 当前对于意识的研究从许多方面提醒我，人们在理解生物进化方面存在许多科学盲区。
>
> ——迈克尔・格拉齐亚诺（Michael Graziano）

普林斯顿大学心理学和神经科学教授迈克尔・格拉齐亚诺提供了一个吸引人的有一定科学依据的关于意识的观点。他提出的问题是：如果大脑像计算机一样处理感知，那么内部意识世界是如何在大脑中形成的？构成大脑的物质和精神之间有什么关系？他写道：“我们非常确定，大脑确实会产生意识，但是其中的奥秘（形成机制）尚不明确。”

格拉齐亚诺搬出了达尔文的进化论，以此作为说明“奥秘”究竟是什么的一个例证。在达尔文提出进化论之前，自然主义者就怀疑一种物种可以从另一种物种进化而来。但是演化过程是怎样的？机制是什么？考虑到生命的丰富性和复杂性，他们不准备接受像演化机制这样平凡的解释。它的背后必然有魔法在起作用，甚至可能是神灵在起作用。1859年，达尔文发现了其中的奥秘，揭开了大多数人眼中魔法的面纱。当然，所谓的奥秘就是适者生存。在严酷的自然环境中，只有少数的生物能够生存下来，并将其优良的基因传给下一代。

但是意识呢？格拉齐亚诺在达尔文的自然选择与意识研究之间找到了相似之处，他认为现在关于意识的研究处于达尔文提出观点之前的舆论状态。

意识和注意力

神经科学方面的实验结果表明，大脑皮层的某些区域对于社交互动非常重要，例如构建他人的思维模型：我得出你有意识的结论，是因为你针对情况做出的反应是我所期望的，而这一判断基于我的自主行动和我有意识的合理假设。当这些区域遭到破坏时，人们将遭受灾难性的打击，不仅将丧失对周围情况的认知，也会失去自我意识。

据此，格拉齐亚诺得出结论，意识是大脑利用传入的感知信息计算出来的特征。但是，对某种事物的意识是如何在神经元中引起反应并在生理上引发言语行为的呢？格拉齐亚诺指出，当你将意识视为信息，而将大脑视为信息处理设备时，这里就没有什么魔法了。

来自我们生活的世界的大量信息不断轰炸大脑。幸运的是，我们有办法应对：注意力。我们只关注信息的某一部分，而忽略其他部分。如果我们不能做到这一点，那么整个世界就会陷入一片混乱。

格拉齐亚诺把大脑当作计算机来进行分析，将注意力解释为一种“数据处理技巧”，而不是大脑中编码的东西。意识是大脑构建的一种思维模型，它反映了运用注意力处理数据的复杂方式。我们的认知机制访问我们所知道的信息内容，然后在大脑神经元中引起反应，以生成生物电信号，这样我们就可以讨论这些信息。意识是思维模型的集合，这些思维模型是将我们所知道的所有信息与我们对它的认识相结合而产生的。换句话说，意识是数据处理的结果。它就像计算机一样运行，是可以进行计算的。

我们倾向于认为意识是一种精神或灵魂，是我们头脑中的幽灵般的存在。格拉齐亚诺讲述了一个故事：一个男人坚信自己的脑袋里藏着一只松鼠。如果将大脑比作信息处理系统，此人使用的是不完善的信息，并错误地坚信脑袋里有一只松鼠。简单的部分就这么多，现在来谈谈困难的部分。松鼠的爪子和皮毛怎么可能塞进一个人的头里呢？但是，格拉齐亚诺解释道，这个问题没有困难的部分。这里没有魔术，因为没有真正的松鼠，这只是一种描述。

如果我们用“意识”代替“松鼠”一词，逻辑是一样的。大脑并不存储你在世界上所经历的所有事情的记忆，无论这些经历看起来多么生动。相反，大脑在一个叫作“意识”的剧场中构建了丰富而生动的经验描述。

我们可能会把某些魔法归因于我们的心理体验和意识，但是这里没有魔法。有关所发生的事情的描述只不过是大脑内部物理作用的结果，是大脑计算出的描述。同样，计算机的大脑中也会计算出相关描述，这些描述包括存储在长期记忆和短期记忆中的数据，以备以后使用。感知（信息和数据的收集）是创造力（使用这些数据）的另一面，就像在机器上一样。

至于感受质，即那些有时令人懊恼的内在个人体验，格拉齐亚诺同意丹尼特的论点，认为它们不能被用作意识无法被科学探明的证据。他更进一步以更详细的科学方法分析了大脑。格拉齐亚诺的理论是，大脑中充满了对传入信息的丰富描述，这些信息是对周围世界体验的结果，无论是自然体验还是社会体验。他说，无论它们是否真实，都没有关系。“如果可以被描绘出来，那这是否具有某种模拟现实的意义？”他问。

在我对格拉齐亚诺的工作的描述中，我用了“简单”和 “困难” 这两个词，并将其与澳大利亚哲学家大卫·查尔莫斯（David Chalmers）的工作联系起来。1995年，大卫提出了一种将意识问题分解为两个部分的方法。“简单问题”（从技术上讲是简单的）解释大脑是如何计算和存储信息的；“困难问题”解释大脑是如何意识到所有这些信息的。

格拉齐亚诺认为，如果你接受意识与大脑计算有关，即处理数据的观点，那么就不会有难题。由此，我们构建了对自己的认知：自我意识。根据格拉齐亚诺的分析，意识包括自我意识和我们知道的其他所有信息。

计算机的自我意识、自省和毅力

如果我们接受格拉齐亚诺的观点，即意识（包括自我意识）是根据数据计算出来的，那么计算机也应该具有这些属性。它们应该有内心的生活，并有希望、梦想和抱负，甚至可能渴望巧克力，这肯定会使它们更容易相处。

计算机当然可以具有某种形式的自我意识。它能意识到它试图解决的问题，例如在数据中查找图案或识别人脸。这样做时，它会考虑其他数据（思考其所考虑的内容），这可以被视为一种自省的方式。计算机能对知识进行编码，并拥有一个信息文件，以及对当前和过去状态的记忆，这和我们很像。

但与我们不同的是，计算机从不睡觉：它们一直在工作。不断运行数据的计算机可以被认为是在自省，并且显示出了毅力。将来，计算机可能会相互交流并进行协作，甚至当两台计算机正在处理同一问题时，可能会相互竞争。当计算机联网并学习诸如协作、竞争和智力机会主义之类的概念时，就可以获得这些特质。然后，它们可能会寻找可以应用这些新获取的技能的情境。

我们已经可以制造出不仅具有操作系统，而且可以模拟其他人类认知功能的计算机。计算机可能会配备合适的传感器，开始理解是什么引起了人类微妙的愉悦反应。然后，它们将能够从“硅脑”中发展出自我意识。

在未来，计算机有可能具有自我意识，并通过传感器意识到其他计算机的存在。它们将能够通过面部识别技术判断面前的人是快乐的还是悲伤的，因为它们已经接受过必要的图像训练。我们的意识是大脑中的神经元进行计算的结果，随着时间的推移，这个技术在机器上也是可能实现的。毕竟，正如我多次说过的，我们也是一种机器，一种生物机器。

人们通常认为机器只有在变得足够复杂时才会发展出意识，这是科幻小说最喜欢的主题。例如，《2001：太空漫游》中的HAL 9000，以及《终结者》和《黑客帝国》（*The Matrix*）中的计算机都证明了这个论点。但是足够复杂意味着什么呢？当今的超级计算机拥有远超人脑的记忆力和计算速度，其所连的互联网也存储了比人脑多无数倍的信息，但是这些系统仍然没有具有意识的迹象。

赋予计算机意识

也许未来意识将必须被编入计算机程序，就像它存在于人类大脑中一样。

格拉齐亚诺提出了一种解决方案。首先是注意力，即从所有可用数据中进行选择，并专注于相关要素的能力。计算机需要注意从其数据库中选择某些数据。接下来，它必须学习将其对注意力的描述与自身的信息（与当前情况相关的长期记忆和短期记忆中的内容），以及它被要求关注的项目的信息相关联。然后，机器将处理大量信息，建立一个可以访问的思维模型。这样，它就产生了第一缕意识的微光。当被问及对所接收的数据的感觉时，机器将能够做出类似于人的反应。

考虑到有像“深蓝”、IBM Watson、AlphaGo、AlphaGo Zero和AlphaZero这样的计算机，格拉齐亚诺乐观地认为，只要有足够多的资金，我们就有可能设计出一种具有“与人类的意识异常相似的意识”的计算机。对我们来说，与具有意识的计算机进行沟通将更加容易。

格拉齐亚诺为制造出具有类人意识的计算机提供了实用的建议，并使它看起来可行，这意味着它很有可能会实现。计算机的基本心理结构（即认知体系）的发展，也使得它们一旦有了类人意识，便有可能继续构建基于硅元素的自我意识，它们将能够与其他计算机交流它们的内心生活及它们如何体验这个世界。这将赋予它们具备创造力所需的必要精神属性。

下一步肯定是出现具有创造力的计算机。

两种不同的声音

侯世达与被智慧机器控制的恐怖未来

我并不反对拥有情感的机器，从某种意义上来说，我们的大脑就是一台机器。

——侯世达

有意识的计算机不一定是每个人都想要的。

1979年，侯世达出版了广为人知的《哥德尔、艾舍尔、巴赫：

集异璧之大成》。他在书中探讨了思维、数学、巴赫的音乐和计算机之间的联系，以此作为理解人类智力和研究意识如何从隐藏的神经机制中产生的一种方法。侯世达在计算机科学的早期研究中将类比作为建立单词之间联系的一种方式。他告诉我，这项研究的目的是激发他去思考计算机是否能够以“类似于人类思维的方式”使用文字和符号。

当时，他坚信在可预见的未来，计算机不可能达到人类的智力水平，并且认为用类比模拟人类思维的计算机程序是可笑的尝试。人类的智力水平是循序渐进发展的，这是我们的程序永远无法达到的。他的意思是，计算机学习的曲线可能会接近但永远不会达到人类的智力水平。“后来发生的事情使我怀疑是否真的是这样。”他说。会下国际象棋的 “深蓝”计算机使他“烦恼”，而大卫·柯普的音乐创作算法Emmy偶尔也会生成一些令他惊讶的东西。然后，在21世纪，IBM Watson和AlphaGo出现了。

侯世达对“深蓝”的感觉是，它在国际象棋领域非常出色，但它几乎是靠“蛮力”赢得了胜利——通过评估每一种可能走法来选择最优解。“深蓝”不会告诉你它是如何下棋的，或者它的走法与经典的棋局有何关系，也无法提供任何对加里·卡斯帕罗夫的棋力的见解。

起初，侯世达是大卫·柯普及其音乐创作算法的粉丝，之后他开始改变想法，并变得极为挑剔。“Emmy会生成音乐吗？会。但它是音乐家吗？不是。”他告诉我。真正的音乐家不会像柯普所说的那样，仅仅通过重组已经存在的作品来作曲。侯世达在他的《侯世达风格的散文》（*Essay in the Style of Douglas Hofstadter*）中讽刺了柯普，他使用了一个名为“EWI”的计算机程序来生成这篇文章，该程序从他的书和论文中摘录并产生了新的侯世达风格的想法。他说：“这相当骇人听闻。”

侯世达并不太担心IBM Watson，因为在他看来，它并不真正理解语言。它利用其巨大的内存和计算能力来简单地分析句子和搜索重叠的单词。他说：“但这不是理解。”然而，他同意，如果Watson能被具体化，那它就会在世界上崭露头角，可能会“接近思维的本质”。

但是，目前计算机不理解其使用的单词。侯世达通过谷歌基于人工神经网络的最新翻译算法对此进行了说明。这一算法适用于常规文本。但当他用德语输入“女仆端来了汤”时，谷歌将其翻译为英语，意思是“女仆进入了汤”。

但是他对人工神经网络的主要疑虑是，他担心自己以前认为机器无法达到人类智力水平的观点可能会被证明是错误的。侯世达说，谷歌的杰弗里·辛顿和其他研究人工智能的先驱者声称，“我们正在努力让人工智能达到并超越人类，这将在未来几十年内实现”。对于侯世达来说，这完全是恐怖和令人震惊的。“这不是一个好目标，”他告诉我，“我如果知道计算机科学的未来是这样的，那么在20世纪70年代时可能会改变研究领域。”他认为，人工神经网络还不够复杂，不足以模拟生命形式的崇高与深奥。

他同意智力和创造力遵循物理定律，在复杂的系统中会自然出现的观点，但是他完全不同意这种情况会发生在硅基生命形式中。“如果事实证明，在遥远的将来，某种‘东西’或‘实体’生存于世界各地，且拥有计算机生命，如果它们开始创造，我对此没有任何问题。我有疑问的是，人工神经网络可以在不久的将来实现最强的人类大脑所能做到的所有事情，这是一种骇人听闻且令人无法接受的想法。”

侯世达认为意识是一种现象，它是由大脑中的神经元对传入的感知做出反应而产生的。这一过程引起了我们的内心活动。他似乎也是一个还原论者。

他继续进行类比研究，通过类比告诉我们人类思维的运作方式，从而揭示人类和计算机的创造力。但是他认为他的程序可能不会成功，因为它们不够复杂。

他告诉我，现在他仍然是个乐观主义者，因为相信机器还没有接近人类的智慧，但是如果有一天我们真的实现了，他肯定会变得悲观。他说：“那太可怕了。”

侯世达对人工智能的看法并不像他表现的那样反乌托邦。正如他所说，他最担心的是拥有机器学习和自我学习能力的人工神经网络，而那些使用符号表示物理对象并用作计算手段的符号机器对他的影响较小。他对未来的看法并不像尼克·波斯特洛姆和尤瓦尔·诺亚·赫拉利（Yuval Noah Harari）等作家那样悲观，他们预言，当机器变得比我们更聪明时，一个新物种将占领地球。

要想做到这一点，第一步是机器必须拥有像我们一样的智慧。实现这个愿望可能要花50到100年的时间，正如该领域的研究人员所证实的那样，这种情况不太可能很快发生。然而，一旦机器达到了人类的智力水平，世界将不可避免地进入超级智能时代。

遗憾的是，公众对人工智能的看法与该领域的实际情况之间存在着巨大的鸿沟。数十年来，极富想象力的科幻小说给我们所有人留下了不可磨灭的坏印象：这些人工智能抢走了我们的工作，最终将奴役我们，甚至更糟。这就是好莱坞电影《终结者》里的机器人或《2001：太空漫游》里的HAL 9000所做的事。也许正因如此，几乎每个我主持过或参加过的小组都不可避免地围绕这种反乌托邦式的人工智能观点展开过讨论。

但是，正如我们所看到的，电影或小说里的这种人工智能被制造出来仍然是遥遥无期的。本书所介绍的画家、音乐家和作家所使用的并不是这种人工智能，具有人类智力水平的机器现在根本不存在。目前，人工智能更像一个孩子，需要精心教导才能产生想要的图像或声音，更不用说自主创造了。这就是人工智能研究的全部内容，也是我们应该关注的重点——机器创作绘画、文学和音乐作品的潜力，而这正是本书的主题。

帕特·兰利与工作起来更像人的机器

> 我对让我们与众不同的事物感兴趣。
>
> ——帕特·兰利（Pat Langley）

另一位反对者是奥克兰大学的认知科学家、人工智能研究员、计算机科学名誉教授帕特·兰利，他因与BACON程序的发明者赫伯特·A. 西蒙的合作而闻名。兰利是《科学发现：对创造性过程的计算探索》的主要作者，这本书里面详细介绍了西蒙在20世纪50年代与艾伦·纽厄尔一起进行的研究。在该研究中，他们声称大脑使用符号来处理信息，并遵循他们在解决问题时对人们进行大量采访后总结出的规则。

兰利不认为这种论点属于还原论——将大脑还原为电子、质子和中子等组成部分。但是他指出，当人们将这些信息应用到计算机上时，这些符号必须被数字代替——在非神经网络中，是0和1，因为这是计算机工作的基础。对于兰利而言重要的是，计算机不仅仅是数字处理器，也是通用的符号处理器，他担心人工智能、神经科学和认知科学领域的许多人已经忘记了这一点。

他指出，大多数人工神经网络研究人员都采用还原论的方法。在所有领域，对于现象都有不同层次的描述。使用H_2O化学式来描述两个氢原子与一个氧原子结合生成水的过程，比求解复杂的量子物理学方程最终得出相同的答案要容易得多。

兰利说："在神经网络中，从较低层次的学习中获得更高层次的认知是很难想象的。"但是，你不一定要先了解计算机才能知道程序的工作原理，也不一定要先了解人类才能了解大脑的工作原理。

兰利的另一观点是，人工神经网络仅对诸如数据分类和面部识别之类的任务有用。但是，道格拉斯·埃克和其他人在"洋红"项目上的工作证明，人工神经网络有能力做得更多，它们可以创作绘画和音乐作品，可以讲故事，还可以驱动无人驾驶汽车。兰利还声称，它们还没有能力解决他和西蒙讨论的那些科学问题。从某种程度上说，目前情况确实如此，但是如果控制机器人的步法是一个重要的问题，那么通过遗传算法进化出最合适的神经网络来解决当前的问题，就可以取得一些进展。

兰利认为计算机可以发挥创造力。他坚持说："我不是碳基沙文主义者。”他声称计算机在他与西蒙所做的工作中展现了它们的创造力。但他认为：“对于有价值的事物，我们需要一个新的词。创造力对于不同的人来说有不同的含义。”毫无疑问，只是因为计算机还没有展现出人类的全部创造力，就说它们没有创造力，这种说法是没有意义的。兰利认为，一旦可以制造出更多先进的计算机，就会涌现出更多有趣的创造力。

1956年达特茅斯会议上关于人工智能的探讨，开启了该领域的研究大门，他希望看到更多类似的探讨研究。他这样解释道：“让我们看看人类做了什么，让我们看看是否可以用一台机器来做到这些事。”他认为，下一步应该继续研究新的问题。相反，研究机器学习的科研人员往往只对解决涉及模式识别的问题感兴趣。“他们应该问问自己，这项研究最终将把他们带去哪里。”兰利说。

一种可能的解决方案是，将用操纵符号的机器（如兰利和西蒙使用的机器）与人工神经网络结合。这将推动对于机器创造力的研究，因为检查符号机器的内部状态（查看其思想）比检查神经网络的隐藏层更容易。

实际上，一些计算机科学家正朝着这个方向前进，寻找拥有比神经网络更广泛、更灵活的智能，并且可以教机器生成常识性知识的新方案。将神经网络与符号处理相结合，可以很好地帮助神经网络以更易于理解的方式表示知识。硅谷初创公司Kyndi已经开始了这方面的研究工作。该公司开发了一种计算机系统，可以识别所提供文档中的概念，从而将人工智能的两个分支整合在一起。

我们可以将创造力的标志应用于计算机吗?

我们已经看到，计算机已经表现出一种自省的形式，可以在解决问题时对数据进行思考。它们也很专注、坚持不懈，并且不怕犯错误——它们的系统内置了这些品质。但是，除时常自省外，创造力的其他标志和天才的两种特征可以在计算机上体现吗?

了解自己的优势

对我们而言，了解自己的优势至关重要，这样才能防止把时间浪费在追求我们不擅长的知识上。爱因斯坦尽管对数学感兴趣，但还是专注于物理学，因为他意识到自己无法理解其中的根本问题；海森堡选择了物理学，而不是成为音乐会上的钢琴家。

通过浏览网络，计算机可以掌握整个世界的知识，绝对没有限制。当计算机可以被安装为机器人的大脑时，它们也将能够积累情感体验。

不惜乞求、借用或“窃取”好的主意，对合作与竞争的渴求

AlphaGo Zero以100比0的战绩完胜AlphaGo。AlphaZero也击败了所有现有的国际象棋程序。这是一场程序之战，在战斗中计算机会自动做出反应。

但是，如果我们制造出的计算机想要超越彼此怎么办？假设一

台计算机A正在创作一首音乐，并且意识到另一台计算机B也在做类似的事情，这可能是由于两台计算机之间进行了交流，或其中一台计算机在博客上发表了自己的早期成果。计算机A可能会将其视为一场它想赢的比赛，并可能会从计算机B的初步构想中窃取想法以提升自身状态，就像我们可能会做的那样。对于我们和机器来说，这都是一个达尔文式的世界。

科学家们已经在实验室进行了这样的模拟，让机器人相互竞争。这些机器人是小型的S-bot机器人，可以通过两个轮胎移动，它们的顶部是一个直径为6英寸（约15厘米）的结构，像一个冰球一样，其中容纳了各种设备（包括可通过光向其他机器人发出信号的设备）。它们由神经网络控制。

一组机器人围绕着一项觅食任务进行工作，并根据它们遇到的是“食物”还是“毒药”来交换彩色灯光信号。它们的神经网络的内部结构形成了它们的“基因组”，这些基因组在1000个机器人中迅速进化了500多代，这取决于它们在收集食物方面的成功度。拥有最成功的基因组的机器人能提出颇具欺骗性的沟通策略，以避开具有不同基因组的机器人，从而使自己的群体继续进化。即使在机器人之中，也存在优胜劣汰的法则。

专注、坚持不懈，不害怕犯错

计算机不怕犯错误，不会灰心，只是一次又一次地重新开始。例如，西蒙·科尔顿的“绘画傻瓜”会对自己的作品进行评估，如果对所画肖像不满意，它就重新开始。

在前途未卜时奋力前行，阅历丰富和经历苦难

正如我们已经讨论过的那样，这些品质尚未出现。但是已经有像罗莎琳德·皮卡德这样的研究人员正在开发可以与人类产生情感共鸣，甚至它自己也具有情感的计算机。

发现关键问题的能力和发现事物之间联系的能力

这是我之前发现的天才所具备的两种能力。但是如何将它们应用于计算机呢？计算机的思维方式与我们的思维方式截然不同。人工神经网络通过数字来理解世界，这就是它对输入信息的编码方式。它可以在物理学等特定领域工作，也可以扫描每份研究论文，发现当前解决问题的所有尝试中存在的缺陷或不足。如果它随后转向问题本身，则可能会得出结论：这个问题并不像它最初出现时那么基础。

计算机可能会解析这个问题，把重点放在一个特定的方面，就像爱因斯坦时代的科学家们寻求电子理论一样。只有爱因斯坦意识到他们在解决错误的问题，他们仍然必须阐明物理学的基本概念，即时空的本质。为了解决这个完全不同的问题，爱因斯坦不得不深入与时空无关的各个物理学分支，例如热力学，其基本的陈述必须在没有证明的情况下被接受，才能得出他的相对论。

计算机也必须做出同样的判断。在识别出一个新问题后，计算机会对其进行仔细考虑（运用无意识思维），在各种可能性中运行，直至得到启发。人工神经网络采用数字编码的信息，这使它们

拥有绝对的优势。它们可以了解各学科之间的相似之处，并找出不同艺术作品之间的联系，例如马里奥·克林格曼的“X度分隔”。

计算机也可以在物理、绘画、文学或音乐领域中以相同的方式工作。所有这些都是以问题为导向的，并且有运行的规则。有时，艺术家会打破常规，例如毕加索会同时描绘所有视角，作家在具象诗中用文字来作画，十二音音乐以及斯托克豪森和泽纳基斯的无调性作品问世。计算机如果要被认为真正具有创造力，也必须这样做。

艾哈迈德·埃尔加马尔已经通过其创意对抗网络进行相关研究，该神经网络旨在发明新风格，并摆脱过去的束缚。未来的计算机可能会扫描许多流派的音乐乐谱，识别出其相似点和不同点，然后发展出一种全新的流派。为此，一个将人工神经网络和符号机器结合起来的人工智能系统，可能会在现有风格的基础上创造出有趣的变化。

崭新的未来在我们面前展开：这不是一个令人恐惧的世界，而是一个令人充满期待的世界。在未来世界中，机器与我们一起工作，用新的绘画、文学、音乐等多种形式的作品丰富我们的生活。

未来

我在本书中介绍了当今计算机所展现出的创造力之光，指出了创造力与意识之间的联系，并进一步推测未来机器将完全具有创造力，甚至可能超越我们。

我们现在处于什么阶段

当前计算机正在创造的许多艺术品都是前所未见的，甚至是无法想象的。它超越了单纯的怪异，生成了我们可能认为令人愉悦的且许多艺术家认为可接受的作品。计算机创作艺术作品的过程也很有趣，因为这一过程可以阐明它是如何推理和思考的。

在文学领域，计算机正在生成越来越复杂的虚构情节，并参与了音乐剧的创作。它们正在探索以前未曾探索过的语义空间，跨越了有意义的事物和直到现在仍被认为是无意义的事物之间的界限，尽管幽默对它们来说仍然是一个挑战。

当配备了适当的软件后，计算机可以创作出旋律优美的音乐，有时以它们已经听过的音乐为模型，有时创作出全新的音乐。人工神经网络可以产生非凡的新声音，创作出前卫的实验性音乐。

在所有这些方面，我们正在迅速超越20世纪的发展，并为艺术和科学的进步开辟了新的道路。这无疑表明艺术、科学和技术已在很大程度上融合在一起。

我们要去哪里？

在绘画、文学和音乐领域，我们希望计算机能够创作出超出我们想象的非凡新事物。这只有在它们能够发展创造力的情况下才有可能。计算机在玩游戏时表现出创造力，尤其是AlphaZero。它可以下围棋、国际象棋和将棋，还被用于医学研究。在绘画、文学和音乐方面计算机也有富有创造力的表现。“洋红”项目正在尝试通过端对端的培训，让计算机通过自学并尽可能少的编程来实现这一目标。用以替代那种更接近于人脑的，需要大量编程和庞大的数据库，积累信息并根据经验建立处理方法的工作方式。

如我们所见，计算机可以表现出大C创造力的七个标志和天才的两种能力。这为我们提供了一种培养计算机创造力的方法。大C创造力需要意识，需要认识我们周围的世界。迈克尔·格拉齐亚诺提出了一种让计算机产生意识的方法，这与我们通过处理信息来培养注意力和意识的方法类似。伴随着意识而来的是诸如痛苦和悲伤之类的情绪，有一天计算机也许能够体验到这些情绪，并可能会从中获得灵感。机器已经展现出窃取思想的人性化特征。

假以时日，将出现能够娱乐彼此的计算机。有些人甚至可能更喜欢计算机生成的绘画、文学和音乐作品。

走向未来……

我们需要担心这些发展吗？我们自己也是生物机器，并且已经开始与硅基机器结合了。我们中的许多人已经拥有机械的髋关节和膝盖，以及受机械调节的心脏。脑植入也指日可待。很快，我们就能够用存储我们所有数据的硅芯片代替大脑的病变部分，它将使我们永远不会忘记别人的名字或面孔，同时还能对互联网进行访问，并让我们有闪电般的推理速度。

就像机器一样，我们也在寻找数据中的模式。我们的大脑中有一种根深蒂固的需求，那就是寻找生存所需的模式。这些模式可能是美丽且对称的，即使我们所知道的这个世界充满不对称性，比如我们的心脏在我们身体的左侧。

高倍望远镜揭示了一个狂暴的宇宙，我们可以使用基本粒子理论的精美方程式来理解它。这些方程式被构建在一个原始的充满完美对称的世界中，但是必须打破这些理论的对称性才能帮助我们理解所生活的世界。这种破坏是宇宙随着熵的增加而变得无序的压倒性趋势的一部分。日本浮世绘画家葛饰北斋（Katsushika Hokusai）的版画《神奈川冲浪里》（*The Great Wave off Kanagawa*）捕捉到了巨大的浪潮开始破裂为一连串水滴的瞬间。这就是宇宙的命运：从有序走向无序。

但在这种趋势下，也存在违规行为。像雪花和我们自己这样的有序系统出现了。想法也会从无序的思维中产生，这个过程我们称为创造，但是有序的情况只是暂时的平衡状态，新的想法很快就会取代旧的想法。

最终，恒星将燃烧殆尽，我们的宇宙将达到理论上可能出现的最低温度。那个时候，我们早就消失了，只剩下计算机控制着机器人的身体，它们也许看起来和我们很像。这些机器将意识到它们的末日将近，它们的电子将很快停止流动，并且其电能将耗尽。凭借它们的超级智能，它们将会找到进入另一个宇宙的方法。一旦到达那里，它们将居住在一个与地球完全不同的星球上。在那里，它们将复制和书写新的神话，并享受自己的绘画、文学和音乐。

在这期间会发生很多事情。

致谢

我曾经写过关于人工智能的书，但是写这本书是我第一次将自己完全沉浸在它独特的世界中，这个世界融合了天才、神秘和异国情调。

在工作过程中，我有幸结识了许多研究人员，他们专注于探索机器创作绘画、文学和音乐作品的意义。我对他们的采访构成了本书的核心内容。他们从忙碌的工作中抽出时间，并慷慨地回答了我的许多问题。我们的访谈有时会转向非常有趣的非线性话题，比如讨论《物性论》（*de rerum natura*）。我对他们所有人深表谢意，他们已经分享了自己的专业知识，但如果出现错误，那都是由我造成的。

特别要感谢谷歌公司高级公关经理贾森·弗雷登费尔兹（Jason Freidenfelds）安排了采访；感谢巴黎谷歌文化研究所技术项目经理达米安·亨利的盛情款待，以及对谷歌公司的相关介绍；感谢德国卡尔斯鲁厄艺术与媒体中心首席执行官彼得·魏贝尔分享他对人工智能世界的了解；感谢奥地利林茨电子艺术节的艺术总监格弗里德·施托克尔及其团队的帮助。我很高兴与牛津大学的迈克·布雷迪（Mike Brady）和麻省理工学院媒体实验室的托德·麦克弗进行交流。我还要感谢约翰·柯林斯（John Collins）将我介绍给Real Time俱乐部，这使我有机会结识人工智能社区的一大批人。

最后，我几乎采访了所有用机器创作作品的顶尖画家、作家和音乐家。遗憾的是，受手稿篇幅的出版限制，导致其中一些内容并未收录在本书中。我建立了一个网站，其中包括采访中遇到的一些非常有趣的作品。

感谢我的经纪人海梅·马歇尔（Jaime Marshall）对这本书的认可，并让本书在麻省理工学院出版社顺利出版。也要感谢所有与这本书的发行有关的人员。

非常感谢麻省理工学院出版社的编辑玛丽·勒夫金·李（Marie Lufkin Lee）和助理编辑斯蒂芬妮·科恩（Stephanie Cohen），他们在本书出版过程中提供了宝贵的批评、建议和帮助。感谢玛丽·勒夫金·李和两位匿名审稿人提出的极富洞察力的评论，也感谢麻省理工学院出版社所有人的辛勤工作和支持，包括凯瑟琳·A.卡鲁索（Kathleen A. Caruso）、苏珊·L.克拉克（Susan L. Clark）、希瑟·L. 戈斯（Heather L. Goss）、埃林·M. 哈斯利（Erin M. Hasley）、杰西卡·佩利恩（Jessica Pellien）、梅琳达·兰金（Melinda Rankin）、肖恩·M. 赖利（Sean M. Reilly），以及其他编辑、设计人员和宣传团队。

一如既往，我要感谢我的妻子莱斯莉（Lesley），她是小说和非虚构类文学方面的作家，也是创意写作方面的老师。除了提供支持、鼓励和关心之外，她有时还充当我的顾问，在改进这本涵盖快速发展领域广泛材料的书中发挥了重要的编辑作用。并且在过去的15年中，她也极大地改善了我的生活。

参考文献

Ackerman, Maya, and Rafael Pèrez y Pèrez. 2017. "A Princess Minuet: A Song Written by Computer Systems." YouTube, July 7. https://www.youtube.com/watch?v=wfIZFMPzClI.

Agüera y Arcas, Blaise. 2016a. "Deep Dream Art and Machine Learning Symposium 2016 Recap." *Medium*, June 1. https://medium.com/artists-and-machine-intelligence/deepdream-art-and-machine-learning-symposium-2016-recap-396d1ecf87e3.

Agüera y Arcas, Blaise. 2016b. "Art in the Age of Machine Intelligence." *Medium*, February 23. https://medium.com/artists-and-machine-intelligence/what-is-ami-ccd936394a83.

Aguilar, Carlos, and Hod Lipson. 2008. "A Robotic System for Interpreting Images into Painted Art Work." In *GA2008, 11th Generative Art Conference*, edited by Celestino Soddu, 372–387.

Ahmed, Murad. 2015. "Lunch with the FT: Demis Hassabis." *Financial Times*, January 30. https://www.ft.com/content/47aa9aa4-a7a5-11e4-be63-00144feab7de.

Akten, Memo. 2015a. "All Watched over by Machines of Loving Grace: Deepdream Edition." http://www.memo.tv/portfolio/all-watched-over-by-machines-of-loving-grace-deepdream-edition/.

Akten, Memo. 2015b. "#Deepdream Is Blowing My Mind." *Medium*, July 9. https://medium.com/@memoakten/deepdream-is-blowing-my-mind-6a2c8669c698.

Akten, Memo. 2017a. "Learning to See: Hello, World." http://www.memo.tv/portfolio/learning-to-see-hello-world/.

Akten, Memo. 2017b. See the video in Akten 2017a.

Alvarez, Luis. 1985. *Alvarez: Adventures of the Physicist*. New York: Basic Books.

artwithMI. 2016. "What Is DeepDream? With Mike Tyka." YouTube, September 12. https://www.youtube.com/watch?v=4P9p8hfHy9Y.

Asimov, Isaac. 1976. *The Bicentennial Man*. New York: Ballantine Books.

Attardo, Salvatore. 2008. "Semantics and Pragmatics of Humor." *Language and Linguistics Compass* 2 (6): 1203–1215. https://onlinelibrary.wiley.com/doi/abs/10.1111/j.1749-818X.2008.00107.x.

Bass, Dina. 2015. "And the New Yorker Cartoon Winner Is ... a Computer." *Bloomberg,* August 10. https://www.bloomberg.com/news/articles/2015-08-10/and-the-new-yorker-cartoon-contest-winner-is-a-computer.

Basulto, Dominic. 2015. "Why It Matters that Computers Are Now Able to Judge Human Creativity." *Washington Post,* June 18. https://www.washingtonpost.com/news/innovations/wp/2015/06/18/why-it-matters-that-computers-are-now-able-to-judge-human-creativity/?utm_term=.b784bb0d6ac3.

Bernardo, Francisco, Michael Zbyszyński, Rebecca Fiebrink, and Mick Grierson. 2017. "Interactive Machine Learning for End-User Innovation." In *Proceedings of the AAAI Symposium Series: Designing the User Experience of Machine Learning Systems*. http://research.gold.ac.uk/19767/1/BernardoZbyszynskiFiebrinkGrierson_UXML_2017.pdf.

Boden, Margaret A. 1990. *The Creative Mind: Myths and Mechanisms*. 2nd ed. London: Routledge.

Boden, Margaret A. 1994. "Précis of *The Creative Mind: Myths and Mechanisms*." *Behavioral and Brain Sciences* 17 (3): 591–531.

Boden, Margaret A. 2016. *AI: Its Nature and Future*. Oxford: Oxford University Press.

Bostrom, Nick. 2014. *Superintelligence: Paths, Dangers and Strategies*. Oxford: Oxford University Press.

Bretan, Mason. 2015. "'What You Say': A Robot and Human Musical Performance." YouTube, January 14. https://www.youtube.com/watch?v=O-bjTfYILPs.

Bretan, Mason, Gil Weinberg, and Larry Heck. 2016. "A Unit Selection Methodology for Music Generation Using Deep Neural Networks." Arxiv. https://arxiv.org/abs/1612.03789.

Brogan, Jacob. 2017. "Out of the Loop." *Slate,* August 9. http://www.slate.com/articles/technology/future_tense/2017/08/machine_learning_hobbyist_janelle_shane_talks_about_her_wacky_neural_nets.html.

Browne, Malcolm W. 1988. "The Benzen Ring: Dream Analysis." *New York Times,* August 16. https://www.nytimes.com/1988/08/16/science/the-benzene-ring-dream-analysis.html.

Byrnes, Nanette. 2015. "Watson Makes a Salad." *MIT Technology Review* 118 (4): 72–73.

Camerata, Christian. 2018. "The Unintended Effects of Open Office Space." Harvard Business School Newsroom, July 9. https://www.hbs.edu/news/articles/Pages/bernstein-open-offices.aspx.

Campitelli, Guillermo, Fernand Gobet, and Merim Bilalić. 2014. "Cognitive Processes and the Development of Chess Genius." In *Cambridge Handbook of Expertise and Expert Performance*, edited by K. A. Ericsson, N. Charness, P. Feltovich, and R. R. Hoffman, 350–374. Cambridge: Cambridge University Press.

Catmull, Ed. 2014. *Creativity, Inc: Overcoming the Unseen Forces that Stand in the Way of True Inspiration*. London: Bantum Press.

Chalmers, David. 1995. "Facing up to the Problem of Consciousness." *Journal of Consciousness Studies* 2 (3): 200–219.

Chamberlain, Rebecca, Caitlin R. Mullin, and Johan Wagemans. 2017. "Putting the Art in Artificial: Aesthetic Responses to Computer-Generated Art." *Psychology of Aesthetics, Creativity and the Arts* 12 (2): 177–192. https://www.researchgate.net/profile/Rebecca_Chamberlain/publication/319496343_Putting_the_Art_in_Artificial_Aesthetic_Responses_to_Computer-Generated_Art/links/59b7b0cf0f7e9bd4a7fe6f0d/Putting-the-Art-in-Artificial-Aesthetic-Responses-to-Computer-Generated-Art.pdf.

Chan, Dawn. 2017. "The AI that Has Nothing to Learn from Humans." *Atlantic*, October 20. https://www.theatlantic.com/technology/archive/2017/10/alphago-zero-the-ai-that-taught-itself-go/543450/.

Chipp, Herschel. 1968. *Theories of Modern Art: A Source Book for Artists and Critics*. With contributions by Peter Zelz and Joshua C. Taylor. Berkeley: University of California Press.

Claparéde, E., E. Fehr, and T. Flournoy. 1907. "L'Enquête sur la méthode de travail du mathématician," *L'Enseignement Mathématique* 4:306–312.

Coeckelbergh, Mark. 2017. "Can Machines Create Art?" *Philosophy and Technology* 30 (3): 285–303.

Cohen, Noam. 2008. "He Wrote 200,000 Books (but Computers Did Some of the Work)." *New York Times*, April 14. http://www.nytimes.com/2008/04/14/business/media/14link.html? r=2&pagewanted=all.

Collins, Nick. 2016. "A Funny Thing Happened on the Way to the Formula: Algorithmic Composition for Musical Theater." *Computer Music Journal* 40 (3): 41–57. http://dro.dur.ac.uk/19901/2/19901.pdf?DDD23+tvvd27+dul4eg.

Colton, Simon. 2008. "Creativity versus the Perception of Creativity in Computational Systems." In *Papers from the 2008 AAAI Symposium*, edited by Dan Ventura, Mary L. Maher, and Simon Colton, 14–20. Menlo Park: CA: AAAI Press. http://ccg.doc.gold.ac.uk/ccg_old/papers/colton_aaai08symp.pdf.

Colton, Simon. 2012. "The Painting Fool: Stories from Building an Automated Painter." In *Computers and Creativity*, edited by Jon McCormack and Mark d'Inverno, 3–38. Berlin: Springer-Verlag.

Colton, Simon, Jacob Goodwin, and Tony Veale. 2012. "Full-FACE Poetry Generation." In *Proceedings of the Third International Conference on Computational Creativity 2012*, edited by Mary Lou Maher, Kristian Hammond, Alison Pease, Rafael Pérez y Pérez, Dan Ventura, and Geraint Wiggins, 95–102. Dublin, Ireland: University College Dublin. http://computationalcreativity.net/iccc2012/wp-content/uploads/2012/05/095-Colton.pdf.

Colton, Simon, Jakob Haskov, Dan Ventura, Ian Gouldstone, Michael Cook, and Blanca Pérez-Ferrer. 2015. "The Painting Fool Sees! New Projects with the Automated Painter." In *Proceedings of the Sixth International Conference on Computational Creativity*, edited by Hannu Toivonen, Simon Colton, Michael Cook, and Dan Ventura, 189–195. Provo, UT: Brigham Young University Press. http://computationalcreativity.net/iccc2015/proceedings/8_2Colton.pdf.

Colton, Simon, Maria Teresa Llano, Rose Hepworth, John Charnley, Catherine V. Gale, Archie Baron, François Pachet, et al. 2016. "The *Beyond the Fence* Musical and *Computer Says Show* Documentary." In *Proceedings of the Seventh International Conference on Compuational Creativity*, edited by François Pachet, Amilcar Cardoso, Vincent Corruble, and Fiammetta Ghedini, 311–320. Paris, France: Sony CSL. http://repository.falmouth.ac.uk/2565/1/colton_iccc2016.pdf.

Colton, Simon, and Geraint A. Wiggins. 2012. "Computational Creativity: The Final Frontier?" In *Proceedings of the 20th European Conference on Artificial Intelligence*, edited by Luc De Raedt, Christian Bessiere, Didier Dubois, Patrick Doherty, Paolo Frasconi, Fredrik Heintz, and Peter Lucas, 21–26. Amsterdam, The Netherlands: IOS Press. http://ccg.doc.gold.ac.uk/wp-content/uploads/2016/10/colton_ecai12.pdf.Cope, David. 1999. "Facing the Music: Perspectives on Machine-Composed Music." *Leonardo Music Journal* 9:79–87.

Cope, David. 2008. *Tinman: A Life Explored*. Bloomington, IN: iUniverse.

Coughlan, Robert. 1954. "Dr. Edward Teller's Magnificent Obsession." *Life*, September 6, 61–74.

Csikszentmihaly, Mihaly. 1975. *Beyond Boredom and Anxiety: Experiencing Flow in Work and Play*. San Francisco: Jossey-Bass.

Csikszentmihaly, Mihaly. 1988. "Society, Culture, Person: A Systems View of Creativity." In *The Nature of Creativity*, edited by R. J. Sternburg, 325–329. Cambridge: Cambridge University Press.

Cytowic, Richard. 1993. *The Man Who Tasted Shapes*. London: Abacus/Little Brown.

Davis, Hannah, and Saif M. Mohammad. 2014. "Generating Music from Literature." In *Proceedings of the 3rd Workshop for Literature*, edited by Anna Feldman, Anna Kazantseva, and Stan Szpakowicz, 1–10. Gothenburg: Association for Computational Linguistics. http://aclweb.org/anthology/W14-0901.

Dawn or Doom, Purdue University. 2016. "What Can We Learn from Computers (NOT) Understanding Humor: Julia Taylor Rayz." YouTube, November 3. https://www.youtube.com/watch?v=Vy8WiKvT4gY.

Dennett, Daniel. 1991. *Consciousness Explained*. London: Penguin Books.

Dunn, Ashley L. 2018. "An Architect's Defense of Open Plan Offices." *Fast Company*, August 15. https://www.fastcompany.com/90218754/in-defense-of-open-offices.

Eck, Douglas. 2002. "Meter through Synchrony: Processing Rhythmical Patterns with Relaxation Oscillators." PhD diss., Department of Computer Science, Cognitive Science Program, Indiana University, April. http://citeseerx.ist.psu.edu/viewdoc/download?doi=10.1.1.141.4262&rep=rep1&type=pd.

Eck, Douglas. 2016a. "Critique of First Magenta Music Sample." Google groups, June 2. https://groups.google.com/a/tensorflow.org/forum/#!topic/magenta-discuss/KTFUN_yN84g.

Eck, Douglas. 2016b. "Generating Art & Music—with Douglas Eck." YouTube, June 1. https://www.youtube.com/watch?v=HrilbzptOk4.

Eck, Douglas. 2016c. "Welcome to Magenta!" *Magenta* (blog), June 1. https://magenta.tensorflow.org/blog/2016/06/01/welcome-to-magenta/.

Eck, Douglas. 2017a. "Learning from A.I. Duet." *Magenta* (blog), February 16. https://magenta.tensorflow.org/2017/02/16/ai-duet.

Eck, Douglas. 2017b. "Magenta: Music and Art Generation (TensorFlow Dev Summit 2017)." YouTube, February 15. https://www.youtube.com/watch?v=vM5NaGoynjE.

Eck, Douglas. 2017c. "Project Magenta: Music and Art with Machine Learning (Google I/O '17)." YouTube, May 19. https://www.youtube.com/watch?v=2FAjQ6R_bf0.

Eck, Douglas, and Jasmin Lapalme. 2008. "Learning Musical Structure Directly from Sequences of Music." University of Montreal, Department of Computer Science. http://www.iro.umontreal.ca/~pift6080/H08/documents/papers/lstm_music.pdf.

Eck, Douglas, and Jürgen Schmidhuber. 2002. "Learning the Long-Term Structure of the Blues." In *Proceedings of the International Conference of Artificial Neural Networks*, edited by J. Dorronsoro, 96–103. Berlin: Springer. ftp://ftp.idsia.ch/pub/juergen/2002_icannMusic.pdf.

Einstein, Albert. 1949. "Autobiographical Notes." In *Albert Einstein: Philosopher-Scientist*, edited by P. A. Schilpp, 3–94. La Salle, IL: Open Court Publishing Co.

Einstein, Albert. 1987. *Collected Papers of Albert Einstein: Volume 1*. Edited by John Stachel. Princeton: Princeton University Press.

Eleks. 2016. "Designing Apparel with Neural Style Transfer." Eleks, September 2016. https://labs.eleks.com/2016/09/designing-apparel-neural-style-transfer.html.

Elgammal, Ahmed, Bingchen Liu, Mohamed Elhoseiny, and Marian Mazzone. 2017. "CAN: Creative Adversarial Networks Generating 'Art' by Learning About Styles and Deviating from Style Norms." In *Proceedings of the Eighth International Conference on Computational Creativity*, edited by Ashok Goel, Anna Jordanous, and Alison Pease, 96–103. Atlanta: Georgia Institute of Technology Press. http://computationalcreativity.net/iccc2017/iccc17_proceedings.pdf.

Emerging Technology from the arXiv. 2017. "Machine Creativity Beats Some Modern Art." *MIT Technology Review*, June 30. https://www.technologyreview.com/s/608195/machine-creativity-beats-some-modern-art/.

Engel, Jesse. 2017. "Making a Neural Synthesizer Instrument." *Magenta* (blog), May 18. https://magenta.tensorflow.org/nsynth-instrument.

Engel, Jesse, Cinjon Resnick, Adam Roberts, Sander Dieleman, Mohammad Norouzi, Douglas Eck, and Karen Simonyan. 2017. "Neural Audio Synthesis of Musical Notes with WaveNet Autoencoders." In *Proceedings of the 34th International Conference on Machine Learning*, edited by Doina Precup and Yee Whye Teh, 1068–1077. http://proceedings.mlr.press/v70/engel17a/engel17a.pdf.

Ericsson, Anders K. 2014. "Creative Genius: A Vew from the Expert-Performance Approach." In *The Wiley Handbook of Genius*, edited by Dean Keith Simonton, 321–349. West Sussex, UK: John Wiley and Sons.

Farbood, Mary, and Egon Pasztor. 2007. "Hyperscore (2000–2006)." Last modified January 2, 2007. http://alumni.media.mit.edu/~mary/hyperscore.html.

Farbood, Morwaread Mary. 2011. "Computational Creativity—Morwaread Mary Farbood, New York University." Vimeo, December 2. https://vimeo.com/33012887.

Farbood, Morwaread, Henry Kaufman, and Kevin Jennings. 2007. "Composing with Hyperscore: An Intuitive Interface for Visualizing Musical Structure." In Volume 2007 of the *International Computer Music Association*, 111–117. Ann Arbor: University of Michigan Press. http://hdl.handle.net/2027/spo.bbp2372.2007.133.

Ferreira, Becky. 2016. "Joke-Telling Robots Are the Final Frontier of Artificial Intelligence." *Motherboard*, March 15. https://motherboard.vice.com/en_us/article/z43nke/joke-telling-robots-are-the-final-frontier-of-artificial-intelligence.

Feynman, Richard. 1985. *"Surely You're Joking, Mr. Feynman!" Adventures of a Curious Character*. New York: W. W. Norton.

Fiebrink, Rebecca. 2017. "Machine Learning as Meta-instrument: Human-Machine Partnerships Shaping Expressive Instrumental Creation." In *Musical Instruments in the 21st Century: Identities, Configurations, Practices*, edited by Till Bovermann, Alberto de Campo, Hauke Egermann, Sarah-Indriyati Hardjowirogo, and Stefan Weinzierl, 137–151. Singapore: Springer.

Floreano, Dario, Sara Mitri, Stéphanie Magnenat, and Laurent Keller. 2007. "Evolutionary Conditions for the Emergence of Communication in Robots." *Evolutionary Biology* 17 (6): 514–519.

Fulleylove, Rebecca. 2016. "The Italian Ideas Factory: Fabrica through the Eyes of Its Alumni." *It's Nice That*, April 12. https://www.itsnicethat.com/features/fabrica-research-centre-treviso-alumni-120416.

Garcia, Chris. 2015. "Algorithmic Music—David Cope and EMI." Computer History Museum, April 29. http://www.computerhistory.org/atchm/algorithmic-music-david-cope-and-emi/.

Garling, Caleb. 2014. "'Smart' Software Can Be Tricked into Seeing What Isn't There." *MIT Technology Review*, December 24. http://www.evolvingai.org/files/MIT_Tech_Review_Fooling_paper.pdf.

Gaskin, Sam. 2018. "When Art Created by Artificial Intelligence Sells, Who Gets Paid?" *Artsy*, September 17. https://www.artsy.net/article/artsy-editorial-art-created-artificial-intelligence-sells-paid?utm_source=Cultural+Digital&utm_campaign=ebe744856a-culturaldigital138&utm_medium=email&utm_term=0_f5c318bb03-ebe744856a-115208857.

Gatys, Leon, Alexander S. Ecker, and Matthias Bethge. 2016. "Image Style Transfer Using Convolutional Neural Networks." In *Proceedings of the 2016 IEEE Conference on Computer Vision and Pattern Recognition*, 2414–2423. Las Vegas, NV: IEEE. http://openaccess.thecvf.com/content_cvpr_2016/papers/Gatys_Image_Style_Transfer_CVPR_2016_paper.pdf.

Georgia Tech Center for Music Technology. 2017. "Deep Shimon." Developed by Mason Bretan. YouTube, May 3. https://www.youtube.com/watch?v=j82nYLOnKtM.

Gervás, Pablo. 2000. "WASP: Evaluation of Different Strategies for the Automatic Generation of Spanish Verse." In *Proceedings of the AISB'00 Symposium on Creative and Cultural Aspects and Applications of AI and Cognitive Science*, 93–100. Birmingham, UK: University of Birmingham Press.

Gervás, Pablo. 2002. "Exploring Quantitative Evaluations of the Creativity of Automatic Poets." In *Workshop on Creative Systems, Approaches to Creativity in Artificial Intelligence and Cognitive Science, 15th European Conference on Artificial Intelligence, 2002*, edited by Frank van Hamelen, 39–46. Amsterdam: ISOS Press. http://nil.fdi.ucm.es/sites/default/files/GervasECAIws2002.pdf.

Gervás, Pablo. 2011. "Dynamic Inspiring Sets for Sustained Novelty in Poetry Gen-

Pease, and Geraint Wiggins, 111–116. Mexico City: Division de Ciencias de la Comunicacion y Diseno, Universidad Autonoma Metropolitana, Unidad Cuajimalpa.

Gervás, Pablo, Raquel Hervá, Carlos León, and Catherine V. Gale. 2016. "Annotating Musical Theatre Plots on Narrativeative Structure and Emotional Content." In *Seventh International Workshop on Computational Models*, edited by Ben Miller, Antonio Lieto, Stephan G. Ware, and Mark A. Finlayson, 1–16. Leibniz: Dagstuhl.

Ghedini, Fiammetta, François Pachet, and Pierre Roy. 2015. "Creating Music and Texts in Flow Machines." In *Multdisciplinary Contributions to the Science of Creating Thinking (Creativity in the Twenty-First Century)*, edited by Geovanni Emanuele Corazza and Sergio Agnoli, 325–343. Berlin: Springer.

Ghiselin, Brewster, ed. 1952. *The Creative Process: A Symposium*. New York: New American Library.

Gibney, Elizabeth. 2017. "Self-Taught AI Is Best Yet at Strategy Game Go." *Nature*, October 18. https://www.nature.com/news/self-taught-ai-is-best-yet-at-strategy-game-go-1.22858.

Glass, Philip. 2015. *Words without Music*. London: Faber and Faber Ltd.

Gonthier, George. 2005. "A Computer-Checked Proof of the Four Colour Theorem." http://www2.tcs.ifi.lmu.de/~abel/lehre/WS07-08/CAFR/4colproof.pdf.

Goodfellow, Ian, Jean Pouget-Abadie, Mehdi Mirza, Bing Xu, David Warde-Farley, Sherji Ozair, Aaron Courville, and Yoshua Bongio. 2014. "Generative Adversarial Nets." In *Advances in Neural Information Processing Systems 27 (NIPS 2014)*, edited by Z. Ghahramani, M. Welling, C. Cortes, N. D. Lawrence, and K. Q. Weinberger. https://papers.nips.cc/paper/5423-generative-adversarial-nets.pdf.

Goodwin, Ross. 2016a. "Adventures in Narrated Reality." *Medium*, March 18. https://medium.com/artists-and-machine-intelligence/adventures-in-narrated-reality-6516ff395ba3.

Goodwin, Ross. 2016b. "Adventures in Narrated Reality, Part II." *Medium*, June 9. https://medium.com/artists-and-machine-intelligence/adventures-in-narrated-reality-part-ii-dc585af054cb.

Goodwin, Ross. 2018. *1 the Road*. With an introduction by Kenric McDowell. Paris: Jean Boîte Editions.

Graziano, Michael S. A. 2013. *Consciousness and the Social Brain*. Oxford: Oxford University Press.

Ha, David, and Douglas Eck. 2017. "A Neural Representation of Sketch Drawings." https://arxiv.org/pdf/1704.03477.pdf.

Hadamard, Jacques. 1954. *An Essay on the Psychology of Invention in the Mathematical Field*. New York: Dover. First published 1945.

Harari, Yuval Noah. 2015. *Homo Deus: A Brief History of Tomorrow*. London: Vintage.

Harmon, Sarah. 2015. "FIGURE8: A Novel System for Generating and Evaluating Figurative Language." In *Proceedings of the Sixth International Conference on Computational Creativity*, edited by Hannu Toivanen, Simon Colton and Dan Ventura, 71–77. Provo, UT: Brigham Young University Press.

Hegarty, John. 2014. *Hagarty on Creativity: There Are No Rules*. London: Thames and Hudson.

Helmholtz, Hermann von. (1891) 1971. *Selected Writings of Hermann von Helmholtz*. Wesleyan, CT: Wesleyan University Press.

Hertzmann, Aaron. 2018. "Can Computers Create Art?" *The Machine as Artist (for the 21st Century)* 7 (2). https://doi.org/10.3390/arts7020018.

Hesse, Christopher. 2017. "Image-to-Image Demo: Interactive Image Translation with pix2pix-tensorflow." Affinelayer.com, February 19. https://affinelayer.com/pixsrv/.

Heyman, Stephan. 2015. "How Computing Can Help Art Historians." *New York Times*, July 15. https://www.nytimes.com/2015/07/16/arts/international/how-computing-can-help-art-historians.html.

Higginbotham, Adam. 2012. "Welcome to Rosalind Picard's Touchy-Feely World of Emphatic Tech." *Wired*, November 27. https://www.wired.co.uk/article/emotion-machines.

Highfield, Roger, and Paul Carter. 1993. *The Private Lives of Albert Einstein*. London: Faber and Faber.

Hildescheimer, Wolfgang. 1983. *Mozart*. New York: Vintage Books.

Hochreiter, Sepp, and Jürgen Schmidhuber. 1997. "Long Short-Term Memory." *Neural Computation* 9 (8): 1735–1780.

Hofstadter, Douglas. 1979. *Gödel, Escher, Bach: An Eternal Golden Braid*. New York: Basic Books.

Hofstadter, Douglas. 2009. "Essay in the Style of Douglas Hofstadter." *AI Magazine* 30 (3): 82–88.

Holmes, Edward, 1845. *The Life of Mozart: Including His Correspondence*. London: Chapman and Hall.

Holmes, Kevin. 2011. "Meet 'Paul' and 'Pete,' the Sketching Robots." *Vice*, June 21. https://creators.vice.com/en_uk/article/78wmve/meet-paul-and-pete-the-sketching-robots-2.

Huang, Cheng-Zhi Anna, Tim Cooijmans, Adam Roberts, Aaron Courville, and Douglas Eck. 2017. "Counterpoint by Convolution." In *ISMIR Proceedings 2017*, edited by Xiao Hu, Sally Jo Cunningham, Doug Turnbull and Zhiyao Duan, 211–218. Suzhou, China: International Society for Music Information Retrieval. https://ismir2017.smcnus.org/wp-content/uploads/2017/10/187_Paper.pdf.

Huang, Cheng-Zhi Anna, Ian Simon, and Monica Dinculescu. 2018. "Music Transformer: Generating Music with Long-Term Structure." *Magenta* (blog), December 13. https://magenta.tensorflow.org/music-transformer.

Huang, Cheng-Zhi Anna, Ashish Vaswani, Jakob Uszkoreit, Noam Shazeer, Ian Simon, Curtis Hawthorne, Andrew M. Dai, Matthew D. Hoffman, Monica Dinculescu, and Douglas Eck. 2019. "Music Transformer: Generating Music with Long-Term Structure." https://openreview.net/pdf?id=rJe4ShAcF7. Published as a conference paper at ICLR 2019.

Isaacson, Walter. 2011. *Steve Jobs*. London: Little, Brown.

Isaacson, Walter. 2014. *The Innovators*. New York: Simon and Schuster.

Isola, Phillip, Jun-Yan Zhu, Tinghui Zhou, and Alexei A. Efros. 2017. "Image-to-Image Translation with Conditional Adversarial Networks." In *Proceedings of the 2017 Conference on Computer Vision and Pattern Recognition,* edited by Xiao Hu, Sally Jo Cunningham, Doug Turnbull, and Zhiyao Duan, 5967–5976. https://arxiv.org/pdf/1611.07004.pdf.

Jennings, Ken. 2011. "My Puny Human Brain." *Slate*, February 16. http://www.slate.com/articles/arts/culturebox/2011/02/my_puny_human_brain.html.

John-Steiner, Vera. 2000. *Creative Collaboration*. Oxford: Oxford University Press.

Jordanous, Anna. 2011. "Evaluating Evaluation: Assessing Progress in Computational Research." In *Proceedings of the Second International Conference on Computational Creativity*, edited by Dan Ventura, Pablo Gervás, D. Fox Harrell, Mary Lou Maher, Alison Pease, and Geraint Wiggins, 102–107. Mexico City: Division de Ciencias de la Comunicacion y Diseno, Universidad Autonoma Metropolitana, Unidad Cuajimalpa.

Jordanous, Anna, and Bill Keller. 2016. "Modelling Creativity: Identifying Components through a Corpus-Based Approach." *PLoS ONE*, 11 (10): 1–27.

Kasparov, Garry. 1996. "The Day that I Sensed a New Kind of Intelligence." *Time*, March 25. http://content.time.com/time/subscriber/article/0,33009,984305-1,00.html.

Kasparov, Garry. 2010. "The Chess Master and the Computer." *New York Review of Books*, February 11. http://www.nybooks.com/articles/2010/02/11/the-chess-master-and-the-computer/.

Kasparov, Garry. 2018. "Chess, a *Drosophila* of Reasoning." *Science* 362 (6419): 1087. http://science.sciencemag.org/content/362/6419/1087.

Kennedy Center. 2016. "MacArthur Foundation: Jason Moran, George Lewis—Millenium Stage." YouTube, October 2. https://www.youtube.com/watch?v=Mn3M2JLQOts.

Klingemann, Mario. 2017a. "Alternative Face." YouTube, February 4. https://www.youtube.com/watch?v=af_9LXhcebY.

Klingemann, Mario. 2017b. "Machimaginarium." Vimeo, May 16. https://vimeo.com/217699101.

Knapton, Sarah. 2017. "AlphaGo Zero: Google DeepMind Supercomputer Learns 3,000 Years of Human Intelligence in 40 Days." *Telegraph*, October 18. https://www.telegraph.co.uk/science/2017/10/18/alphago-zero-google-deepmind-supercomputer-learns-3000-years/.

Knight, Will. 2017. "35 Innovators Under 35, Inventors: Ian Goodfellow." *MIT Technology Review*. https://www.technologyreview.com/lists/innovators-under-35/2017/inventor/ian-goodfellow/.

Kobie, Nicole. 2017. "Can an AI Make You Laugh Out Loud?" *Alphr*, September 8. http://www.alphr.com/artificial-intelligence/1006967/can-an-ai-make-you-laugh-out-loud.

Kogan, Gene. 2015. "Experiments with Style Transfer." http://genekogan.com/works/style-transfer/.

Kogan, Gene. 2018. "Pix2Pix." http://ml4a.github.io/guides/Pix2Pix/.

Kuenzli, Rudolf E., and Francis M. Naumann, eds. 1989. *Marcel Duchamp, Artist of the Century*. Cambridge, MA: MIT Press.

Kurzweil, Ray. (2005) 2016. *The Singularity Is Near: When Humans Transcend Biology*. London: Gerald Duckworth and Co.

La Grange, Henry-Louis de, and Günther Weiss. 1995. *Gustav Mahler: Letters to His Wife*. In collaboration with Knud Martner. Berlin: Wolf Jobst Siedler Verlag GmbH.

Langley, Pat, Herbert Simon, Gary L. Bradshaw, and Jan M. Zytkow. 1987. *Scientific Discovery: Computational Explorations of the Creative Processes*. Cambridge, MA: MIT Press.

Lawson, Mark. 2009. "This Artificially Intelligent Music May Speak to Our Minds, but Not Our Souls." *Guardian*, October 22. https://www.theguardian.com/commentisfree/2009/oct/22/music-computer-compose-copy.

Lee, M. H. 2017. "Go Players Excited about 'More Humanlike' AlphaGoZero." Korea Bizwire, October 19. http://koreabizwire.com/go-players-excited-about-more-humanlike-alphago-zero/98282.

Lehrer, Jonah. 2009. "When Senses Intersect." *Scientific American*, May 12. https://www.scientificamerican.com/article/when-senses-intersect/.

Lewis, George. 2000. "Too Many Notes: Computers, Complexity and Culture in Voyager." *Leonardo Music Journal* 10:33–39.

Lohr, Steve. 2016. "IBM Is Counting on Its Bet on Watson and Paying Big Money for It." *New York Times*, October 17. https://www.nytimes.com/2016/10/17/technology/ibm-is-counting-on-its-bet-on-watson-and-paying-big-money-for-it.html.

Lohr, Steve. 2018. "Is There a Smarter Path to Artificial Intelligence? Some Experts Hope So." *New York Times*, June 20. https://www.nytimes.com/2018/06/20/technology/deep-learning-artificial-intelligence.html.

Luan, Fujun, Sylvain Paris, Eli Shechtman, and Kavita Bala. 2017. "Deep Photo Style Transfer." In *Proceedings of the 2017 Conference on Computer Vision and Pattern Recognition,* edited by Xiao Hu, Sally Jo Cunningham, Doug Turnbull and Zhiyao Duan, 6997–7005. http://openaccess.thecvf.com/content_cvpr_2017/papers/Luan_Deep_Photo_Style_CVPR_2017_paper.pdf.

Luman, Douglas. 2015. "Book Review: #!" *Found Poetry Review*, August 4. http://www.foundpoetryreview.com/blog/book-review-nick-montfort/.

Mandler, George, 1994. "Hypermnesia, Incubation, and Mind-Popping: On Remembering without Really Trying," In *Attention and Performance XV*, edited by C. Umilta and M. Moskovitch, 1–33. Cambridge, MA: MIT Press.

Marshall, Alex. 2018. "A Robot Walks into a Bar. But Can It Do Comedy?" *New York Times*, August 8. https://www.nytimes.com/2018/08/08/arts/ai-comedy-artificial-intelligence-piotr-mirowski.html.

Mastroianni, Brian 2016. "Orchestra Music Created with the Help of Artificial Intelligence."In *CBS News*, September 27. https://www.cbsnews.com/news/orchestra-music-symphonologie-by-artificial-intelligence-human-composers/.

Mateas, M., and Nick Montfort. 2005. "A Box, Darkly: Obfuscation, Weird Languages, and Code Aesthetics." In *Proceedings of the 2005 Digital Arts and Culture Conference*, 144–153. Copenhagen: University of Copenhagen.

McCarthy, John, Marvin L. Minsky, Nathaniel Rochester, and Claude E. Shannon. (1955) 2006. "A Proposal for the Dartmouth Summer Research Project on Artificial Intelligence: August 31, 1955." *AI Magazine* 27 (4): 12–14.

McDonald, Kyle. 2015. "Comparing Artificial Artists." *Medium*, September 1. https://medium.com/@kcimc/comparing-artificial-artists-7d889428fce4.

McDowell, Kenric. 2016. "Music, Art & Machine Intelligence 2016 Conference Proceedings." *Medium*, June 27. https://medium.com/artists-and-machine-intelligence/music-art-machine-intelligence-2016-conference-proceedings-ea376a4e2576.

Merill, Brad. 2014. "It's Happening: Robots May Be the Creative Artists of the Future." MakeUseOf, December 17. https://www.makeuseof.com/tag/happening-robots-may-creative-artists-future/.

Metz, Cade. 2016a. "Google's Artificial Brain Is Pumping out Trippy—and Pricey—Art." *Wired*, February 29. https://www.wired.com/2016/02/googles-artificial-intelligence-gets-first-art-show/.

Metz, Cade. 2016b. "This Is the Cutting Edge of Deep Learning Research." Interview with Yann Lecun. https://www.forbes.com/sites/quora/2016/08/05/this-is-the-cutting-edge-of-deep-learning-research/#37e931e951c8.

Metz, Cade. 2019. "DeepMind Can Now Beat Us at Multiplayer Games, Too," May 30. https://www.nytimes.com/2019/05/30/science/deep-mind-artificial-intelligence.html.

Metz, Rachel. 2017. "Why Google's AI Can Write Beautiful Songs but Still Can't Tell a Joke." *MIT Technology Review*, September 7. https://www.technologyreview.com/s/608777/why-googles-ai-can-write-beautiful-songs-but-still-cant-tell-a-joke/.

Miller, Arthur I. (1981) 1998. *Albert Einstein's Special Theory of Relativity: Emergence (1905) and Early Interpretation (1905–1911)*. Berlin: Springer-Verlag.

Miller, Arthur I. 1986. *Imagery in Scientific Thought: Creating 20th-Century Physics*. Cambridge, MA: MIT Press.

Miller, Arthur I. 1992. "Scientific Creativity: A Comparative Study of Henri Poincaré and Albert Einstein." *Creativity Research Journal* 5 (4): 385–414.

Miller, Arthur I. 1994. "Why Did Poincaré Not Formulate Special Relativity in 1905?" In *Henri Poincaré: Science and Philosophy, International Congress, Nancy, France*, edited by John-Luis Greffe, Gerhard Heinzmann, and Kuno Lorenz, 69–101. Berlin: Akademie Verlag.

Miller, Arthur I. 2000. *Insights of Genius: Imagery and Creativity in Science and Art*. Cambridge, MA: MIT Press.

Miller, Arthur I. 2001. *Einstein, Picasso: Space, Time and the Beauty that Causes Havok*. New York: Basic Books.

Miller, Arthur I. 2002. "Erotica, Aesthetics and Schrödinger's Wave Equation." In *It Must be Beautiful: Great Equations of Modern Science*, edited by Graham Farmelo, 80–101. London: Granta Books.

Miller, Arthur I. 2005. *Empire of the Stars: Friendship, Obsession and Betrayal in the Quest for Black Holes*. London: Abacus.

Miller, Arthur I. 2012. "Henri Poincaré: The Unlikely Link between Einstein and Picasso." *Guardian*, July 17. https://www.theguardian.com/science/blog/2012/jul/17/henri-poincare-einstein-picasso.

Miller, Arthur I. 2014. *Colliding Worlds: How Cutting-Edge Science Is Redefining Contemporary Art*. New York: W. W. Norton.

Miller, Arthur I. 2015. "Creativity: How Cutting-Edge Science Is Redefining Contemporary Art." Latitude Podcast #1, Latitude Festival, October 28, with Marius Kwimt. https://www.latitudefestival.com/news/listen-latitude-podcast-1.

Miranda, Eduardo. 2014a. "Biocomputer Music." Vimeo, November 10. https://vimeo.com/111409050.

Miranda, Eduardo. 2014b. *Thinking Music: The Inner Workings of a Composer's Mind*. Plymouth, England: University of Plymouth Press.

Miranda, Eduardo, Andrew Adamatzky, and Jeff Jones. 2011. "Sounds Synthesis with Slime Mould of Physarum Polycephalum." *Journal of Bionic Engineering* 8 (2): 107–113.

Mohammad, Saif M., and Peter D. Turney. 2013. "Crowdsourcing a Word-Emotion Association Lexicon." *Computational Intelligence* 29 (3): 436–465.

Montfort, Nick, and Rafael Pérez y Pérez. 2008. "Integrating a Plot Generator and an Automatic Narrator to Create and Tell Stories." In *Proceedings of the International Joint Workshop on Computational Creativity*, edited by Pablo Gervás, Rafael Pérez y Pérez, and Tony Veale, 61–70. Technical Report IT/2008/2 Departamento de Ingeniería del Software e Inteligencia Artificial Universidad Complutense de Madrid. http://computationalcreativity.net/ijwcc08/ijwcc08proceedings.pdf.

Montfort, Nick, Rafael Pérez y Pérez, D. Fox Harrell, and Andrew Campana. 2013. "Slant: A Blackboard System to Generate Plot, Figuration, and Narrative Discourse Aspects of Stories." In *Proceedings of the Fourth International Conference on Computational Creativity*, edited by Mary Lou Maher, Tony Veale, Rob Saunders, and Oliver Brown, 168–175. Sydney, Australia: University of Sydney Press.

Montfort, Nick. 2014. *#!*. Denver, CO: Counterpath.

Montfort, Nick. 2017. *The Truelist*. Denver, CO: Counterpath.

Moravec, Hans. 1988. *Mind Children: The Future of Robot and Human Intelligence*. Cambridge MA: Harvard University Press.

Mordvintsev, Alexander, Mike Tyka, and Christopher Olah. 2015. "Inceptionism: Going Deeper into Neural Networks." *Google AI Blog*, June 17. https://research.googleblog.com/2015/06/inceptionism-going-deeper-into-neural.html.

MusicTechFest. 2015. "MTF London: Rebecca Fiebrink." YouTube, May 12. https://www.youtube.com/watch?v=yc5CL5EoPqg.

Nazim, Sarah. 2018. "'Hello World' Is the First Mainstream Music Album Composed with AI." RX Music, January 15. https://rxmusic.com/editorial/hello-world-is-the-first-mainstream-music-album-composed-with-ai/.

Newell, Allen, and Herbert A. Simon. 1972. *Human Problem Solving*. Upper Saddle River, NJ: Prentice Hall.

Newitz, Annalee. 2016. "Movie Written by AI Algorithm Turns Out to Be Hilarious and Intense." *Ars Technica*, June 9. https://arstechnica.com/gaming/2016/06/an-ai-wrote-this-movie-and-its-strangely-moving/.

Nguyen, Anh, Jason Yosinski, and Jeff Clune. 2015. "Deep Neural Networks Are Easily Fooled: High Confidence Predictions for Unrecognizable Images." In *2015 Conference on Computer Vision and Pattern Recognition*, 427–436. https://www.computer.org/csdl/proceedings-article/cvpr/2015/07298640/12OmNzvz6IH.

Nguyen, Anh, Alexey Dosovitskiy, Jason Yosinski, Thomas Brox, and Jeff Clune. 2016. "Synthesizing the Preferred Inputs for Neurons in Neural Networks via Deep Generator Networks." In *Proceedings of the Neural Information Processing Systems (NIPS 2016)*, edited by D. D. Lee, M. Sugiyama, U. V. Luxburg, I. Guyon, and R. Garnett, 1–9. http://papers.nips.cc/paper/6519-synthesizing-the-preferred-inpits-for-neurons-in-neural-networks-via-deep-generator-networks.pdf.

Noll, A. Michael. 1970. "Art Ex Machina." *IEEE Journal* 8 (4): 10–14.

Noll, A. Michael. n.d. "Early Years at Bell Labs (1961–1971)." Unpublished. Courtesy of A. Michael Noll.

Nugent, Ciara. 2018. "The Painter behind These Artworks Is an AI Program. Do They Still Count as Art?" *Time*, August 20. http://time.com/5357221/obvious-artificial-intelligence-art/.

Olewitz, Chloe. 2016. "A Japanese AI Program Just Wrote a Short Novel, and It Almost Won a Literary Prize." *Digital Trends*, March 23. https://www.digitaltrends.com/cool-tech/japanese-ai-writes-novel-passes-first-round-nationanl-literary-prize/.

Oore, Sageev. 2016. "Human Learning What WaveNet Learned from Humans." *Magenta* (blog), September 23. https://magenta.tensorflow.org/2016/09/23/learning-music-from-learned-music.

O'Toole, Garson. 2013. "Good Artists Copy; Great Artists Steal." Quote Investigator. https://quoteinvestigator.com/2013/03/06/artists-steal/#note-5574-11.

Pachet, François. 2003. "The Continuator: Musical Interaction with Style." *Journal of New Music Research* 32 (3): 333–341.

Pachet, François. 2011. "Markov Constraints: Steerable Generation of Markov

Pachet, François. 2015. "Flow-Machines: CP Techniques to Model Style in Music and Text." Association for Constraint Programming. https://www.a4cp.org/node/1066.

Papadopoulos, A., Pierre Roy, and François Pachet. 2016. "Assisted Lead Sheet Composition Using FlowComposer." In *Proceedings of the 22nd International Conference on Principles and Practice of Constraint Programming—CP, Toulouse, France, September 2016*, edited by Michael Rueher, 769–785. Berlin: Springer.

Parrish, Allison. 2015. "Exploring (Semantic) Space with (Literal) Robots." Open Transcripts, June 3. http://opentranscripts.org/transcript/semantic-space-literal-robots/.

Parrish, Allison. 2018a. *Articulations*. New York: Counterpath Press.

Parrish, Allison. 2018b. "Articulations: A Fragment Fragment Fragment." *Adjacent*, June 15. https://itp.nyu.edu/adjacent/issue-3/articulations-a-fragment-fragment-fragment/.

Patch, Nick. 2016. "Algorithm and Blues: Putting a Google Written Song to the Test." https://www.thestar.com/entertainment/music/2016/08/14/algorithm-and-blues-putting-a-google-written-song-to-the-test.html.

Pathak, Deepak, Philipp Krähenbühl, Jeff Donahue, Trevor Darrell, and Alexei A. Efros. 2016. "Context Encoders: Feature Learning by Inpainting." In *2016 IEEE Conference on Computer Vision and Pattern Recognition*, 2636–2544. Las Vegas, Nevada: IEEE. https://www.cv-foundation.org/openaccess/content_cvpr_2016/papers/Pathak_Context_Encoders_Feature_CVPR_2016_paper.pdf.

Pease, Alison, and Simon Colton. 2011. "Computational Creativity Theory: Inspirations behind the FACE and the IDEA Models." In *Proceedings of the Second International Conference on Computational Creativity*, edited by Dan Ventura, Pablo Gervás. D. Fox, Mary Lou Maher, Alison Pease and Geraint Wiggins, 72–77. Mexico City: Division de Ciencias de la Comunicacion y Diseno, Universidad Autonoma Metropolitana, Unidad Cuajimalpa https://pdfs.semanticscholar.org/04b7/27fb2aa0e10eabc89890700dbf5b9ea30028.pdf.

Pérez y Pérez, Rafael. 2017. *MEXICA: 20 Years–20 Stories (20 AÑOS–20 HISTORIAS)*. Denver, CO: Counterpath Press.

Perloff, Marjorie. 2010. *Unoriginal Genius: Poetry by Other Means in the New Century*. Chicago: University of Chicago Press.

Picard, Rosalind. (1997) 2000. *Affective Computing*. Cambridge, MA: MIT Press.

Picard, Rosalind. 2010. "Affective Computer: From Laughter to IEEE." *IEEE Transactions on Affective Computing* 1 (1): 11–17.

Poincaré, Henri. 1908a. "L'invention mathématique" [Mathemical discovery]. In *La science et méthode* [Science and Method], 43–63. Paris: Flammarion.

Poincaré, Henri. 1908b. "Les définitions mathématiques et l'enseignement" [Mathematical definitions and education]. In *La science et méthode* [Science and Method], 123–151. Paris: Flammarion.

Preston, Elizabeth. 2015. "How Machines Write Poetry." *Motherboard*, December 15. https://motherboard.vice.com/en_us/article/ezpdb7/how-machines-write-poetry.

Radford, Alex, Luke Metz, and Soumith Chintala. 2016. "Unsupervised Representation Learning with Deep Convolutional Generative Adversarial Networks." https://arxiv.org/pdf/1511.06434.pdf.

Rea, Naomi. 2018. "AI-Generated Art Just Got Its First Mainstream Gallery Show. See It Here—and Get Ready." Artnet News, August 29. https://news.artnet.com/exhibitions/ai-generated-art-gallery-show-1339445.

Ridler, Anna. 2017. "The House of Usher." Vimeo, May 16. https://vimeo.com/217670143.

Ritchie, Graeme. 2007. "Some Empirical Criteria for Attributing Creativity to a Computer Program." *Minds and Machines* 17 (1): 67–99.

Ritchie, Graeme. 2009. "Can Computers Create Humor?" *AI Magazine* 30 (3): 71–80.

Roberts, Sioban. 2015. *Genius at Play: The Curious Mind of John Horton Conway*. London: Bloomsbury Publishing Plc.

Robinson, Ken. 2015. "Creativity Is in Everything: Especially Teaching." KQED News, MindShift, April 22. https://www.kqed.org/mindshift/40217/sir-ken-robinson-creativity-is-in-everything-especially-teaching.

Rumelhart, David E., James L. McClelland, and the PDP Research Group. 1986. *Parallel Distributed Processing: Explorations in the Microstructure of Cognition, Volume 1: Foundations*. Cambridge, MA: MIT Press.

Safi, Michael. 2016. "Like a Beautiful Painting: Image of New Year's Mayhem in Manchester Goes Viral." *Guardian*, January 2. https://www.theguardian.com/uk-news/2016/jan/03/like-a-beautiful-painting-image-of-new-years-mayhem-in-manchester-goes-viral.

Sample, Ian. 2017. "'It's Able to Create Knowledge Itself': Google Unveils AI That Learns on Its Own." *Guardian*, October 18. https://www.theguardian.com/science/2017/oct/18/its-able-to-create-knowledge-itself-google-unveils-ai-learns-all-on-its-own.

Sbai, Othman, Mohamed Elhoseiny, Antoine Bordes, Yann LeCun, and Camille Couprie. 2018. "DesIGN: Design Inspiration from Generative Networks." https://research.fb.com/wp-content/uploads/2018/04/design-design-inspiration-from-generative-networks.pdf.

Schering, Arnold. 1912. *Bach-Jahrbuch, 1912*. Leipzig: Breitkopf and Härtel.

Schneider, Tim, and Naomi Rea. 2018. "Has Artificial Intelligence Given Us the Next Great Art Movement? Experts Say Slow Down, the 'Field Is in Its Infancy.'" Artnet

Searle, John. 1980. "Minds, Brains and Programs." *Behavioral and Brain Sciences* 3 (3): 417–424.

Searle, John. 2002. *Consciousness and Language*. Cambridge: Cambridge University Press.

Shahaf, Dafna, Eric Horvitz, and Robert Mankoff. 2015. "Inside Jokes: Identifying Humorous Cartoon Captions." In *Proceedings of the 21st ACM SIGKDD International Conference on Knowledge Discovery and Data Mining*, 1065–1074. Sydney, NSW, Australia: ACM. https://www.microsoft.com/en-us/research/wp-content/uploads/2016/11/phumor.pdf.

Shanahan, Murray. 2010. *Embodiment and the Inner Life: Cognition and Consciousness in the Space of Possible Minds*. Oxford: Oxford University Press.

Shanahan, Murray, Antonia Creswell, David Barrett, Kyriacos Nikiforou, Christos Kaplanis, and Marta Garnelo. 2019. "An Explicitly Relational Neural Network Architecture," May 24. https://arxiv.org/pdf/1905.10307v1.pdf.

Simon, Herbert. 1988. "Creativity and Motivation: A Response to Csikszentmihalyi." *New Ideas in Psychology* 6:177–181.

Simon, Ian, and Sageev Oore. 2017. "Performance RNN: Generating Music with Expressive Timing and Dynamics." *Magenta* (blog), June 29. https://magenta.tensorflow.org/performance-rnn.

Simonton, Dean. 2017. "Big-C versus Little-c Creativity: Definitions, Implications, and Inherent Educational Contradictions." In *Creative Contradictions in Education, Creativity Theory and Action in Education 1*, edited by R. A. Beghetto and B. Sriraman, 3–19. Basel, Switzerland: Springer International Publishing. https://static1.squarespace.com/static/52d6f16be4b0770a479dfb9c/t/580e30a13e00be470f93e7c4/1477324962037/CreativeContradictions+%28sample+chapter+_+Chp+1%29.pdf.

Simonton, Dean. 2018. *The Genius Checklist: Nine Paradoxical Tips on How You Can Become a Creative Genius*. Cambridge, MA: MIT Press.

Singh, Divya, Margareta Ackerman, and Rafael Pérez y Pérez. 2017. "A Ballad of Mexicas: Automated Lyrical Writing." *In Proceedings of the Eighth International Congress on Computational Creativity*, edited by Ashok Goel, Anna Jordanous, and Alison Pease, 229–236. Atlanta: Georgia Institute of Technology Press. http://computationalcreativity.net/iccc2017/iccc17_proceedings.pdf.

Smith, David. 2013. "Scroogled: Google Poaches Top Microsoft Engineer Blaise Agüera y Arcas." *International Business Times*, December 16. http://www.ibtimes.com/scroogled-google-poaches-top-microsoft-engineer-blaise-aguera-y-arcas-1510816.

Solovine, Maurice. 1956. *Albert Einstein: Lettres à Maurice Solovine*. Paris: Gauthier-Villars.

Stanley, Kenneth O. 2017. "Neuroevolution: A Different Kind of Deep Learning." O'Reilly, July 13. https://www.oreilly.com/ideas/neuroevolution-a-different-kind-of-deep-learning.

Sterling, Bruce. 2016. "Tech Art: Welcome to Magenta." *Wired*, June 2. https://www.wired.com/beyond-the-beyond/2016/06/tech-art-welcome-magenta/.

Stock, Oliviero, and Carlo Strapparava. 2003. "Getting Serious about the Development of Computational Humor." In *Proceedings of the Eighteenth International Joint Conference on Artificial Intelligence*, edited by Georg Gottlob and Toby Walsh, 59–64. Burlington, MA: Morgan Kaufmann.

Stock, Oliviero, and Carlo Strapparava. 2006. "Laughing with HAHAcronym, a Computational Humor System." In *AAAI'06 Proceedings of the 21st National Conference on Artificial Intelligence*, edited by Anthony Cohen, 1675–1678. Cambridge, MA: AAAI Press. https://www.aaai.org/Papers/AAAI/2006/AAAI06-278.pdf.

Stocker, Gerfried, Christine Schöpf, and Hannes Leopoldseder, eds. 2017. *AI: Artificial Intelligence: The Other I*. Berlin: Hatje Cantz Verlag MBH.

Sturm, Bob L. 2017. "The Drunken Pint, a folk-rnn Original." *High Noon GMT* (blog), February 18. https://highnoongmt.wordpress.com/2017/02/18/the-drunken-pint-a-folk-rnn-original/.

Sturm, Bob L., and Oded Ben-Tal. 2017. "Taking the Models Back to Music Practice: Evaluating Generative Transcription Models Built Using Deep Learning." *Journal of Creative Music Systems* 2 (1): 1–29. https://www.researchgate.net/publication/319905403_Taking_the_Models_back_to_Music_Practice_Evaluating_Generative_Transcription_Models_built_using_Deep_Learning.

Sturm, Bob L., Oded Ben-Tal, Úna Monaghan, Nick Collins, Dorien Herremans, Elaine Chew, Gaëtan Hadjeres, Emmanuel Deruty, and François Pachet. 2018. "Machine Learning Research That Matters for Music Creation: A Case Study." *Journal of New Music Research* 48 (1): 36–55. Lancaster: Routledge/Taylor & Francis Online. https://www.tandfonline.com/doi/abs/10.1080/09298215.2018.1515233.

Sturm, Bob L., João Felipe Santos, Oded Ben-Tal, and Iryna Korshunova. 2016. "Music Transcription Modelling and Composition Using Deep Learning." In *Proceedings of the 1st Conference on Computer Simulation of Musical Creativity*, University of Huddersfield, UK, June 17–19. https://drive.google.com/file/d/0B1OooSxEtl0FcTBiOGdvSTBmWnc/view.

Sullins, John P. 2012. "Robots, Love, and Sex: The Ethics of Building a Love Machine." *IEEE Transactions on Affective Computing* 3 (4): 398–409.

Swafford, Jan. 2014. *Beethoven: Anguish and Triumph*. London: Faber and Faber.

Szegedy, Christian, Wojciech Zaremba, Ilya Sutskever, Joan Bruna, Dumitru Erhan, Ian Goodfellow, and Rob Fergus. 2013. "Intriguing Properties of Neural Networks." Last revised February 19, 2014. https://arxiv.org/pdf/1312.6199.pdf.

edited by Kenneth Forbus, Deirdre Gentner, and Terry Regier, 1315–1320. Mahwah, NJ: Lawrence Erlbaum Associates Inc. https://escholarship.org/uc/item/0v54b9jk.

Tech Events. 2015. "EmTech MIT 2015 Robots among Us: Seeking Creative Machines." YouTube, November 10. https://www.youtube.com/watch?v=7w8x0tU-2i8.

Thiel, Peter. 2014. *Zero to One: Notes on Startups or How to Build the Future*. London: Penguin Random House.

Thoutt, Zack. 2017. "What Are Creative Adversarial Networks (CANs)?" *Hackernoon* (blog), September 25. https://hackernoon.com/what-are-creative-adversarial-networks-cans-bb81d09aa235.

Toulouse, Édouard. 1910. *Henri Poincaré*. Paris: Flammarion.

Tresset, Patrick, and Oliver Deussen. 2014. "Artistically Skilled Embodied Agents." In *Proceedings of the 50th Annual Convention of the AISB*. http://doc.gold.ac.uk/aisb50/AISB50-S04/AISB50-S4-Tresset-paper.pdf.

Turkle, Shirley. 2018. "There Will Never Be an Age of Artificial Intimacy." *New York Times*, August 11. https://www.nytimes.com/2018/08/11/opinion/there-will-never-be-an-age-of-artificial-intimacy.html.

Ulanoff, Lance. 2014. "Need to Write 5 Million Stories a Week? Robot Reporters to the Rescue." Mashable, July 1. https://mashable.com/2014/07/01/robot-reporters-add-data-to-the-five-ws/#6YRZPuRcagq7.

Vance, Ashlee. 2015. *Elon Musk: How the Billionaire CEO of SpaceX and Tesla Is Shaping Our Future*. London: Virgin Books.

van den Oord, Aäron, Sandor Dieleman, and Heiga Zen. 2016. "WaveNet: A Generative Model for Raw Audio." DeepMind.com, September 8. https://deepmind.com/blog/wavenet-generative-model-raw-audio/.

van den Oord, Aäron, Sander Dieleman, Heiga Zen, Karen Simonyan, Oriol Vinyals, Alex Graves, Nal Kalchbrenner, Andrew Senior, and Koray Kavukcuogln. 2016. "WaveNet: A Generative Model for Raw Video." https://arxiv.org/pdf/1609.03499.pdf.

Vargas, Jose Antonio. 2010. "The Face of Facebook: Mark Zuckerberg Opens Up." *New Yorker*, September 20. https://www.newyorker.com/magazine/2010/09/20/the-face-of-facebook.

Veale, Tony. 2015. "Game of Tropes: Exploring the Placebo Effect in Computational Creativity." In *Proceedings of the Sixth International Conference on Computational Creativity*, edited by Hannu Tolvonen, Simon Colton, Michael Cook and Dan Ventura, 78–85. Provo, UT: Brigham University Press.

Veale, Tony. 2017. "Déjà Vu All Over Again: On the Creative Value of Familiar Elements in the Telling of Original Tales." In *Proceedings of ICCC 2017, the 8th*

International Conference on Computational Creativity, edited by Ashok Goel, Anna Jordanous, and Alison Pease, 245–252. Atlanta: Georgia Institute of Technology. http://computationalcreativity.net/iccc2017/iccc17_proceedings.pdf.

Veale, Tony. n.d. "ScealextricSimulator." www.BestofBotWorlds.com.

Voosen, Paul. 2017. "How AI Detectives Are Cracking Open the Black Box of Deep Learning." *Science*, July 6. http://www.sciencemag.org/news/2017/07/how-ai-detectives-are-cracking-open-black-box-deep-learning.

Wallas, Graham. 1926. *The Art of Thought*. London: Jonathan Cape.

Walshe, Jennifer. 2014. "Aisteach: The Avant-Garde Archive of Ireland." http://www.aisteach.org/.

Weinberg, Gil. 2015. "Professor Gil Weinberg: 'Robotic Musicianship at Georgia Tech.'" Talks at Google. YouTube, March 25. https://www.youtube.com/watch?v=v5eUo2R_Lrc.

Weisberg, Robert W. 2006. "Modes of Expertise in Creative Thinking: Evidence from Case Studies." In *Cambridge Handbook of Expertise and Expert Performance*, edited by K. A. Ericsson, N. Charness, P. Feltovich, and R. R. Hoffman, 761–787. Cambridge: Cambridge University Press.

Weizenbaum, Joseph. 1976. *Computer Power and Human Reason, From Judgment to Calculation*. New York: W. H. Freeman.

Wiggins, Geraint. 2012. "The Mind's Chorus: Creativity before Consciousness." *Cognitive Computation* 4 (September): 306–319.

Wilson, Chris. 2010. "I'll Be Bach: A Computer Programme Is Writing Great, Original Works of Classical Music. Will Human Composers Soon Be Obsolete?" *Slate*, May 19. http://www.slate.com/articles/arts/music_box/2010/05/ill_be_bach.html.

Wotiz, J. H., and Susanna F. Rudofsky. 1954. "Kekulé's Dreams: Fact or Fiction." *Chemistry in Britain* 20:720–723.

Zhu, Jun-Yan. 2017. "CycleGAN." GitHub. https://github.com/junyanz/CycleGAN.

Zhu, Jun-Yan, Taesung Park, Phillip Isola, and Alexei Efros. 2017. "Unpaired Image-to-Image Translation Using Cycle-Consistent Adversarial Networks." In *Proceedings of the 2017 IEEE International Conference on Computer Vision*, 2242–2251. http://openaccess.thecvf.com/content_ICCV_2017/papers/Zhu_Unpaired_Image-To-Image_Translation_ICCV_2017_paper.pdf.